简化设计丛书

材料力学与强度简化分析

原第6版

[美] 詹姆斯·安布罗斯 编著
李鸿晶 毛建猛 薛娜 孙广俊 译

内容提要

本书是“简化设计丛书”中的一本，作为材料力学和结构设计原理方面的入门书籍，本书以十分浅显和形象的方式讲解复杂的力学知识和结构设计理论，使得那些工程背景以及力学、数学和专业知识都很有限的读者也能理解和掌握材料力学的基本概念和基本理论，并应用这些知识进行简单的结构设计。书中对工程结构的组成和性能、内力分析与组合方法、设计过程与规范等都做出了简单、透彻的论述，不仅可以激发读者对结构设计产生兴趣，而且为进一步学习高深的专业理论奠定了基础。

本书可供土木建筑及相关领域从业人员，以及对土木建筑感兴趣的人员阅读和参考。

责任编辑：张　冰　曹永翔

图书在版编目（CIP）数据

材料力学与强度简化分析：第6版/（美）安布罗斯（Ambrose，J.）编著；李鸿晶等译．—北京：知识产权出版社：中国水利水电出版社，2014.1

（简化设计丛书）

书名原文：Simplified Mechanics and Strength of Materials

ISBN 978-7-5130-2508-9

Ⅰ.①材… Ⅱ.①安…②李… Ⅲ.①建筑材料—材料力学②建筑材料—材料强度—分析 Ⅳ.①TU501

中国版本图书馆 CIP 数据核字（2013）第 298229 号

简化设计丛书

材料力学与强度简化分析　原第6版

［美］詹姆斯·安布罗斯　编著

李鸿晶　毛建猛　薛娜　孙广俊　译

出版发行：知识产权出版社　中国水利水电出版社

社　　址：北京市海淀区马甸南村1号

网　　址：http：//www.ipph.cn

发行电话：010-82000860 转 8101/8102

责编电话：010-82000860 转 8024

印　　刷：北京中献拓方科技发展有限公司

开　　本：787mm×1092mm　1/16

版　　次：2008年7月第1版

字　　数：338千字

京权图字：01-2003-4483

ISBN 978-7-5130-2508-9

邮　　编：100088

邮　　箱：bjb@cnipr.com

传　　真：010-82005070/82000893

责编邮箱：zhangbing@cnipr.com

经　　销：新华书店及相关销售网点

印　　张：14.25

印　　次：2014年1月第2次印刷

定　　价：33.00元

本丛书由南京工业大学组译

帕克/安布罗斯　简化设计丛书
翻 译 委 员 会

主任委员

孙伟民，教授，一级注册结构师，南京工业大学副校长、建筑设计研究院总工

委　　员

刘伟庆，教授，博士，博导，南京工业大学副校长

陈国兴，教授，博士，博导，南京工业大学土木工程学院院长

李鸿晶，教授，博士，南京工业大学土木工程学院副院长

董　军，教授，博士，南京工业大学新型钢结构研究所所长（常务）

原第6版

前言

本书的出版为学习建筑结构设计基本原理的新读者提供了机会，特别适用于那些工程背景有限的人员接受本书的知识。本书的目的和整体理论基础已由哈里·帕克（Harry Parker）教授在第一版前言中进行了很好的阐述，其不同的部分介绍如下。

本书的基本内容源于两个基本领域的知识。第一个研究领域是应用力学，主要是静力学部分的应用，即主要研究力的本质及其作用于物体时物体的反应问题。第二个研究领域是材料强度，它主要研究特定形式物体和具体结构材料在力的作用下的性能问题。本书中的基本关系和计算都采用了这两个领域中的结构研究手段与方法，它们确保了建筑结构在建造使用过程中的有效性和安全性。所有的结构设计工作都只能在该研究分析的基础上完成。

与本书前面所述的特定用途一致，本书相对较简单且采用了十分简单的数学方法，只要求读者具有基础代数知识和一些非常基本的几何学和三角学知识。事实上，解决多数实际问题的数学运算仅需使用简单的数学和基本的代数知识就可以做到。

本书中，概念的理解以及图解分析比机械性的数学运算显得更为重要。本书采用了大量的图解促使读者可以一目了然地明白作者所要表达的意思。这种方法在第一章中得到了很好的体现，该章内容涉及本书的全部话题但未使用任何数学知识。该章为本版新增内容，其目的是让读者全面了解本书的范围并使读者理解在理论分析前使用图解方法的重要性。

掌握本书内容在本质上是为更深层次的研究结构设计问题做好必需的准备，使用本书的姊妹篇《建筑师和承包商用简化设计》(Simplified Engineering for Architects and Builders) 可以十分有效地实现这一目的。该书以本书的基本内容为基础，增加了对具体材料和体系的各种有针对性的考虑，并且采用了独创性方法解决结构设计问题。

对于具有浓厚兴趣的读者，本书可作为自学参考工具。然而，本书很强的实用性使得本书也可以作为一本教科书使用，从而使读者接受老师的指导、督促和帮助。采用本书的教师可以参考出版社印制的教师手册。

虽然本书的内容几乎是纯理论性的，但采用的一些数据和标准取自实际的材料及产品。这些资料主要来自工业组织，非常感谢其作者对本书摘引的授权。本书所用的主要资料的主要出处包括美国混凝土协会 (American Concrete Institute)、美国钢结构协会 (American Institute for Steel Construction)，以及美国森林和纸张协会 (American Forest and Paper Association)。

本书中对理论方面内容的阐述借鉴了一些详细论述建筑结构理论的著作。感谢约翰·威利出版公司 (John Wiley & Sons, Inc.) 允许对其当前与过去的一些出版物中的一些内容的引用。

任何书籍正式出版前，出版社中经验丰富的专业编辑人员都要付出巨大的努力和劳动，是他们将作者的初稿编辑成易于理解和便于阅读的版式。虽然经过很多步骤，我对约翰·威利出版公司编辑们的技能和出版物的质量一直感到很惊讶。

现在出版的是本书的第6版。在过去的35年中我一直参与本书的编写工作，所有的构思和写作工作都是在家中完成的。从始至终如果没有我的妻子佩吉 (Peggy) 的支持、鼓励和直接协助，我都不可能完成本书的写作。因此，我特别感谢她对本书的贡献，并且希望她继续支持本书的出版工作。

詹姆斯·安布罗斯 (JAMES AMBROSE)

2002年

原第1版

前　言

（摘录）

由于工程设计都是以力学为基础的，所以力学这一基础学科知识的重要性是不言而喻的。不管一名学生对哪个专门的工程领域感兴趣，他都必须完全掌握物体上的作用力以及应力反应的基本原理。

本书主要是为那些在这方面知识有限的人而编写的。论述材料力学与强度的出色的著作都利用了物理学、微积分、三角学等方面的知识，这些书对那些相当专业的人来说可能早已掌握。因此，本书是为那些对力学以及高等数学没有充分掌握的学生而准备的，对于理解本书中的数学知识，一定的代数和算术知识就足够了。

本书可用作学习材料力学与强度课程时的参考书，也可以为那些对力学以及建筑施工感兴趣的人所用。由于本书的内容是最基本的，故可作为入门教材。对于那些以前学习过这些知识的人，本书可作为复习材料，复习结构设计中最重要的基本理论。

本书的一个最重要的特征就是详细阐述了许多计算实例，这些实例是尽可能从工程实际中提炼出来的。在例题后，给出了一些习题，供学生自己解决。

本书没有采用什么捷径来阐述材料力学与强度方面的最基本的知识，论述上也没有特别的地方，所有的讨论都遵循目前公认的设计原理及步骤。然而，作者相信：彻底掌握本书中的内容，就可以对实际问题有一个基本的了解，也可以为进一步研究提供基础。

哈里·帕克

于宾夕法尼亚州南安普顿海活楼（High Hollow，Southampton，Pa）

1951年5月

目　录

绪　论

本书的主要目的是为了论述结构研究方面的问题，结构研究有时也被称为结构分析。作为结构设计的前提和背景，这项工作尽可能集中在分析研究方面。结构研究工作由对结构使用功能方面的考虑和实现这些功能时对结构反应的估计这两方面内容组成。研究方法有多种，最主要的两种是应用数学模型和物理模型。

对于设计者来说，任何研究分析关键的第一步就是使结构以及将使结构产生反应的力的作用形象化。本书相当广泛地运用了图解，这是为了促使读者在着手很抽象的数学研究过程以前，就能很清晰地明白作者所要表达的意思。为了进一步强调形象化的需要，以及不需要任何数学计算就能表达出的内容，本书第 1 章就采用了这种方式阐述了该书所涉及的整个范围。建议读者完整地阅读第 1 章，学习许多图解，这对于读者掌握本书后面提及的许多概念乃至本书的全部研究内容很有帮助。

0.1　结构力学

力学是物理学的一个分支，主要研究物体上的力的作用问题。大多数工程设计和研究都是以力学为基础的。力学分为静力学和动力学两部分。静力学研究作用于物体上的力系的所谓静力平衡问题，这些作用力的运动状态不发生改变；动力学则研究由于力的作用使得物体发生运动或者物体形状发生改变的情况。静力状态不随时间变化，而动力状态则意味着作用力与反应都与时间有关。

当物体受到外力作用时会发生两种情况：第一，在物体内部形成内力来抵抗外力的作用。这些内力导致物体材料内部产生应力；第二，外力会引起物体变形，或者说使物体形状发生改变。材料强度或者材料力学理论就是研究材料体抵抗外力作用的性能，以及外力引起的物体内部应力和物体变形状况的科学。

总的说来，结构力学或者结构分析都离不开应用力学和材料强度方面的知识。结构研究实质上就是一个分析过程，而这些知识构成了结构研究的最基本内容。另一方面，设计是一个循序渐进的过程，在此过程中，一般首先对结构作出假设；然后，对结构的反应及其性能作出估计；最后，经过数次的计算和修正，才会得到一个可接受的结构形式。

0.2 计量单位

本书的早期版本中采用了美制单位（ft、in、lb 等)。在本版中，基本上也采用美制单位，但在其后的括号中注明了相应公制单位的等效值。由于美国的建筑业现在正改用公制单位，故本书中所采用的单位表示方法是相当实用的。本书编写时所参考的著作中，大多还主要采用美制单位，而且对于大多数在美国接受教育的读者来说，即使他们现在也使用公制单位，但他们还是把美制单位当作他们的“第一单位制”。

表 0.1 列出了本书所使用的美制标准计量单位及其缩写，并描述了其在结构设计中的一般作用。表 0.2 采用了类似的形式，给出了公制单位（或者称国际单位制，SI）中相应的标准单位。表 0.3 给出了从一种单位制转换到另一种单位制的换算系数，换算系数的运用可以实现不同单位制之间的精确转换。

表 0.1　　计量单位：美制单位

单位名称	缩写	建筑设计的应用
长度		
英尺	ft	大尺寸，建筑平面，梁跨度
英寸	in	小尺寸，构件截面尺寸
面积		
平方英尺	ft^2	大面积
平方英寸	in^2	小面积，截面特性
体积		
立方码	yd^3	大体积的土或混凝土（通常简称为“码”）
立方英尺	ft^3	材料量
立方英寸	in^3	小体积
力、质量		
磅	lb	具体的重量、力、荷载
千磅	kip，k	1000 磅
吨	t	2000 磅
磅每英尺	lb/ft，plf	线性力（梁上）
千磅每英尺	kip/ft，klf	线性力（梁上）
磅每平方英尺	lb/ft^2，psf	表面上的分布力、压力
千磅每平方英尺	k/ft^2，ksf	表面上的分布力、压力
磅每立方英尺	lb/ft^3	相对密度，单位重量
力矩		
磅·英尺	lb·ft	扭矩或弯矩
磅·英寸	lb·in	扭矩或弯矩
千磅·英尺	kip·ft	扭矩或弯矩
千磅·英寸	kip·in	扭矩或弯矩

续表

单位名称	缩写	建筑设计的应用
应力		
磅每平方英尺	lb/ft², psf	土压力
磅每平方英寸	lb/in², psi	结构应力
千磅每平方英尺	kip/ft², ksf	土压力
千磅每平方英寸	kip/in², ksi	结构应力
温度		
华氏度	℉	温度

表 0.2　　计量单位：公制单位

单位名称	缩写	建筑设计的应用
长度		
米	m	大尺寸，建筑平面，梁跨度
毫米	mm	小尺寸，构件截面尺寸
面积		
平方米	m^2	大面积
平方毫米	mm^2	小面积，构件截面特性
体积		
立方米	m^3	大体积
立方毫米	mm^3	小体积
质量		
千克	kg	材料质量（等效于美制重量）
千克每立方米	kg/m^3	密度（单位重量）
力、荷载		
牛顿	N	结构上的力或荷载
千牛顿	kN	1000 牛顿
力矩		
牛顿·米	N·m	扭矩或弯矩
千牛顿·米	kN·m	扭矩或弯矩
应力		
帕	Pa	应力或压力（1 帕=1 牛顿/平方米）
千帕	kPa	1000 帕
兆帕	MPa	1000000 帕
千兆帕	GPa	1000000000 帕
温度		
摄氏度	℃	温度

本书中，许多单位的转换实际上是近似转换，即只取换算值的有效数字，其数值近似等于原转换单位值。因此，一块 2×4 的木板（实际上用美制单位表示为 1.5in×3.5in）在

公制单位中，应精确表示为38.1mm×88.9mm。然而，在公制单位中“2×4”更可能被表示为40mm×90mm，这种表示法更接近工程建设的实际情况。

表0.3　　单位换算系数

由美制单位换算为公制单位时所乘的系数	美制单位	公制单位	由公制单位换算为美制单位时所乘的系数
25.4	in	mm	0.03937
0.3048	ft	m	3.281
645.2	in^2	mm^2	1.550×10^{-3}
16.39×10^3	in^3	mm^3	61.02×10^{-6}
416.2×10^3	in^4	mm^4	2.403×10^{-6}
0.09290	ft^2	m^2	10.76
0.02832	ft^3	m^3	35.31
0.4536	lb（质量）	kg	2.205
4.448	lb（力）	N	0.2248
4.448	kip（力）	kN	0.2248
1.356	lb·ft（力矩）	N·m	0.7376
1.356	kip·ft（力矩）	kN·m	0.7376
16.0185	lb/ft^3（密度）	kg/m^3	0.06243
14.59	lb/ft（荷载）	N/m	0.06853
14.59	kip/ft（荷载）	kN/m	0.06853
6.895	psi（应力）	kPa	0.1450
6.895	ksi（应力）	MPa	0.1450
0.04788	psf（荷载或压力）	kPa	20.93
47.88	ksf（荷载或压力）	kPa	0.02093
0.566×（℉－32）	℉	℃	（1.8×℃）＋32

注　表中数据是根据美国钢结构协会编写的《钢结构手册》（第8版）中的数据改写的，引用时得到了出版商的授权。本表是从参考文献中的完整表格中选取的一个样例。

在本书的许多地方，计量单位并不是很重要的。此时，我们所需要的只是一个简单的数值结果。问题的形象化、数学方法的熟练应用，以及结果的表示都和具体的单位没有关系，而只与它们的相对值有关。在这种情形下，不再采用两种单位制进行表示，以免读者可能产生混淆。

0.3　计算精度

建筑结构几何尺寸的精度通常不是很高，即使是最精湛的工匠和工程师，也很难造出尺寸非常精确的建筑。另外，对于任何结构来说，荷载的预测都不是十分精确的，因此实现高精度结构计算的意义就变得很模糊了。但这不能作为数学计算粗心大意、施工过分草率或者研究理论含糊的借口。然而，对于两位有效数字以上的精度就不必太在意了。

尽管现在大多数专业设计工作都能在计算机上完成，但本书所阐述的多数内容都是非常简单的，采用一个计算器（8位数字的科学计算器已足够）就可以进行计算。对这些初始计算值近似取整不会给分析结果带来较大的误差。

随着计算机的应用，计算精度又是另外一种情况。这是因为设计者（人而不是机器）需要在计算的基础上作出判断，需要知道输入计算机的数据是否准确无误，需要了解计算结果的实际精度。

0.4 符号

表 0.4 中的简写符号是经常用到的。

表 0.4　常用的简写符号表

符　号	意　义	符　号	意　义
$>$	大于	$6'$	6 英尺
$<$	小于	$6''$	6 英寸
$\geqslant$	大于或等于	Σ	求和
$\leqslant$	小于或等于	ΔL	L 的增量

0.5 术语

本书所用的符号基本上都是按照建筑设计领域相关规定采用的，并且大多数都是依照 1997 年版的《统一建筑规范》（简称 UBC，参考文献 1）来采用的。下表列出了本书中所使用的全部常规符号。书中多处使用了专用符号，特别是涉及某种材料（如木材、钢、砌体和混凝土等）的地方。读者可以在一些基本参考书中查出专门领域内的符号，本书在后几章中解释了一些这样的符号。

包括《统一建筑规范》在内的建设法规都采用了专用符号，这些专用符号在各自法规中都有详细说明和解释，读者可以仔细查阅。本书正文中用到这些符号时，都对这些符号作了解释。

A_g ——截面的总面积，由截面的外形尺寸确定；

A_n ——净面积；

C ——压力；

E ——弹性模量；

F——力或应力极限；

I——惯性矩；

L——长度（通常用作跨度）；

M——弯矩；

P——集中荷载；

S——截面模量；

T——拉力；

W——总重力荷载，物体的重量（恒荷载），总风荷载，总均布荷载或由重力引起的压力；

a——单位面积；

e——应力或温度变化引起的物体长度的总变化，偏心受压荷载的偏心距，从荷载作用点到截面中心的距离；

f——正应力计算值；

h——墙或柱的有效高度（通常指不加支撑的高度）；

l——长度（通常用作跨度）；

s——中心矩；

v——剪应力计算值。

第1章

结构：目的和功能

本书主要讨论结构的性能问题，特别是建筑结构的性能。结构性能是指在遭受各种自然的或人为的作用时结构的表现。研究结构性能最直接的目的就是为了进行结构设计并且对业主的安全作出保证。

结构性能可能比较简单，也可能很复杂，它取决于施加在结构上的荷载的性质（从简单的重力到地震的动力效应），还取决于结构本身的性质。图 1.1 所示的简单结构阐述了结构性能研究的基本内容。本书研究结构体系的最基本内容，对于那些对高度复杂结构体系的分析和设计感兴趣的人来说，本书是一本入门读物。

现在我们考虑结构抵抗各种荷载作用的问题，其中所涉及的最基本的内容如下：

(1) 荷载来源及其影响。

(2) 用作承重、跨越或支撑作用的结构体系的功能。

(3) 结构在完成各种任务时其

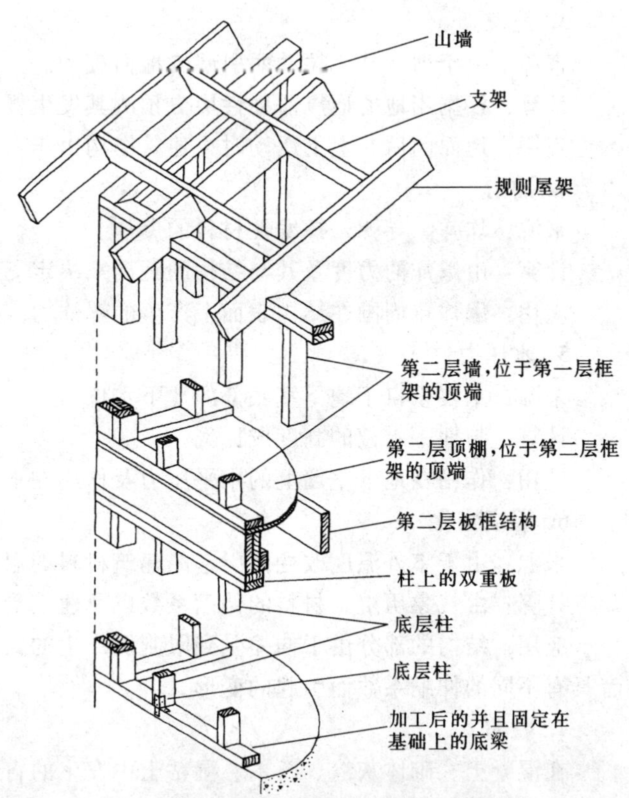

图 1.1 一种在全美普遍使用的经典结构：轻木结构
几乎全部由“2×”尺寸的木材构成。古代墙骨的作用同柱：利用其端部来支撑历史悠久的梁柱体系中的水平构件。虽然这种结构现在变的非常复杂，但它仍是美国最广泛采用的结构形式

内部的反应。

(4) 为完成某种特殊任务，决定结构构件和体系的因素。

下面我们首先研究对建筑结构产生影响的荷载作用。

1.1 荷载

广义的来说，荷载指的是能够使结构产生反应的作用。荷载的来源以及相应的分类方法有许多种。下面将给出作用在建筑结构上的几种基本的荷载形式。

1. 重力

来源：结构及建筑其他部分的自重；建筑使用者及物体的自重；屋顶上的雪、冰或水的自重。

计算：根据体积、密度以及分布类型来决定。

应用：竖直向下的常量。

2. 风

来源：空气流动。

计算：根据当地的气象历史按期望风速计算。

应用：垂直于外表面的压力或平行于外表面方向的剪力。主要作为水平力来考虑，以及斜面上的垂直分量和屋面上的垂直压力。

3. 地震

来源：由于地下基岩振动而引起的地面震动。

计算：根据当地的地震活动性历史预测其发生概率。

应用：地面前后、上下运动时，建筑结构由于自重的惯性作用产生的力。

4. 冲击

来源：炸弹、导弹、挥发性材料的爆炸。

计算：由爆炸的力度及其与结构的距离来决定。

应用：爆炸点周围在结构表面上产生的爆炸力。

5. 水压力

来源：主要来自于地下室底部的地下水位。

计算：与地下水位的高度成比例。

应用：作用在地下室墙上的水平压力及作用在地下室底板上的向上的压力。

6. 温度变化

来源：由于室外温度改变而引起的建筑材料的温度变化。

计算：由气象历史、材料的伸缩系数以及建筑受辐射部分的数量来决定。

应用：结构的部分由于伸缩受到限制而产生的力，以及由于建筑相连部分温度不同或者具有不同的伸缩系数而引起的变形。

7. 收缩

在混凝土、砌体灰缝、新木、湿粘土中发生的自然体积的缩减。这种情况也会产生力的作用，其作用方式与温度变化相类似。

8. 振动

除了地震影响，还有由于重型机械设备、运输工具、高强噪音等因素所引起的结构振动。这些因素可能不是主要的外力荷载作用，但它们对建筑居住者的使用舒适度会产生非常大的影响。

9. 内力作用

由于支座的下沉、连接的松弛以及由于沉降、挠曲、收缩所引起的结构形状的变化等因素的存在，结构内部可能会产生内力。

10. 运输装卸

当结构构件生产、运输、装配、存储时，可能也会产生力的作用。如果只考虑建筑结构的一般用途，这些因素可以不考虑，但它们对结构的使用寿命都有影响。

1.2　对荷载的特殊考虑

除了研究荷载来源以外，还有必要对荷载进行分类。下面列出几种分类方式。

1. 活荷载和恒荷载

对于设计来说，荷载有所谓的活荷载与恒荷载之分。恒荷载实质上指的是永久荷载，例如结构本身的重量，以及由结构支撑的建筑中其他永久构件的重量；活荷载是指非永久施加在结构上的力，然而，建设法规中，常采用专门术语“活载”表示这种假定的设计荷载，它是由建筑方位、建筑用途决定的作用在屋顶及楼板表面上的分布荷载。

2. 静载和动载

这种荷载的分类，本质上主要是看外力荷载和时间有无关系。因此，结构的自重是静载。但当结构突然运动或突然停止运动时，由于结构存在质量，会产生惯性或者冲量，这时所引起的外力影响为动力作用［见图 1.2（*a*）］。这种变化越突然，动力效果就越大。

此外，海浪、地震、爆炸、强噪声、重型机械的振动以及人们行走或运输工具移动引起的反弹效果所产生的力的作用均为动力作用。动力作用本质上与静力作用是不同的。例如一个轻型钢框架结构，在承受静力作用时可能表现的强度会很大，但当承受动力时，就会产生很大的变形和振动，从而导致灰浆开裂、窗户玻璃破碎、结构连接松弛等现象。一个重型的砌体结构，虽然在承受静力作用方面可能不如钢框架，但由于它有足够的刚度和恒重，在承受动力作用时可以在结构还没产生可察觉的运动时就吸收了能量。

图 1.2　静、动力作用及振动的影响

（*a*）静力作用与动力作用；（*b*）振动对建筑使用者产生的影响

刚刚所举的例子中，描述了作用在结构上力的影响，这与结构上可能的破坏作用是不同的。钢框架是柔性的，且它的反应为一定程度的运动，这种运动是我们不希望的。然而从结构的观点来看，钢框架结构抵抗动力作用的能力可能会比砌体结构更强些。钢材能较好地承受拉力，就像拳击手打拳那样，可以通过运动来消耗一些动力能量。相反，砌体是脆性的、刚性的，它以材料振动的形式把能量几乎全部吸收掉。

在估算动力作用以及结构由此产生的反应时，既应考虑对结构的影响，也要考虑对结构功能的影响［见图 1.2（*b*）］。应该从这两方面来衡量一个结构是否成功。

3. 荷载分布

根据力的分布形式，也可以把力进行区分。容器里的受压气体，会沿着各个方向施加均匀分布的力。屋面上的恒载、屋顶上雪的重量以及储水池底部水的重量都是均匀分布在一个面上的荷载。梁的自重或者悬挂的电缆的重量都是以线性方式均匀分布的荷载。另一方面，在柱脚以及梁端处相对较小的一个位置上施加的力是集中荷载（见图 1.3）。

任意分布的活载会导致不平衡状态或者在结构内产生相反的内力（见图 1.4）。由于活载的作用一般是多种多样的，故有必要对各种活载进行组合来确定出对结构产生最坏影响的最不利荷载组合。

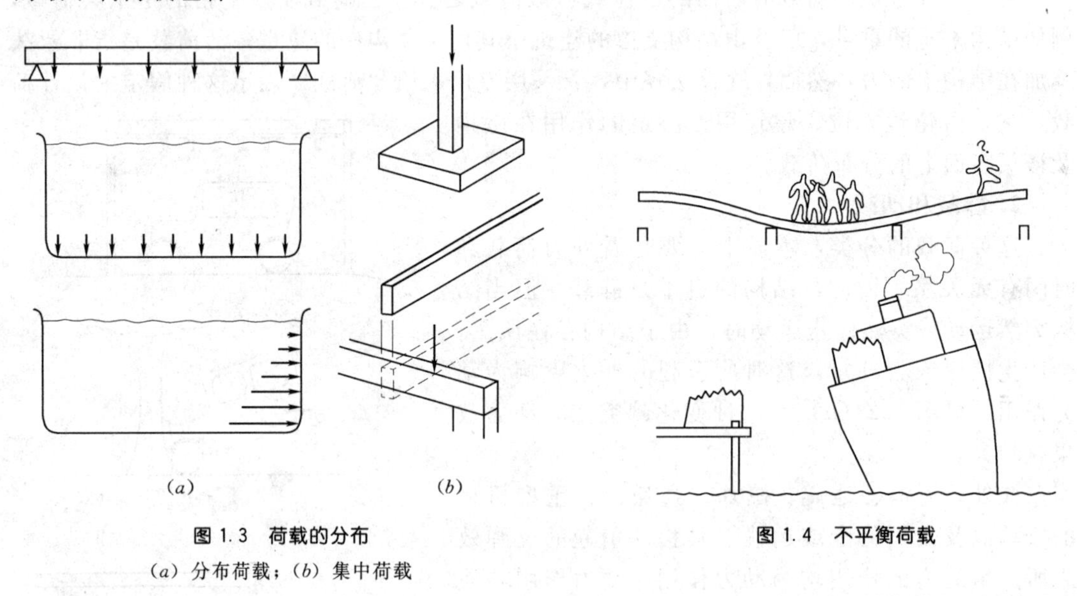

图 1.3 荷载的分布
（*a*）分布荷载；（*b*）集中荷载

图 1.4 不平衡荷载

4. 风载

由于风是运动的空气，故风会如同河中流动的水对较大的岩石或者桥墩产生作用那样，对遇到的阻碍物产生力的作用。空气的流动还会引起其他不同的影响，如图 1.5 所示。建筑物形状、质地、大小，以及附近的地面、大树或其他建筑都会对风载作用产生影响。

重力只是一个方向（竖直方向）的常量，而风载无论是在大小上还是在方向上都不确定。尽管风载通常都平行于地面，但由于风载可以在其他方位产生空气动力作用，从而导致建筑表面内外均受压。由于暴风通常是一阵狂风，风速通常会非常大，所以暴风会对建筑表面产生作用，从而导致建筑物的振动甚至倒塌。

风载的大小是由风速决定的，以作用在建筑外表面上压力的形式表现出来，用每平方英尺多少磅（psf）来表示。从物理学角度看，这种压力随速度的平方变化而变化。对于那些侧面平直的中小建筑来说，作用在建筑表面上的压力可用下列式子近似表示出来：

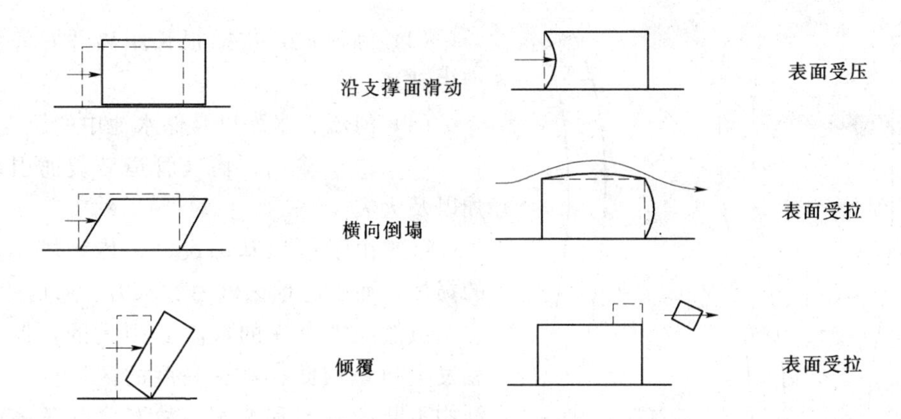

图 1.5 建筑物上的风载

$$p = 0.003V^2$$

式中 p——竖直面上的压力，psf；

V——风速，mph（每小时多少英里）。

此方程的曲线如图 1.6 所示。在一个已知地区，通常查找以前的天气历史情况来推测最大风速，从而为那个地区结构设计提供设计风压。

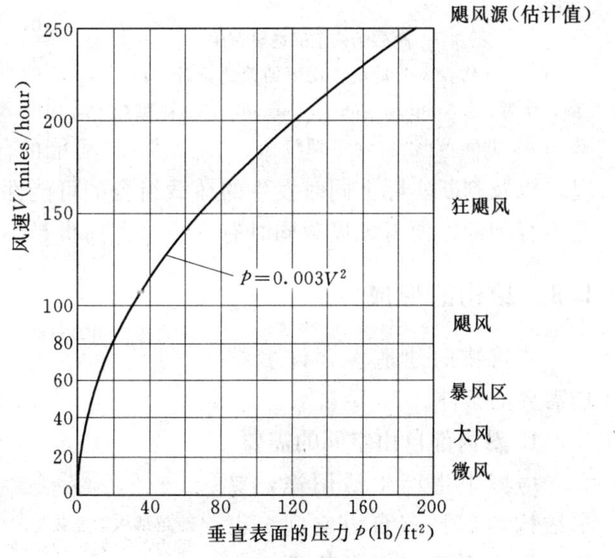

图 1.6 风速与建筑物表面压力的关系

摘自《建筑物在风及地震作用下的简化设计》第 3 版；作者：J. Ambrose and D. Vergun，1995；版权所有者：John Wiley&Sons，纽约

5. 地震

地震会对建筑造成多种灾害。最直接的灾害就是震源传来的振动波所引起的地面晃动，这种地面运动的速度、持续时间、大小取决于地震的强度，震源和建筑位置之间地面的地理性质，以及建筑物本身的动力反应特性。

无论是对建筑物，还是对居住者来说，地震所产生的震动作用都是非常可怕的。地震时，作用在建筑物上的力和建筑物的自重有关，而且受到结构的各种动力特性影响。当建筑物基础突然运动时，上部结构首先会阻止这种运动，从而在上部结构还保持静止的瞬间，基础发生横向错动，这就导致了结构的变形。接着，当上部结构最终运动时，基础会突然改变方向，这样由于上部结构的冲量就会产生力的作用，从而导致滑移、倾斜，甚至建筑物的全部倒塌。一次地震会来回重复许多次，这就加剧了建筑物的失效并且使居住者来回颠簸。

一个大的高耸的柔性结构，由于其反应相对较慢，会产生鞭梢效应，如图 1.7 所示。而矮小的刚性结构的运动情况，本质上和地面的运动是一样的。除了这些直接的震动作用外，地震还会带来其他潜在的灾难性影响，包括以下几个方面：

(1) 地面的沉降、裂缝，以及横向的错动。

(2) 滑坡、土崩、岩石倒塌、断层。

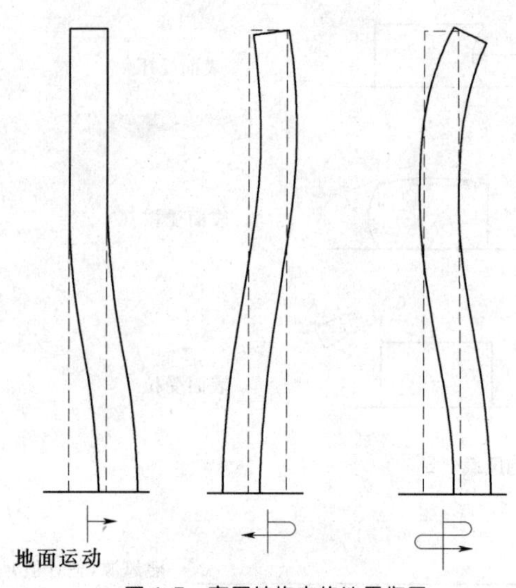

图 1.7 高层结构中的地震作用

摘自《建筑物在风及地震作用下的简化设计》第3版；作者：J. Ambrose and D. Vergun，1995；版权所有者：John Wiley&Sons，纽约

（3）潮汐波，传播很长距离并对海岸区域产生破坏。

（4）河流、水库以及储水池中的压力波动。

（5）由于输油、输气管道破裂而引起的爆炸以及火灾。

（6）由于埋地基础设施、传动塔、变压器的损坏，而引起地区电力、水力、通信的中断。

虽然地震潜在的危险是很大的，但由于地震发生频率较低、具有高度的区域性以及抗震结构不断的发展和改善，故其实际危害就显得相对较轻。值得庆幸的是，每一次主震都会减少下次地震对损伤结构的作用。

6. 荷载组合

对于设计者来说，最难判断的就是不同荷载同时发生的可能性。所以应该仔细研究各种可能的荷载组合，从而确定出最坏状态时的情况，以及判断实际上同时发生的荷载组合的可能性。例如，同时设计主风载与主地震荷载是不合理的；而考虑风载同时有许多个方向也是不可能的。

1.3 结构的形成

建筑物的建造包含许多结构需要的条件。

1. 对内部自由空间的需要

房屋中生产生活用途，要求结构内部具有自由空间，也就是指没有垂直方向构件。这些空间可能很小（如壁橱和浴室），也可能很大（如体育场地）。无论是开放的，还是封闭的，形成内部自由空间都需要跨越结构，如图1.8所示。跨的工作情况由跨的长度以及作用在跨越结构上的荷载所决定。随着跨度的增加，结构需要承担的任务也快速增加，而且跨越结构的选择仅限于几种。

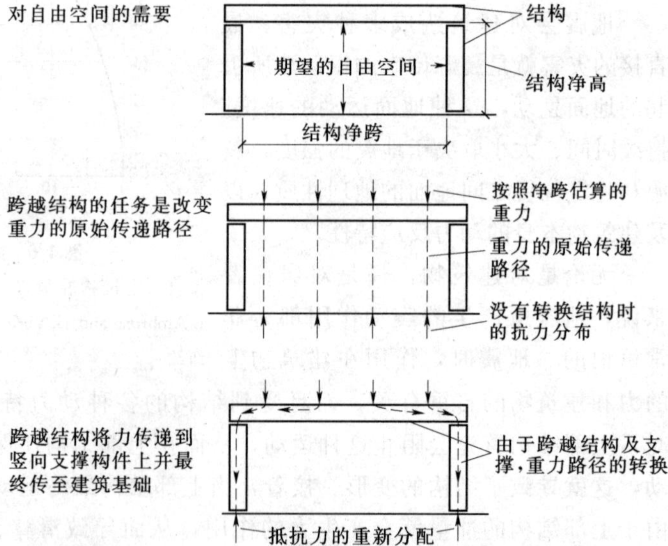

图 1.8 形成内部自由空间的结构任务

2. 建筑构件

大多数建筑都是由三种基本构件组成：墙体、楼板和屋盖。通过布置这些建筑构件，可分割建筑空间，形成内部净跨自由空间。

（1）墙体。通常墙体是沿垂直方向布置的，承担屋盖和楼板传递下来的荷载。即使有时墙体不作承重结构，它也会与柱相互结合，充当这个作用。因此屋盖和楼板跨越体系的设计是从墙体的设计开始的。根据墙体的建筑功能及承重功能，可将墙体分类，如图 1.9 所示，这种分类是根据它们自身平面的厚度及刚度，来判断墙体的形式。

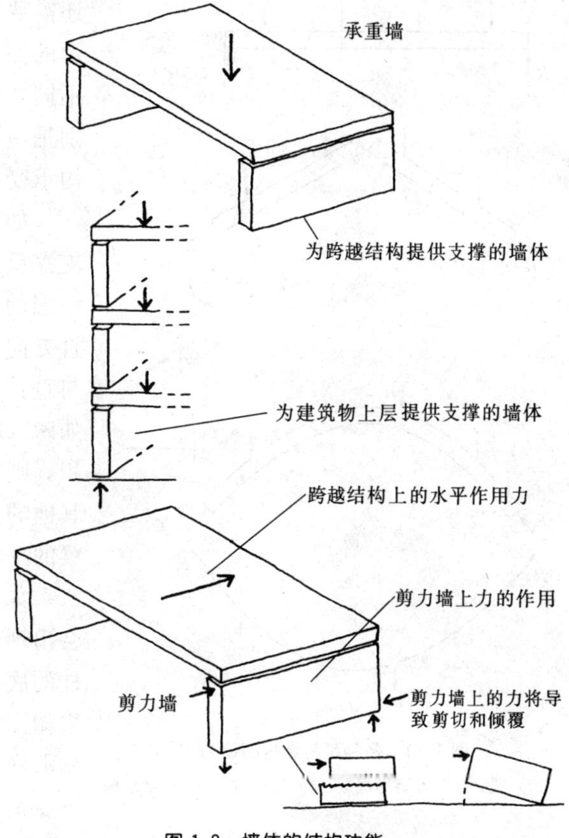

图 1.9 墙体的结构功能

（2）楼板。楼板的作用是双重的，既有地板功效，又有顶棚作用。楼板的功能决定着它的几何形状应该是平直的，因此楼板结构属于平跨范畴，而不属于拱形或者垂曲线等范畴。多数楼板由于承受较高荷载，以及其平跨结构的效用较低，故跨度都相对较短。

（3）屋盖。屋盖有两个基本作用：既充当建筑物的覆盖层，又可以把雨水以及融化的积雪给排走。尽管楼板必须是平直的，但屋盖却不是必须要求这样，例如一些斜屋盖被设计用于排水。因此，即使是所谓的平屋盖，也被设计成有轻微的坡度用来排走屋盖上的水，如排水沟、落水管和滴水管等。楼板还需要一定的刚度用于人们的行走。由于屋盖对水平形状和刚度不作要求，故屋盖在几何形状以及结构的设计上有很大的空间。因此，在屋盖结构中会看到许多大跨度，甚至是奇异的结构形状。

1.4 反作用

衡量一个建筑结构承载能力的好坏，主要基于以下两个方面的考虑：一方面，结构本身必须具有足够的刚度和强度来抵抗荷载，而且不在材料内部出现过多应力，或者不会产生过分变形或沉降等；另一方面，结构的支撑应能保证结构不倒塌。由支撑所引起的力被称为反力。

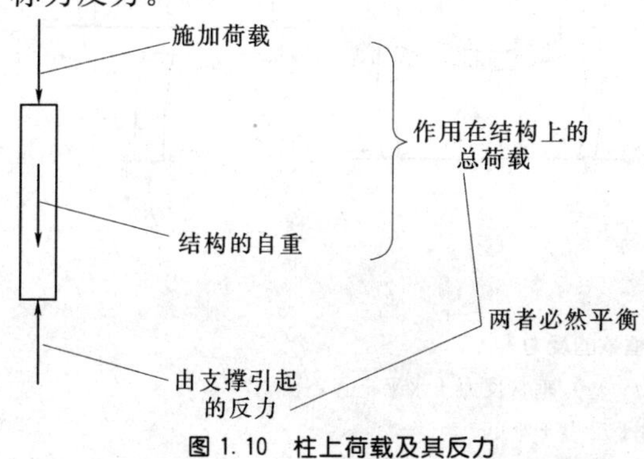

图 1.10 柱上荷载及其反力

图 1.10 表示了一个承受外荷载的柱，柱内产生了线性的压缩作用。由柱的支撑引起的反力应在大小上与施加荷载相同，方向上与其相反。主动力（柱上荷载）与被动力（支撑反力）平衡构成了静态平衡，故无运动发生。

图 1.11 表示了不同结构引起的反力。单跨梁只需要两个垂直方向的支撑，然而人字形框架结构、拱结构、悬挂的钢索结构都

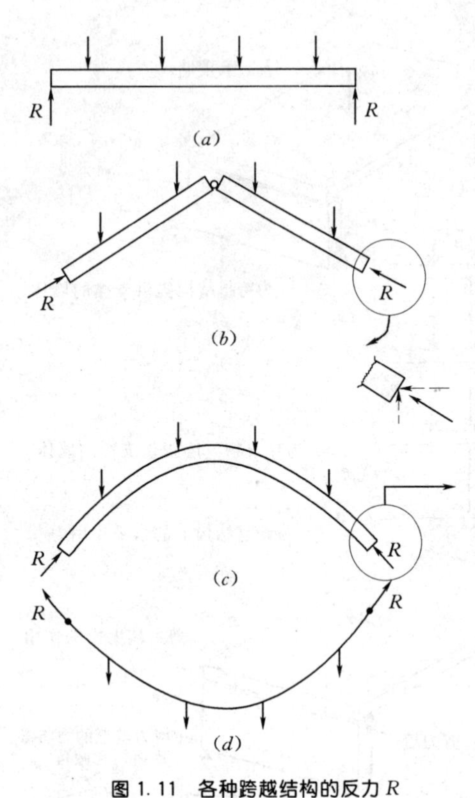

图 1.11 各种跨越结构的反力 R

(*a*) 梁；(*b*) 人字形框架；(*c*) 拱结构；(*d*) 索结构

还需要在支撑处有水平方向的约束。图 1.11 所示的四个不同类型的等跨结构中由于支撑作用的不同，结构构件的性能也是互不相同的。这些差别是由于结构的形式不同而引起的，即使每个结构承受等跨荷载，它们的反应还是互不相同的。

如图 1.12 所示的悬臂梁，代表着另外一种支撑反力类型。由于梁末端没有支撑，则梁另外一端的支撑必须限制梁末端的转动，并且抵消垂直方向的荷载。转动作用被称为弯矩，它的单位与直接作用的力的单位不同。力采用重量单位，如磅（lb）、吨（t）等；而弯矩是力与距离的乘积，则弯矩的单位应该是磅·英尺（lb·ft），或者其他的力的单位与长度单位的乘积组合。因此悬臂梁的反力包括垂直方向的力 R_v 和抵抗弯矩 R_m。

如图 1.13（*a*）所示的刚性框架中，反力可能会出现三种情况。如果仅有垂直方向的支撑反力，柱的底部就会向外转动，如图 1.13（*b*）所示；如果像图 1.11 所示的人字形结构、拱结构、悬索结构那样，还存在水平反力，则柱的底部就会趋向于不受荷载的状况，但仍会转动，如图 1.13（*c*）所示；如果还存在弯矩作用，柱底部就会完全像原始状态那样，如图 1.13（*d*）所示。

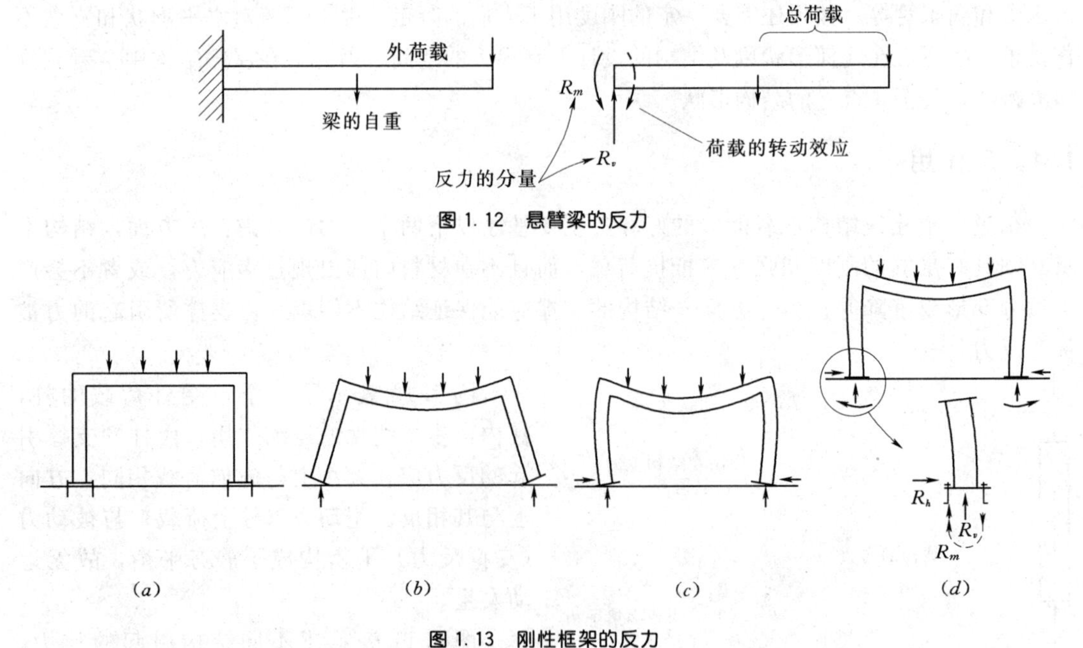

图 1.12 悬臂梁的反力

图 1.13 刚性框架的反力

(*a*) 刚性框架；(*b*) 仅有垂直反力；(*c*) 垂直反力 + 水平反力；

(*d*) 垂直反力 + 水平反力 + 弯矩

荷载和支撑反力的组合，构成了结构的总外力。一般地说，该力系是不受结构影响的。也就是说，不管材料的强度和刚度如何，结构的外力必须保持平衡。例如，一根梁不需要知道它是由什么组成的，只根据其外力作用，就可以明确该梁的承载任务。

然而，明确了承载任务，就要求我们必须清楚结构的反应，这意味着我们要根据结构的内力作用，来推测发生在结构内部的状况。

1.5 内力

由于结构需要抵抗外力作用（包括荷载和反力），结构材料要抵抗外力引起的结构变形，从而在结构内部产生内力。内力是由于材料的应力而产生的。材料内部的应力实际上是一个递增的量，从而也就导致了不断增加的变形，称之为应变。

结构承受外力时，会出现扭曲、下垂、伸长、缩短等现象。从更专业的角度来说，它会产生应力和应变。因此，当应变累积增加到引起结构总体尺寸上的变化时，就会呈现出一些新的形状；当应力不太明显时，它所造成的应变也不太明显。故根据对结构变形的观察，就有可能推断出应力状况。

如图 1.14 所示，一个人站在沿两个支撑横跨的一块木板上时，会引起木板下沉，呈现出弯曲的外观，这种下沉可假想为由于应力产生应变现象的实际表现。本例中结构的这种变形的主要原因是由于抵抗弯曲，称之为内力抵抗弯矩。

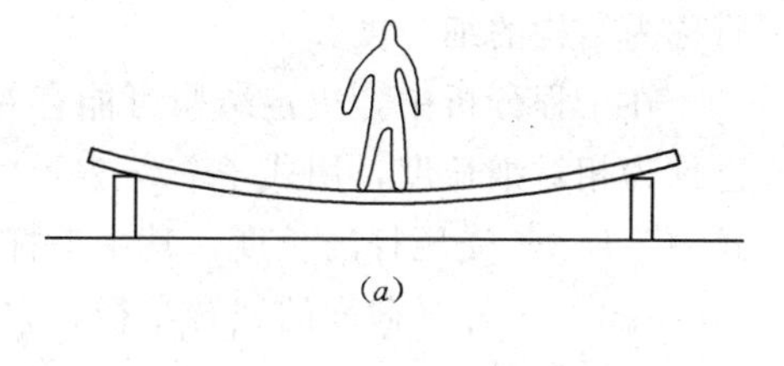

(a)

木板的上半部分，产生水平的压应力；在木板的下半部分，产生水平的拉应力。当木板上有人走动时，任何人都会预测到木板将发生下沉，但是我们还可以预测由应变累积引起的变形，即板的上部分变短，下部分变长。因此根据观察出的变形，可以推断出应力状况；同样根据应力状况也可以推断出变形。

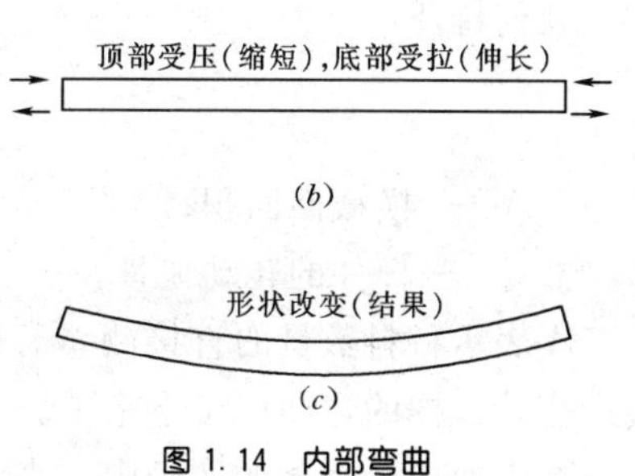

(b)

(c)

图 1.14 内部弯曲

对于一个相对较细的木板来说，弯曲作用和应力作用很明显；但对于一个较粗的短跨木梁来说，在较小荷载情况下，下沉就不会很明显，然而内部弯曲仍然存在；下沉幅度虽然很微小，但也仍然存在。故研究计算结构性能时，可以假定结构比实际更富有柔性，把结构变形放大，来辅助观测结构的内力。

1.6 结构的功能要求

任何一个结构都必须具有一定的性能来承受荷载：为了实现这个目的，要求结构必须天生具有稳定性；必须具有足够的强度来保证安全度在可接受范围内；必须具有合理的刚度来防止变形。故稳定性、刚度、强度是结构的三个必须的功能性要求。

1. 稳定

稳定的含义有简单和复杂之分。在木板的那个例子中，木板受到两个支撑作用，以及人作用在支撑的中间，这些条件都是必须的。如图 1.15 所示，如果木板的一端跨过了支撑，并且人作用在跨过的那端，如果此时不在木板上放置相应的平衡重量或者不把木板的另一端固定起来，都会引起结构的失稳。在这个例子中，结构的稳定只与平衡重物的放置或者一端的固定有关，而与木板的强度和刚度无关。

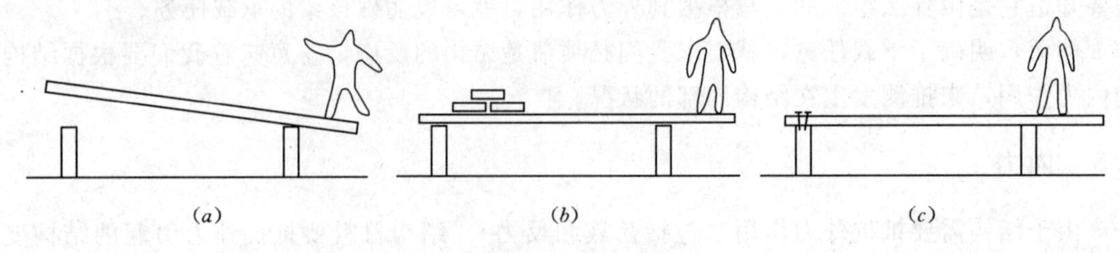

图 1.15 稳定的形成

(*a*) 不稳定；(*b*) 稳定（放置相应的平衡重量后）；(*c*) 稳定（锚固后）

下面的这个例子说明了另外一种稍微有点不同的稳定问题。假定你的脚扭痛了，走路时不得不需要一根拐杖。现在有一根直径为 3/4in 的木棒和一根直径为 1/4in 的钢棒让你选择，已知它们的长度都为 3ft。你的最终选择肯定是木棒，因为钢棒会在你身体重量的压迫下屈曲，你可以观察、测量并计算出这种弯曲。这种决定着结构可能存在的屈曲的性质称为结构的细长度。

在工程分析中，决定结构可能存在的屈曲的细长度的几何特性，通常用长细比表示，也称为相对细长度，用式子 L/r 表示。

式中 L——受压杆的长度，其中该杆没有横向约束来阻止弯曲；

r——杆横截面的回转半径，它用于表示杆横截面的几何特征。

几何特征：

$$r = \left(\frac{I}{A}\right)^{1/2}$$

式中 A——横截面面积；

I——杆件的转动惯量。

A 表示材料数量的直接测量，而 I 表示杆在抵抗弯矩时表现出的刚度，I 一旦形成，会产生什么样的弯曲就定下来了。

在上面选择拐杖的例子中，直径为 3/4in 的木杆长细比为 192，而直径为 1/4in 的钢杆的长细比为 576。如果我们把钢杆轧空，变成一个直径为 3/4in 的空心钢杆，则虽然截面面积保持不变，但 I 的值大幅度增加，因此半径 r 也增加。故现在的长细比 $L/r=136$。只要圆筒的内壁不是太薄，则这根筒状的钢杆在抵抗弯曲的性能方面，会大大得到改善。图 1.16 绘出了这三种截面，以及相应的长细比 L/r 值。

弯曲刚度还受到材料刚度的影响。由于木板的刚度一般比钢要低，故一根直径为 1/4in的木杆刚度比同尺寸的钢杆要低。拿一根简单的长细比很大的杆来说，杆受压会引起弯曲，其中弯曲时所受的压力可以用欧拉公式表达出来，如图 1.17 所示的临界状态时压力和长度的关系曲线。当杆变短时，弯曲趋势缓和，仅表现为材料受到压缩。因此，对于非常短的杆来说，压力极限值是由材料的抵抗应力所决定的。在图形的另一端，曲线变成了欧拉公式的形式，该公式表明杆件的抗压能力主要与两个因素有关：杆件截面刚度（I）和材料刚度模量（E）。在这两种极限值中，图形慢慢地从一条曲线变成两条曲线，而且此弯曲现象同时包含着两种失效类型的某些特征。

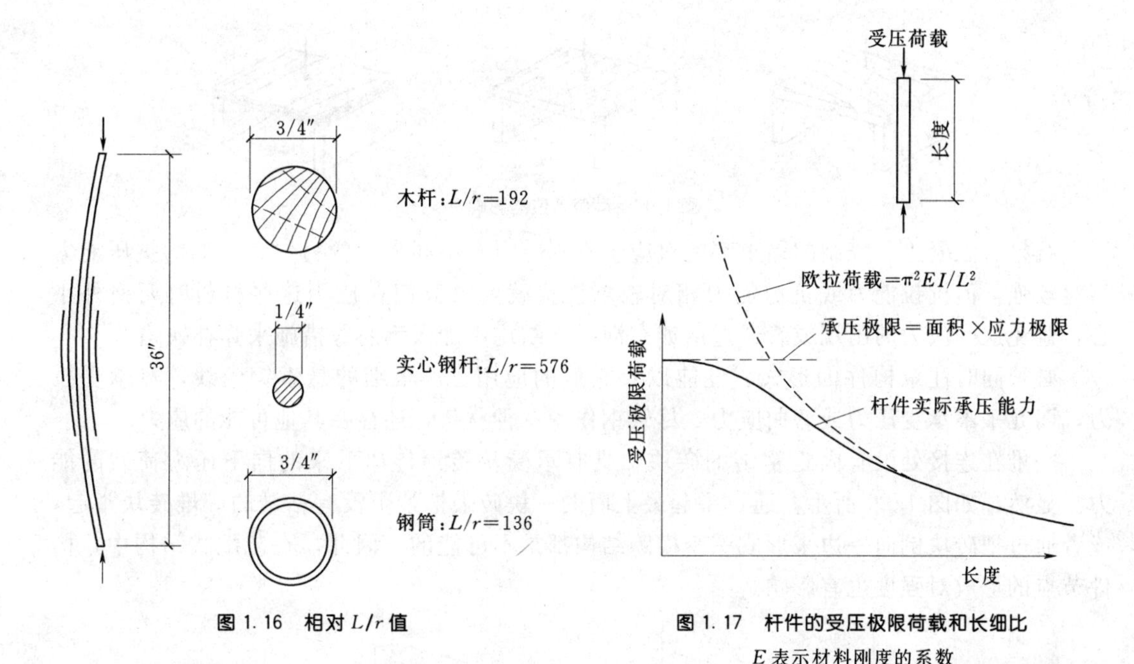

图 1.16 相对 L/r 值

图 1.17 杆件的受压极限荷载和长细比

E 表示材料刚度的系数

稳定问题不仅存在于像柱这样的简单结构中，它还存在于整体结构装配上。如图 1.18 所示的八杆件框架结构在承受竖向的重力荷载时可能是稳定的，但当它承受诸如风或者地震而引起的水平荷载时，结构必须以某种方式固定起来，才会保持稳定。图 1.18 给出了三种基本获得稳定的方法：杆件连接采用刚节点；在墙体中采用桁架杆构成桁架结构；把墙体做成刚性墙体，称为填充墙。

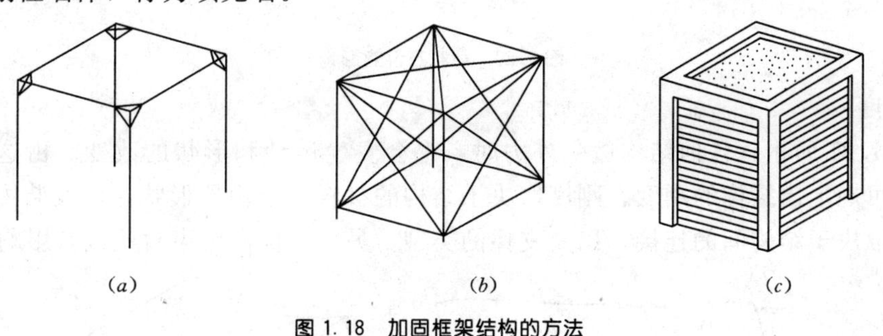

图 1.18 加固框架结构的方法

(*a*) 刚节点；(*b*) 桁架；(*c*) 填充墙

2. 强度

很明显，结构可能最需要具有强度。如图 1.14 所示的木板，即使它很稳定，但由于强度不足，肯定支撑不起 10 个人的重量。这不仅和材料有关系——如果板是钢板，也许它就能够做到；而且还和板的横截面形式以及位置有关——如果木板被竖立着，就像楼板梁那样，也许它就有可能支撑起 10 个人。

材料强度经常取决于材料承受的应力类型。钢在承受拉压、剪切、扭转、弯曲荷载方面，性能相同。然而木材根据它们各自的纹理，强度取决于应力的方向。如图 1.19 所示，一旦形成垂直于木材纹理方向的主应力，就会很容易的导致木材失效。可以通过胶结叠层或用纤维做成压缩的纤维板等方法，来改善木材的纹理性质。

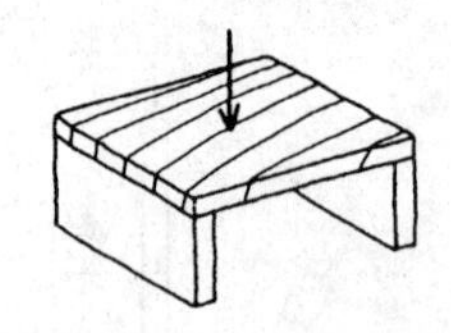
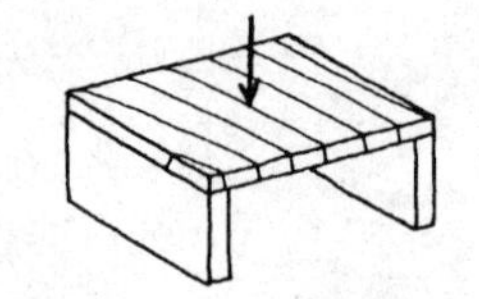
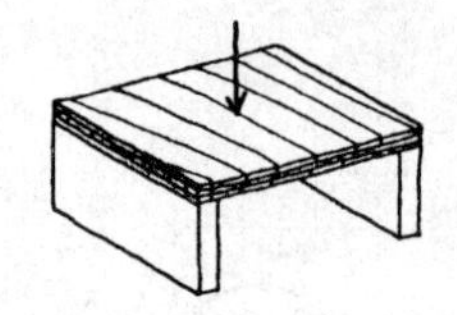

图 1.19 荷载方位的影响

石材、混凝土和烧制的黏土都是对应于不同应力有不同强度的材料。它们的抗压能力相对较强，但抗拉能力或抗剪能力相对较弱。这就要求我们在使用这些材料时要格外小心，避免这些应力的出现或者通过诸如在混凝土结构中加入钢筋等措施来弥补缺陷。

必须同时注意构件的形式、性能以及它们的应用。一根细的悬索钢索线，只承受拉力，而几乎不承受压力或弯曲应力，尽管钢作为一种材料，还存在其他可能的应力。

一堆在连接处没有固定粘结的砖块，具有承受从砖顶传递下来的向下压力荷载的能力。显然，如图 1.20 所示，通过举起最上面的一块砖来把整个没有粘结的一堆砖块举起，或者通过把砖块倒向一边来形成一个横跨结构都是不可能的。因此，在装配式结构中，构件节点的形成对强度也有影响。

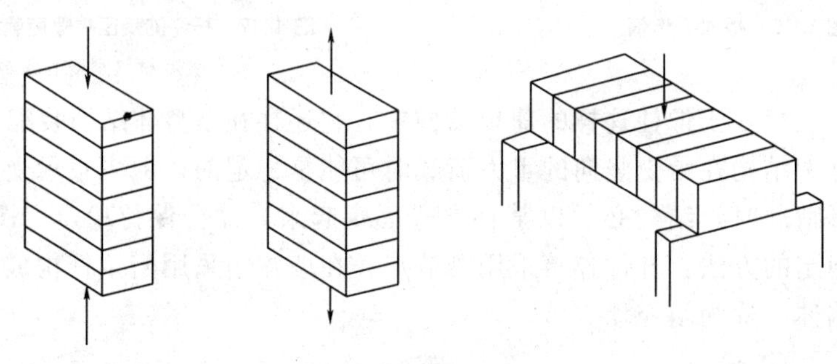

图 1.20 荷载方位的影响

3. 刚度

如图 1.21 所示，任何结构遭受外力时，都会发生运动和形状的改变。由这些变化的相对量度可确定出结构的刚度。刚度取决于结构的材料、结构的形状，以及装配构件的布置；它还取决于结构间的连接，以及支撑的类型。另外，横向约束对此也有影响。

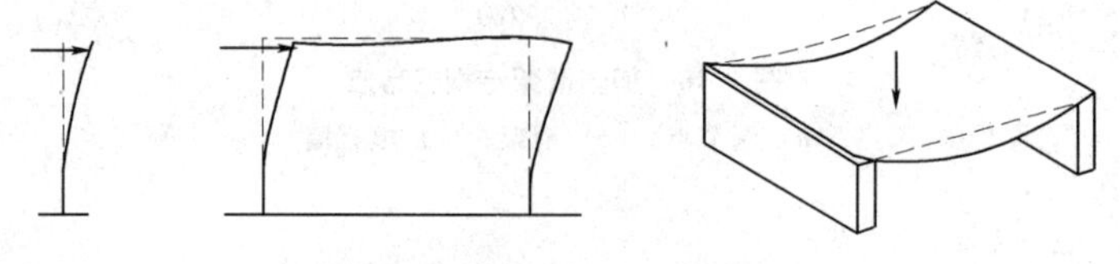

图 1.21 荷载作用下结构的变形

虽然刚度通常不如强度和稳定性对结构安全性的影响关键，但它对结构的应用非常重要。如果关门都会引起整个建筑物的晃动，或者行走在地板上都会引起地板的颤动，那么这个建筑物就很有可能会引起使用者的恐慌与不满。

4. 结构平衡

大多数结构构件都充当传递构件的作用，它们承受外力并把外力传递到其他构件上。这种传递荷载的能力，取决于结构内部的刚度以及稳定性。如图 1.22 所示，一个小的铝板很容易弯曲；一个木块很容易沿着它的纹理劈裂；一个节点构造松弛的矩形框架很容易倒向一侧。所有这些结构失效都是由于强度不足而引起的内部不平衡，或者由于开始就失稳，或者两者兼有。

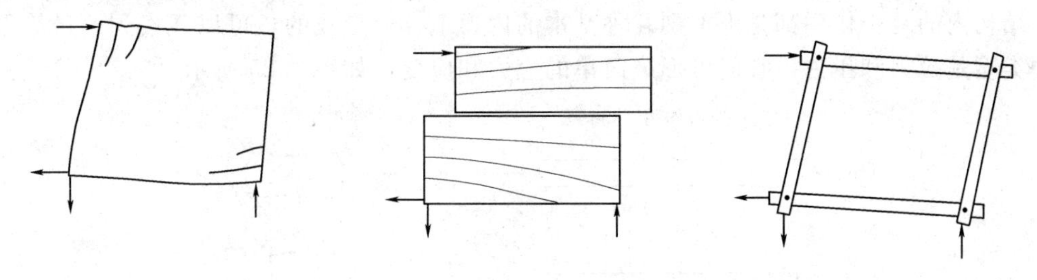

图 1.22　内部抵抗力不足

一个结构的静态平衡包括两部分：外力平衡和内力平衡。外部：支撑必须形成足够的反力；内部：结构构件必须具有足够的稳定性和强度来保证将作用的荷载传递到支撑上。

如图 1.23 所示，存在三种可能的关于外部稳定的情况。如果支撑的类型或者数量都不充足，则结构失稳；如果支撑条件正好满足，结构保持稳定；如果支撑条件过多，结构可能也是稳定的，但可能是超静定结构——不一定结构的质量不好，而是能否得到一个简单的结构的问题。

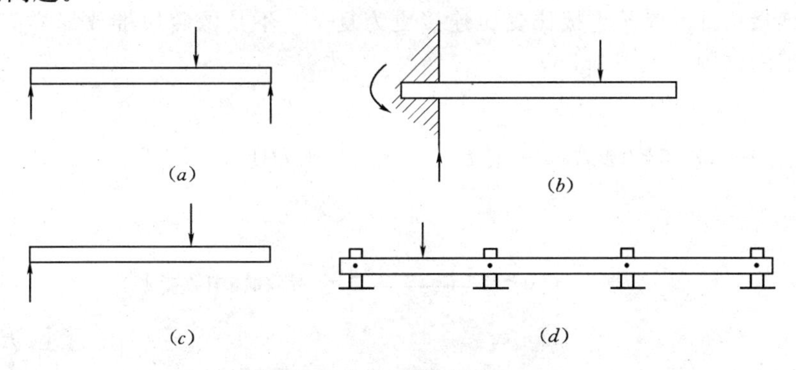

图 1.23　稳定分析

(a)、(b) 稳定；(c) 失稳；(d) 稳定但超静定

在内部稳定问题上，必须形成、布置，并且加固结构，使其具有足够抵抗能力。在图 1.22 所示的例子中，铝板尺寸太小；木块剪切面太弱；框架构造节点数目不够。可以通过改变这三种情况来改善结构的性能，如图 1.24 所示，铝板可以通过劲肋加强约束；木块通过反复叠层，来使得它们的纹理相互垂直；框架可以通过增加一根对角杆来加固。

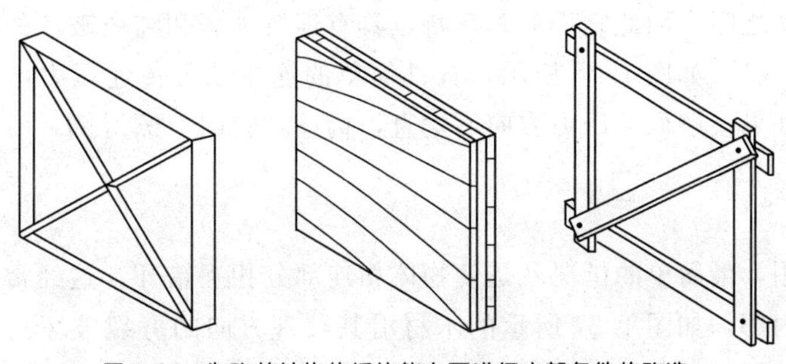

图 1.24　为改善结构的抵抗能力而进行内部条件的改造

1.7 内力的种类

结构内的复杂作用都是由下列几种基本的内力组合而形成的，可以观察到的最简单的两种类型是拉力和压力，它们可形成简单的应力和应变，如图 1.25 所示。

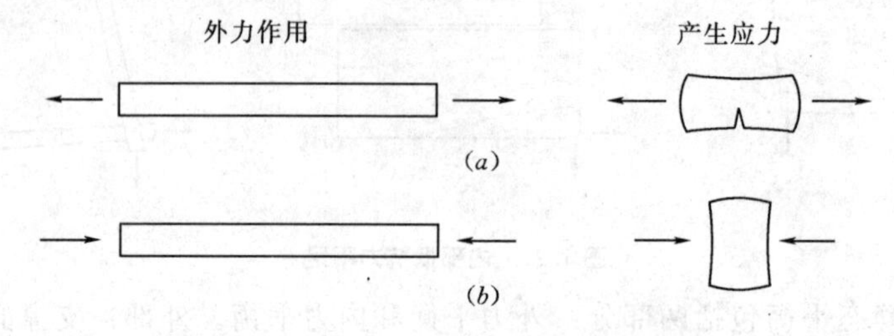

图 1.25 内力的两种形式

(a) 拉力作用；(b) 压力作用

1. 拉力

承受拉力需要一定的材料性能，石块、混凝土、砂土和纹理垂直的木材抗拉能力都较弱。杆件的横截面突然改变，诸如开洞或开槽，会形成应力集中。拉力可以矫正拉直杆件，或拉直连接构件。受拉连接比受压连接更为复杂，不是像砖块堆放那样简单地接触，而是需要一定的锚固（见图 1.26）。

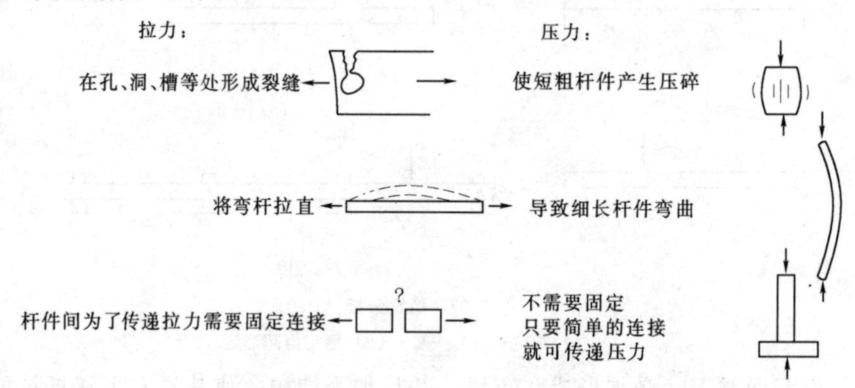

图 1.26 对拉压作用的考虑

2. 压力

压力通常会引起两种失效：压碎或者弯曲。正如先前讨论的那样，弯曲与构件的相对刚度有关，而压碎本质上只是超出材料的许用应力。然而实际上多数受压构件破坏处于纯弯破坏和纯压破坏之间，因此它们的破坏特点具有纯弯破坏和纯压破坏的两重性质（参考图 1.17 的中间曲线）。如图 1.26 所示，杆件简单的连接就可传递压力，例如基础放置到土层之上。然而如果接触面与压力方向不垂直，构件就会向一侧滑倒，所以这种情况通常需要一定的约束。

3. 剪力

关于剪力作用，最简单的情况就是使物体相连部分相互错开。这经常出现在构件的连接处，或者材料内部，如图 1.27 所示的木材沿其纹理方向的劈裂破坏。如果把地面上的两块木板在边缘处用封闭节点把它们连接起来，当其中一块木板受力，而另一块没有受力时，剪应力就会在连接处形成。这种剪应力还会在螺栓和铆钉中出现。

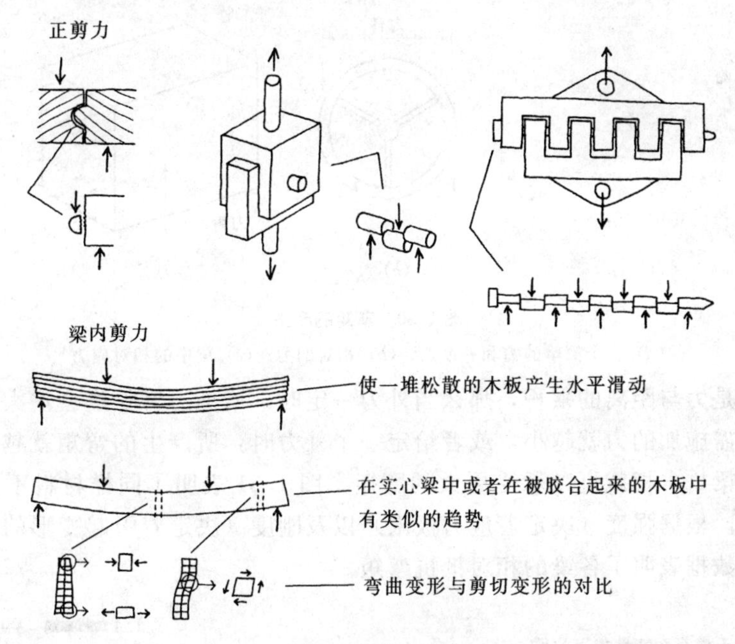

图 1.27　剪力作用

更为复杂的剪力，出现在梁内。假定梁是由松弛的板块组合而成，则在这种结构中会出现板间的水平滑动，类似于一根整梁内部出现剪力。如果把板块胶合成一根整梁，则梁的水平滑动即梁的剪切，必须在胶合点处抵消。

4. 弯矩

拉力、压力和剪力都是力的直接作用，而由转动所引起的作用则是另外一回事。使直杆发生弯曲的作用称为弯矩，使直杆发生扭曲的作用称为扭矩（见图 1.28）。如果用扳手去拧一个螺栓，那么在扳手的手柄处形成弯矩，而在螺栓轴上形成扭矩。

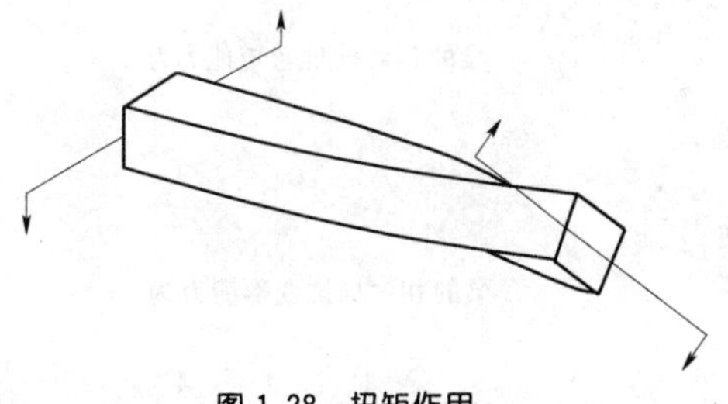

图 1.28　扭矩作用

弯矩的形成有多种方式。一般的形式是一个平跨结构（最基本的就是一根普通梁）承受垂直于它的荷载作用，如图 1.29 所示。梁中的内力由弯矩和剪力组合而成。这些内力作用会引起直的、无负载的梁的横向变形，称为下沉或偏移。

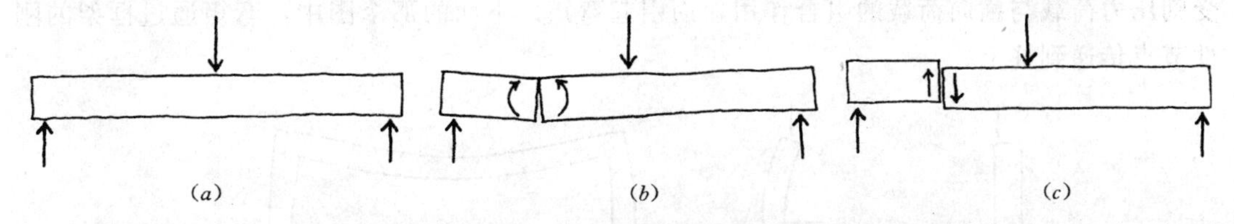

图 1.29　梁的内部作用

(a) 作用在平跨结构上的横向荷载；(b) 弯矩：引起内部弯曲的作用；(c) 剪力：引起内部剪切的作用

弯矩是力和距离的乘积。弯矩最一般的表现形式就是一个简单的力和一个力臂长度的组合（见图 1.30）。弯矩也可以由一对相反的力形成，例如两只手操纵方向盘时。后面这种情况类似于一根梁顶部受压、底部受拉时，梁内抵抗弯矩的形成。

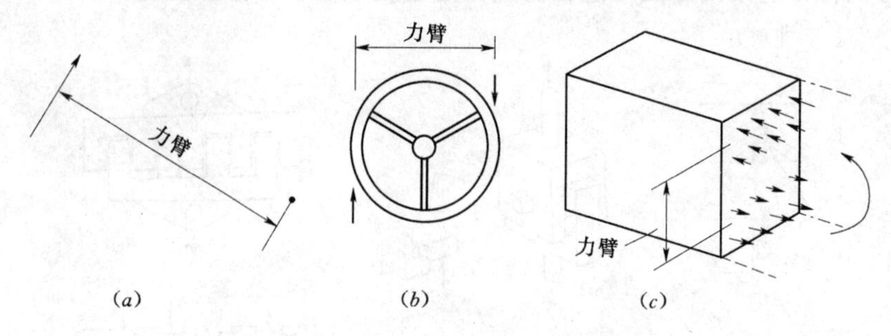

图 1.30 弯矩的产生

(a) 一个简单的力和一个点；(b) 相对的力；(c) 梁中的相对应力

由于弯矩是力与距离的乘积，那么当外力一定时，增加力臂长度会增大弯矩。方向盘直径越大，所需施加的力就越小，或者给定一个外力时，所产生的弯矩就越大。所以把木板转置作为托梁，木板就可以承受更大的弯矩。图 1.31 表明了同样材料不同横截面的梁内的弯矩情况。根据强度（决定着应力极限）以及刚度（决定着引起变形的应变极限）所计算出的图中数据表明了各梁的相对抵抗弯矩。

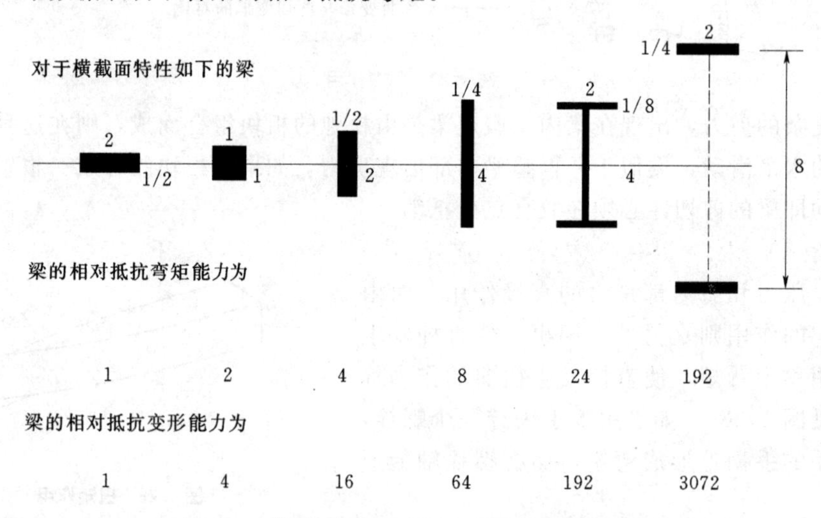

图 1.31 横截面的几何形状与抵抗弯矩能力的关系

除了平跨构件受到横向荷载作用产生弯矩外，建筑物中还存在许多产生弯矩的情况。图 1.32 列出了两种情况。在上面的那个图中，由于压力荷载与杆的轴线不重合或者杆件受到压力荷载与横向荷载的组合作用，而引起弯矩；下面的那个图中，弯矩通过框架的刚性节点传递到柱上。

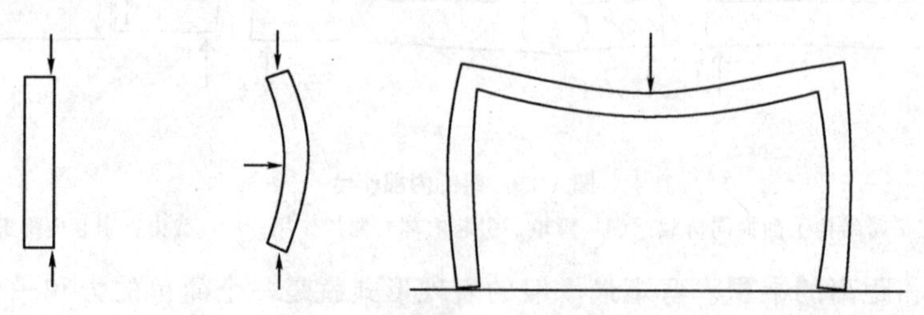

图 1.32 内部产生弯矩的条件

5. 扭矩

扭矩和弯矩类似，因为它也是力与距离的乘积。和抵抗弯矩一样，杆件的抵抗扭矩能力也是由形成杆件刚度或强度的横截面形式所决定。空圆筒（管道形状）是抵抗扭矩最有效的形式之一。然而，如果筒面纵向存在裂缝，大约类似于纵切的平板，那么它的抵抗扭矩能力将会大大减小。图 1.33 列出了具有相同材料的线性杆，由于横截面的形状不同，而产生抵抗扭矩能力的差异。

对于面积相同、形状不同的横截面，它们的相对抵抗扭矩能力为

相对强度（抵抗应力能力）	100	332	18	62	74	280	22.2	22.8
相对刚度（抵抗应变能力）	100	637	5.5	70	88	341	9.9	11.6

图 1.33 横截面的几何形状与抵抗扭矩能力的关系

结构设计中，通常通过加劲杆来抵制扭转，形成对扭矩的抵抗。故扭矩通常是靠撑杆约束，而不是靠杆件中的应力来吸收。

6. 内力组合

拉力、压力、剪力、弯矩和扭矩的各种作用会引起结构内部的内力组合，并在结构中一点处存在许多内力形式。如前面所说，梁一般都既承受弯矩又承受剪力。在图 1.32 的下图中，框架柱内存在由作用在梁上的荷载所引起的压力、弯矩和剪力的组合。如图 1.34 所示，荷载作用会引起结构内部压力、剪力、扭矩以及两个方向上的弯矩的组合。

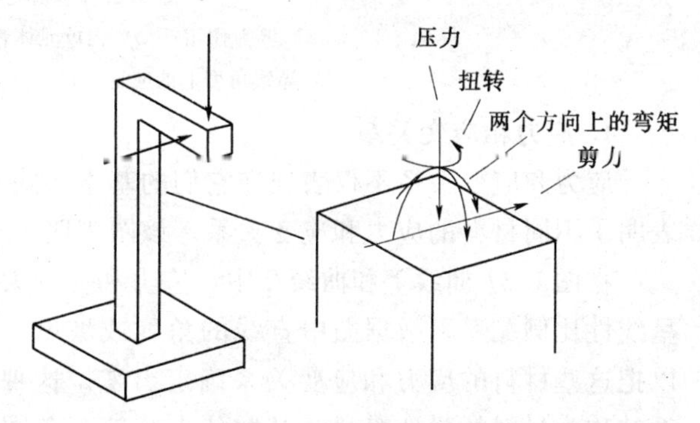

图 1.34 组合内力作用

必须仔细分析结构的不同内力组合，分析出可能产生最大应力状况及最大变形时的情况。另外，外部荷载经常存在不同组合，每种组合都会产生不同的内力作用。由于结构性能分析和设计是一个非常繁琐的过程，故计算机辅助程序的应用对于我们的设计工作是一个相当大的帮助。

1.8 应力和应变

结构的内力作用由材料应力来抵抗。结构中应力存在三种基本类型：拉应力、压应力和剪应力。拉、压应力本质是相同的，只是方向相反或者符号不同。无论是拉应力还是压应力都会产生线性应变，都可以被假定为作用在受压横截面上并垂直于该面的压力，如图 1.35 所示，故拉应力和压应力都被称为正应力，其中一个取正号，另一个取负号。

剪应力沿着截面作用，类似于滑动摩擦作用。如图 1.36 所示，剪应力引起的应变和正应力引起的应变形式不同，它是指角度变化，而不是长度变化。

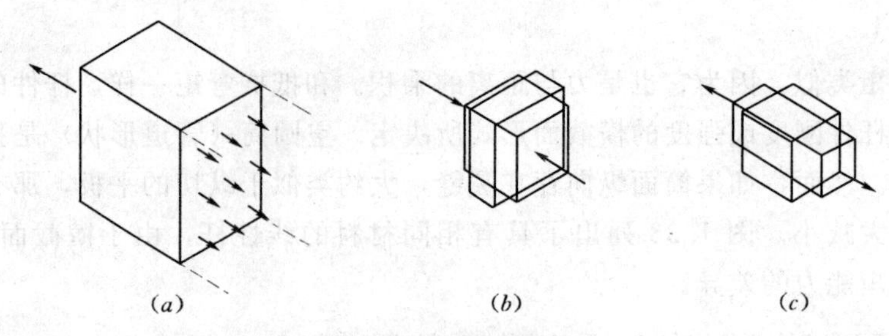

图 1.35 正应力和应变

(a) 直接力的作用产生拉压应力；(b) 由于压力引起的应变；(c) 由于拉力引起的应变

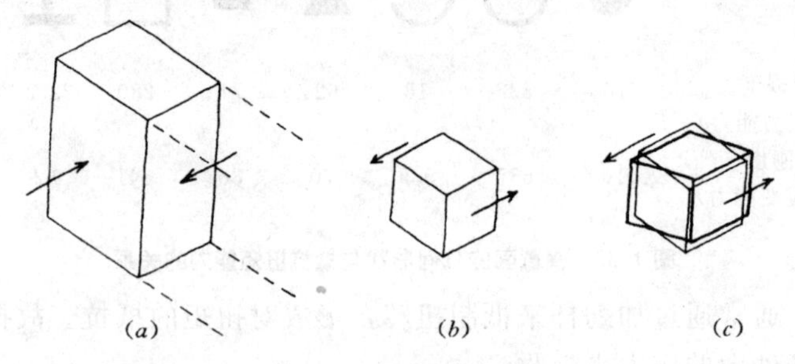

图 1.36 剪应力和应变

(a) 剪力作用；(b) 在单元体相对的面上产生剪力；

(c) 导致角度上的应变，以弯曲、扭曲的形式表现出来

1. 应力和应变关系

应力和应变关系不仅表现在它们的基本形式上，还表现在它们的数值关系上。图 1.37 表明了不同材料的应力和应变关系。该图表明了不同的材料的结构性能。

在图 1.37 曲线 1 和曲线 2 中，应力和应变大小呈线性比例关系。根据图中直线的角度或坡度，可以把这些材料的应力和应变关系确定出来。这种关系被称为材料的弹性模量，其数值大小就等于图中直线角度的正切值。弹性模量值越高，图中直线的坡度就越陡，材料的刚度就越强。因此图中曲线 1 表示的材料的刚度要比曲线 2 表示的材料刚度高。

对于正应力（拉、压应力）来说，应变是指长度变化，模量被称为正应力弹性模量；对于剪应力来说，应变是指角度变化，模量被称为剪应力弹性模量。

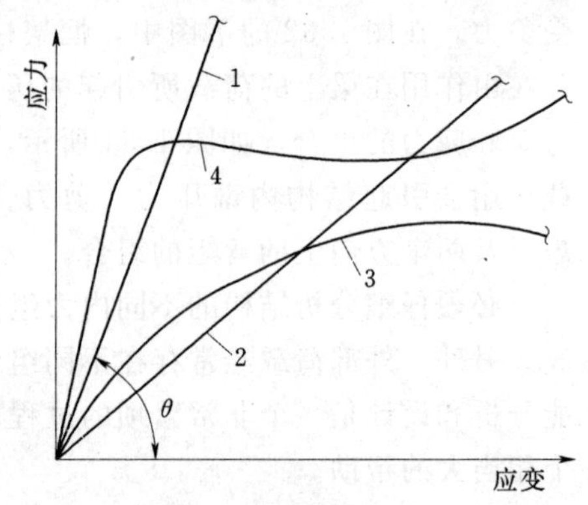

图 1.37 应力-应变关系

一些材料，诸如玻璃、高强钢，它们在从应力产生到材料失效整个范围内，弹性模量都保持不变；而其他一些材料，诸如木材、混凝土、塑料，应力-应变关系呈曲线形状，如图 1.37 中曲线 3 所示。该曲线表明这些材料的弹性模量一直随应力的变化而变化。

图 1.37 中曲线 4 的情况比较复杂，它反映了诸如低等级钢等塑性材料的特征，这些材料一般用于建筑物的梁或柱中。这种材料在应力较低时呈现出弹性，但是在应力屈服时，应变急剧增加。然而，破坏不是在此时发生，而是在经过达到极限应变后的一个较高应力值时发生。这种可预见的屈服现象，以及后续的强度储备，被用于预测钢框架以及用延性钢杆加固后的混凝土结构的最终承载能力。

2. 应力组合

空间中存在三向应力、应变现象，但为了简便起见，经常把它们转换为单向或者双向形式。如图 1.35 所示，在构件的一个方向上受到压应力作用，会导致材料沿那个方向发生压应变。然而，如果材料的体积本质上保持不变（经常出现这种情况），就会导致材料沿垂直于压应力的方向伸展。这意味着垂直于压力方向上的材料产生了拉力效果，这也是诸如混凝土、砂浆这样的抗拉强度弱的材料真正的失效原因。因此，混凝土受压时，最普通的失效形式是由于材料沿垂直于压力作用方向上的突然侧向劈裂。

如图 1.38 所示，一个线性杆内形成了正应力，但只有在垂直于外荷载的截面（称为横截面）上才只存在正应力作用，而在其他角度的截面（称为斜截面）上，还存在剪应力作用。如果材料的抗剪能力较弱（如木材沿它的纹理的方向），那么剪应力的影响就会比正应力的影响更危险。

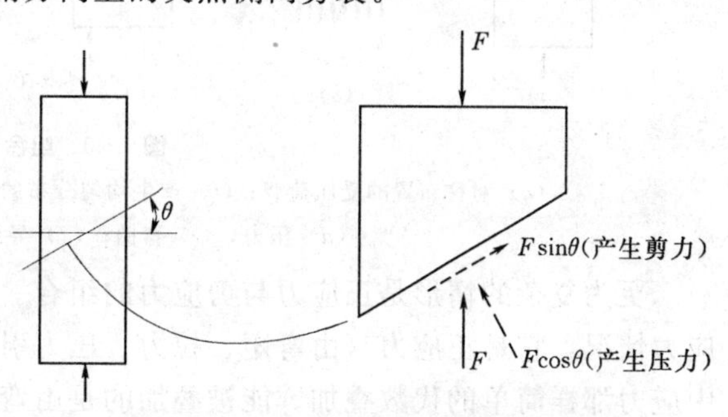

图 1.38　和作用力方向不垂直的横截面上的应力

简单的单向拉（压）力产生单向的正应力，但如图 1.39 所示，剪应力本质上却是双向的。剪力作用的直接效果就是形成了方向与剪力平行的剪应力，如图 1.39（a）中 a、b 面上所示。这些相反的应力作用会引起材料的转动，这就要求必须存在其他相反的应力来保持平衡，如图 1.30（b）中 c、d 面上所示。因此，当结构内存在一对剪应力时，结构内必然还存在另一对与其方向垂直、大小相等的剪应力。图 1.27 所示的由许多松散的板堆积成的梁就是这么一个例子。这个例子中剪力引起的失效是板间的水平滑动，即使剪力是由竖向荷载引起的。

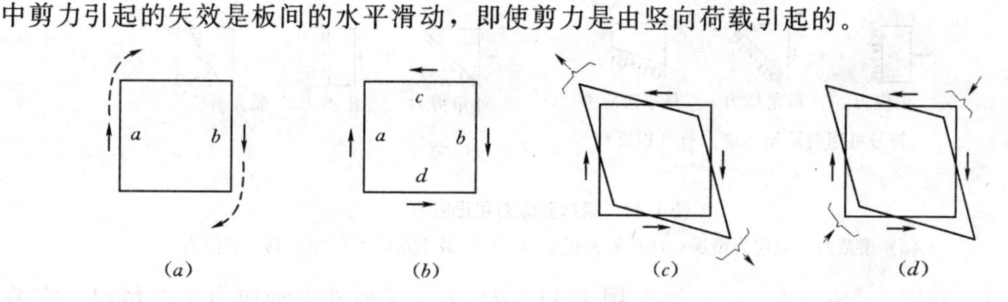

图 1.39　剪力作用

（a）正剪力引起材料的旋转；（b）在与正剪力垂直的面上，形成相对的剪应力；
（c）应变：一对角方向受拉；（d）另一对角方向受压

如图 1.39（c）、（d）所示，相互垂直的剪应力的组合，使得材料沿着一个对角方向伸长，沿着另一个对角方向缩减，这表明材料沿一个对角方向受拉，而沿另一个对角方向受压，且压力与拉力方向相互垂直。有时这些对角应力可能会比剪应力更危险。例如，在混凝土材料中，剪应力引起的失效本质上就是沿对角方向发生拉应力而引起的失效。这是由于混凝土的抗拉强度很小；而另一方面，钢梁腹板处的高剪应力可能会由于腹板过细，而引起其沿对角方向的压屈。

在结构内给定的一点上，可以用代数方法把各个单独的正应力组合起来。在图 1.40 所给出的柱中，图 1.40（a）、（b）表示柱受轴心受压荷载作用而不会引起弯曲，在横截面上产生压应力；图 1.40（c）～（e）表示由于荷载作用方向与柱的轴线不重合，横截面上的应力多了弯曲应力的作用，因此该横截面上任意一点应力的真正形式是弯曲应力和正应力的简单组合。组合后的应力分布可能如图 1.40（f）所示。

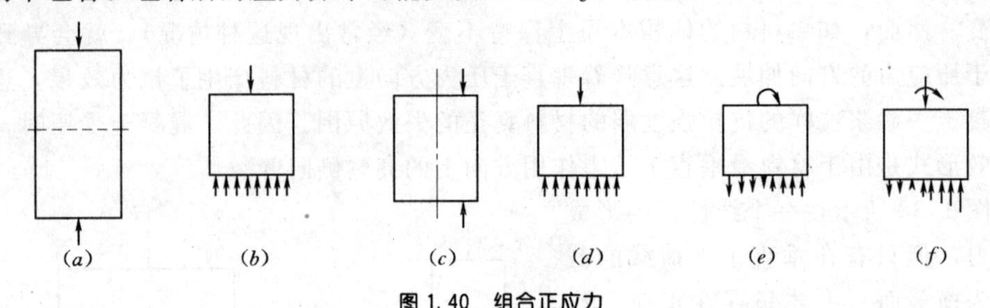

图 1.40 组合正应力

（a）对称布置的受压荷载；（b）产生均匀分布的压应力；（c）非轴向荷载产生组合作用；（d）压力；（e）弯曲；（f）导致最终的应力组合状态

更为复杂的情形是正应力与剪应力的组合。图 1.41（a）给出了梁的横截面上一般的应力情况，它是正应力（由弯矩、拉力、压力引起）和剪应力的组合。这些应力不能像柱中应力那样简单的代数叠加。能被叠加的是由弯矩引起的正应力和由剪力引起的对角正应力，如图 1.41（b）所示。实际上由于存在两种对角正应力，故必然存在两种组合：最大作用组合和最小作用组合，如图 1.41（c）所示。这两种极限应力的方向相互垂直。

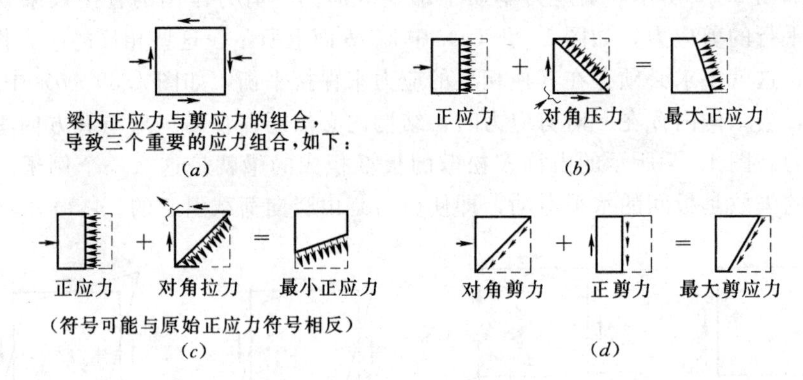

图 1.41 组合剪应力和正应力

（a）梁截面一般应力情况；（b）最大正应力；（c）最小正应力；（d）最大剪应力

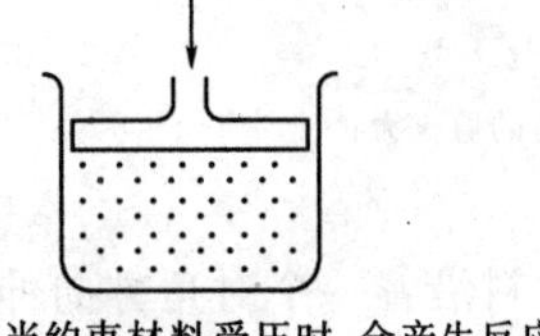

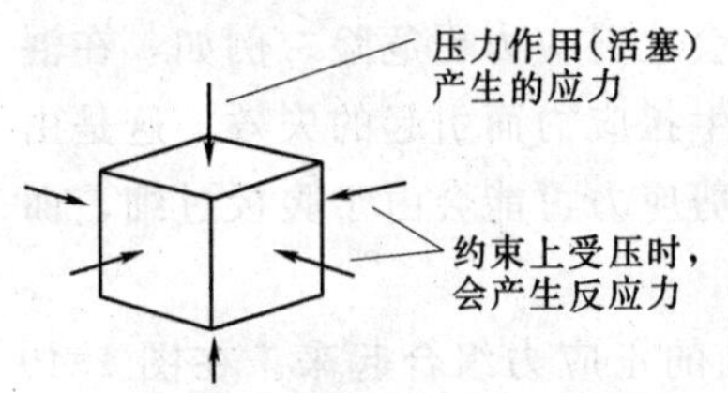

图 1.42 约束材料内部应力的形成

图 1.41（d）表示了另外一种应力组合情况。它是由正剪应力和由正应力引起的对角剪应力组合而成，由于正剪应力垂直地或者水平地作用在直角面上，而对角剪应力作用在一个 45°的斜面上，所以最大剪应力位于这两个角度之间的一个角度的斜面上。当剪应力较大时，这个角度更接近于直角；当正应力较大时，这个角度更接近于 45°位置。

另外一种应力组合是三向应力组合，例如受压的封闭材料，如图 1.42 所示容器中被活塞封闭的空气或者液体，除了受到主动压力（活塞）作用外，还将受到周围其他材料对它的侧向挤压，则该材料最终三向受压。

对于像空气、水或干燥的沙子这种抗拉强度几乎为零的材料，它们只能承受压力。因此由于砂土周围环境的限制，用脚去踩砂土，砂土内就会产生垂直的土压力。

为了形象地分析，一般都把复杂的结构作用拆开成单独的作用，这样就可以很容易很清晰地分析出各单独作用以及与其他作用组合的结果。然而最后，对于一个给定的情况，必须仔细考虑所有的荷载作用。

3. 温度应力

材料的体积随温度变化而变化。温度升高，体积膨胀；温度降低，体积减小。这种现象在结构设计中会引起许多问题，必须仔细考虑。

物体的形状决定着物体尺寸变化的性质。如图 1.43 所示，物体形状变化的主要方向取决于物体本质上是一维、二维，还是三维。对于一维物体（梁或柱等），主要是长度方向发生变化；对于非常长的物体，这种变化非常重要，特别是当气温有一定的变化范围时。

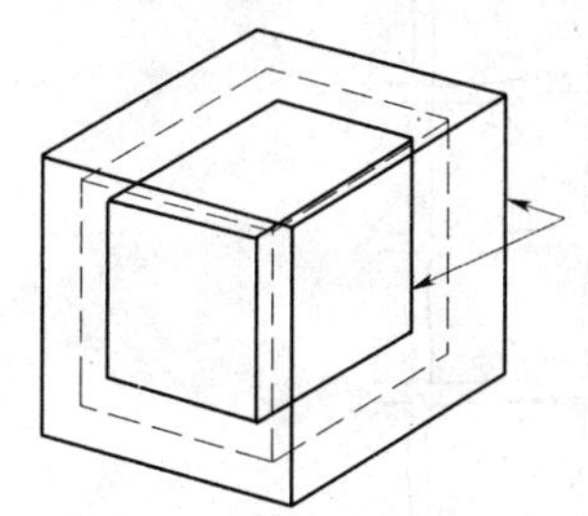

固体温度变化会引起体积的变化，表现为收缩或膨胀

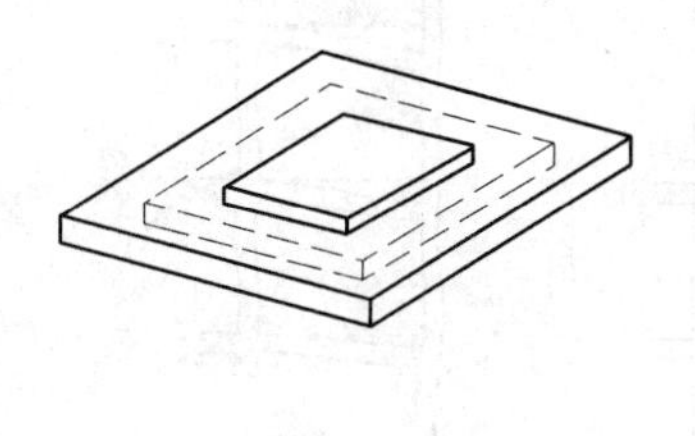

对于平面构件，尺寸的主要变化是二维的

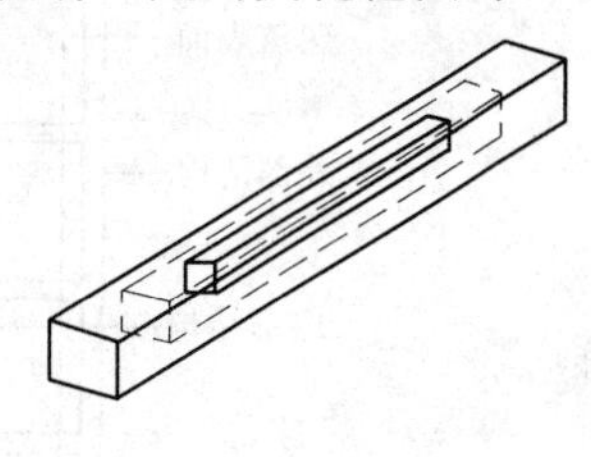

对于线性杆件，尺寸的主要变化是一维的，或者说仅仅是长度方向上的变化

图 1.43 固体温度变化的影响

二维物体，如墙面或者大的玻璃面，会以二维的形式发生变化。结构间的连接或者约束必须要在温度变化的许可范围内；三维变化多数被分成一维变化或二维变化来考虑的。

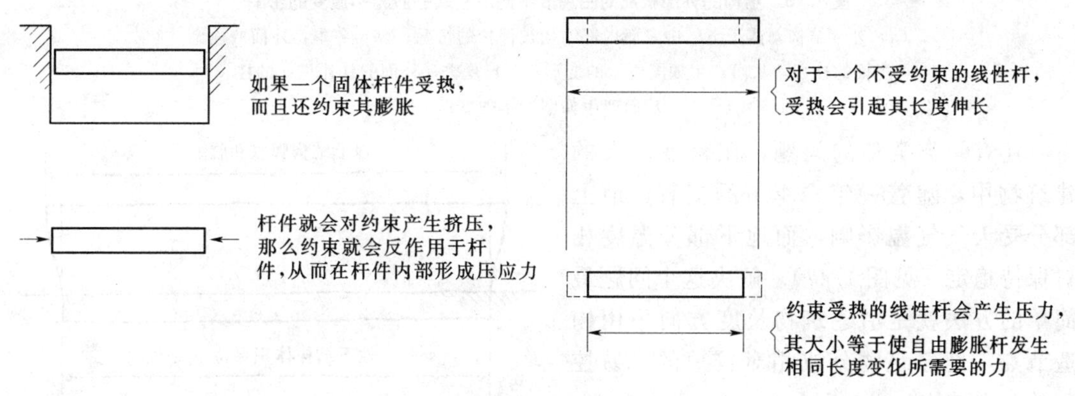

图 1.44 温度变化对约束杆件的影响

如果物体由于温度变化而产生的伸缩被约束，就会产生应力。图 1.44 给出了一根线性杆，它的长度方向被限制发生变化。如果温度升高，杆会向外伸长，但由于受到限制，约束就会对杆件产生压力作用，就像施加的外荷载作用一样。如果知道了材料的热膨胀系数以及材料的应力-应变关系，就可以算出在杆件内产生的压应力。

另一类温度问题，是结构各部分温度变化不同所造成的。图 1.45 就是这种一般情形，图中现浇混凝土结构由不同质量或厚度的构件组成。如果各结构温度发生变化，则浇筑在

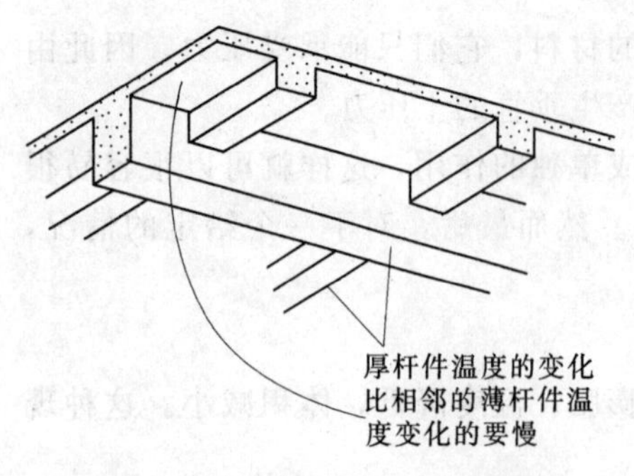

图 1.45　不同的温度变化产生危险应力

一块的薄杆件比厚杆件温度变化的要快。因此，薄杆件的变化受到厚杆件的限制，这就导致了各个杆件都产生应力，这些应力大多数对于薄杆件和杆件间的节点不利。

另外一种温度不同的问题发生在结构的外表面和内部。如图 1.46 所示，结构外表层——以及任何暴露在空气中的结构杆件的温度，都会随着室外温度的变化而变化；而结构内部构件的温度会相对保持稳定。对于多层建筑来说，这种影响累积到结构的顶层，会导致结构上部产生足够大的变形。

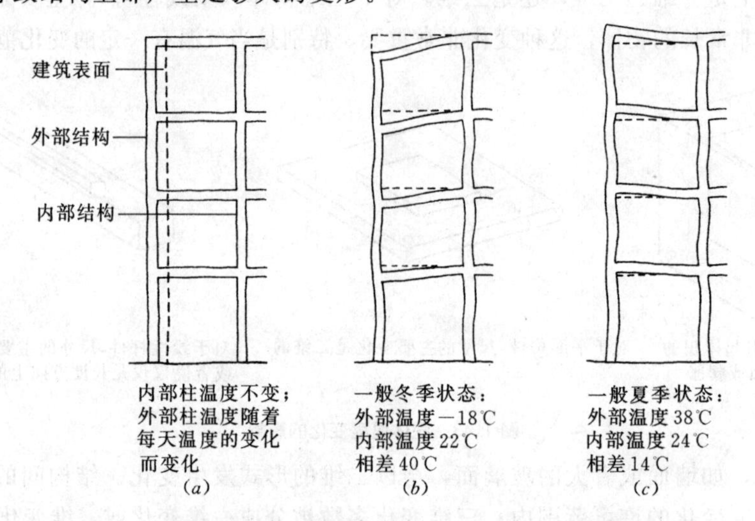

图 1.46　结构的外部状况对由温度不同所引起的应力和应变的影响

(*a*) 外部结构暴露于空气中，而内部结构被保护的情况；(*b*) 冬季，外面的柱比里面的柱短，从而产生如图所示的变形；(*c*) 夏季，外面的柱比里面的柱长，从而产生如图所示的变形

还有一类类似的问题，在跨度较大的建筑物中，随着一年中季节的交替，地上部分受天气气温影响，而地下部分温度相对保持稳定（见图 1.47)。解决这个问题最简单的方法就是沿建筑物长度方向采用构造节点，把建筑物分成相对较短的、易控制的独立结构。

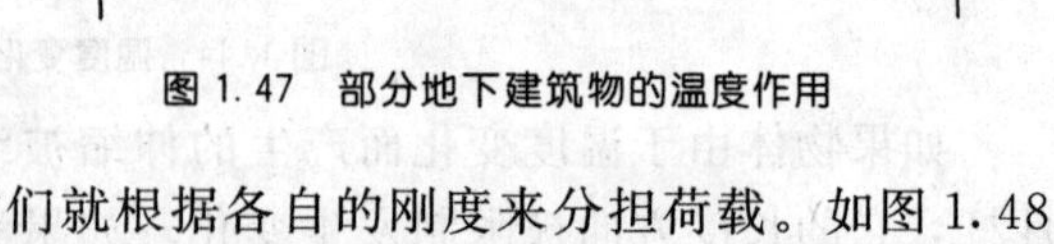

地上结构膨胀和收缩

地下结构体积保持不变

图 1.47　部分地下建筑物的温度作用

4. 组合结构

不同刚度的结构构件承受同一荷载时，它们就根据各自的刚度来分担荷载。如图 1.48 (*a*) 所示，如果一个荷载作用在一组弹簧上，而且所有的弹簧缩短量都相同，那么弹性强的弹簧承担的荷载大，因为要使它们缩短同样的长度需要更多的荷载作用。

另一种一般的组合结构情形，如图 1.48 (*b*) 所示的钢筋混凝土结构。当组合结构受到荷载作用时，刚度较强的材料（本例中的钢筋）分担较多的荷载。本例中由于钢筋的刚度平均约为混凝土刚度的 10 倍，故钢筋混凝土结构中相对较少的钢筋承担了较多的荷载。

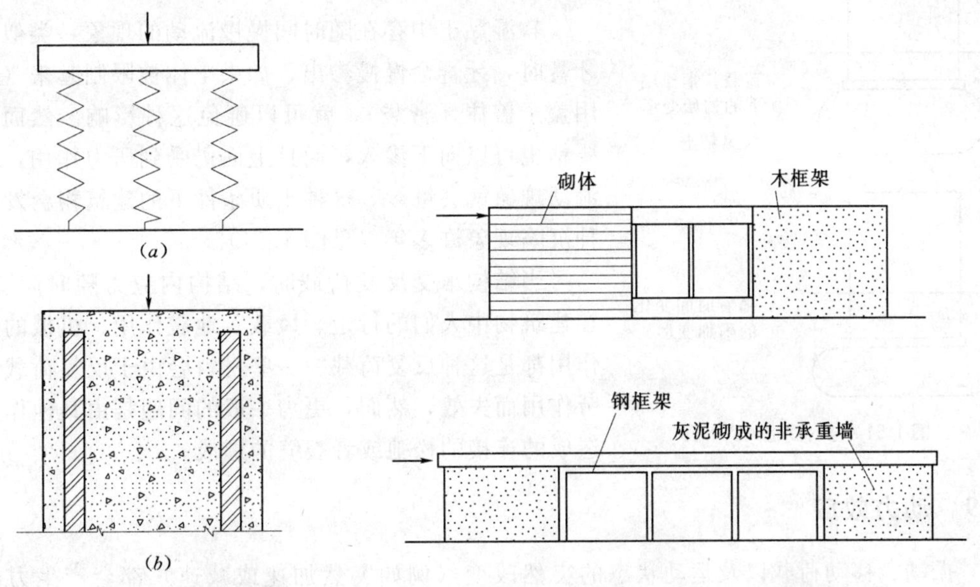

图 1.48 组合结构分担荷载的情况

(a) 由一组不同刚度的弹簧所组成的结构；(b) 钢筋混凝土结构

图 1.49 不同结构的构件分担荷载的情况

当建筑物受到水平风载或着水平地震作用而整体变形时，情况有点类似。图 1.49 举出了这样的两个例子。第一个例子中的建筑物，外表面有坚硬的砌体墙面和木框架墙面组合而成。墙面承受水平荷载时，刚度较强的砌体会承担主要荷载。这个例子中，虽然也要考虑木框架墙面的横向变形，但实质上木框架墙可能根本就没参与抵抗荷载工作。

如图 1.49 所示，第二个例子中结构包括了一个钢框架，它的作用就像一片刚性的墙。它的刚度和结构中的钢框架大致相同，即使可能不如钢框架高，但其刚度仍然很高，因此它们将承担主要横向荷载。我们可以通过使墙体在支撑工作时强度足够，或者使钢框架刚度足够保护墙体（实际上也就是支撑墙体）这些途径来解决这个问题。

5. 与时间相关的应力和应变

一些应力、应变现象和时间有关。如混凝土材料中存在徐变现象（见图 1.50），也就是材料受荷载长期作用时，应力保持不变，应变增加的现象。通常将这些变形和由原始荷载所引起的变形加在一块。此外，和原始变形不同，这些变形属于永久变形，类似于木梁的长期下沉。

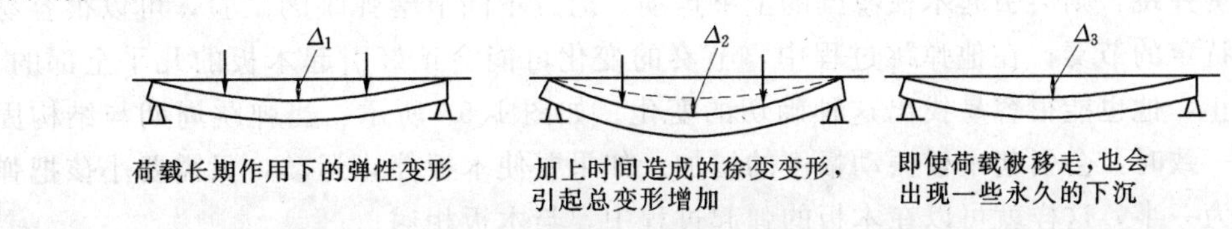

图 1.50 徐变的影响

徐变不会影响混凝土结构的应力抵抗，但有时会在混凝土和钢筋中引起应力重分布。由于钢筋不发生徐变，故相对于越来越松弛的混凝土来说，钢筋变得越来越强，这使得钢

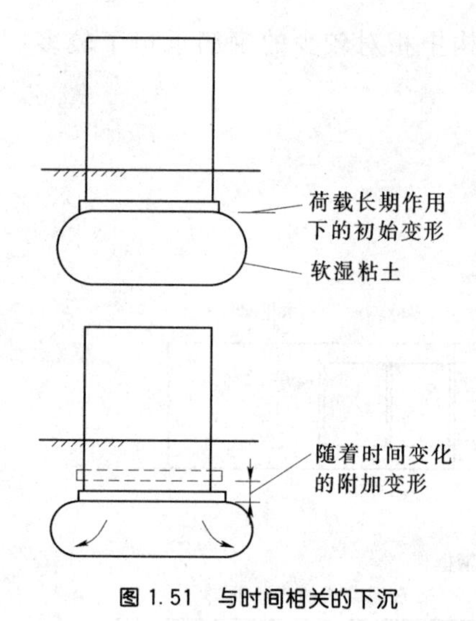

图 1.51 与时间相关的下沉

筋在组合结构中具有更强的刚度来承担结构所受的主要荷载。

软湿黏土中存在随时间慢慢流动的现象，类似于挤牙膏时，牙膏会慢慢渗出。如果土体被限制起来（就像用盖子盖住牙膏袋），就可以避免这种影响。然而，只要粘土可以向下渗入，而且上面仍受到压力作用，这种流动现象就会继续。这种土质条件下的建筑物会发生这种沉陷现象许多年（见图 1.51)。

当结构承受反复荷载时，结构内应力随时间变化。在建筑物中人们的行走、风载、地震作用、机械的振动作用都是这种反复荷载。一些材料会由于反复荷载的疲劳作用而失效，然而，更为一般的问题是由其他作用所造成的连接的松弛或者裂缝的形成。

1.9 动力效应

振动、移动荷载以及运动状态的突然改变（例如突然加速或减速）都会产生力的作用，从而导致结构内部出现应力和应变。对动力作用的研究是很复杂的，尽管许多基本概念可以简化表示。

对于结构的分析及设计来说，静力作用和动力作用最主要的区别就是它们对结构所造成的反应。如果结构的基本反应可以用静态形式（外力、应力、线性变形等）有效地表达出来，那么即使荷载可能是随时间变化的，结构作用本质上都是静力作用。然而，如果结构的反应只能根据能量、所作的功，或者周期运动来计算，那么荷载作用本质上属于动力作用范畴。

计算动力反应的一个关键因素是结构的固有周期，它表示结构振动一个循环所需要的时间。这个周期和荷载作用周期之间的关系决定着结构是否产生动力反应。结构的固有周期受结构的大小、重量、刚度、支撑条件以及阻尼作用等因素影响，数值从几秒到几十秒不等。

在图 1.52 所示的例子中，用锤子轻轻一击就会引起木板的来回振动，振动曲线如图所示。运动一个循环所消耗的时间就是木板的固有周期。如果通过对板端缓慢地放几块砖来施加 100lb 的荷载，则此荷载作用是静力作用。然而如果是一个 100lb 的小孩跳到板端，则会引起木板弯曲的增加以及来回的振动，两者都是动力作用。如果小孩在木板上以一种特定的节奏弹跳，则会引起木板急剧的上下运动。通过不同节奏弹跳的试验，可以很容易找出这种特定的节奏；在他弹跳过程中，节奏的变化可能会正好引起木板的几乎全部的、瞬间的停止，他也能很容易找出这种确切的变化。如图 1.53 所示，当弹跳周期与结构固有周期相一致时，会引起木板振动幅度的增加。如果要使木板停止运动，只需要小孩把弹跳周期缩为一半，这样就可以在木板的弹起过程中，与木板相遇。

如果小孩在木板上弹跳一下后，就跳到地面上，木板会继续振动，但振动幅度逐渐变小，直到它最终完全停止。这种阻止木板运动的作用称为阻尼作用。这是由于能量在木板的弹性装置和空气摩擦中消耗掉了，就像木板在运动过程中没有能量一样。如果不存在阻

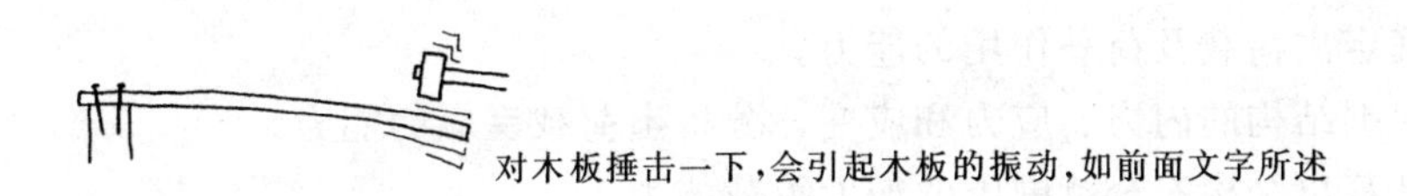

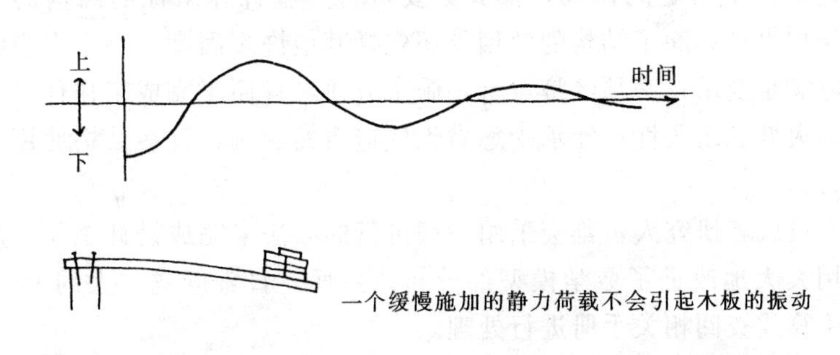

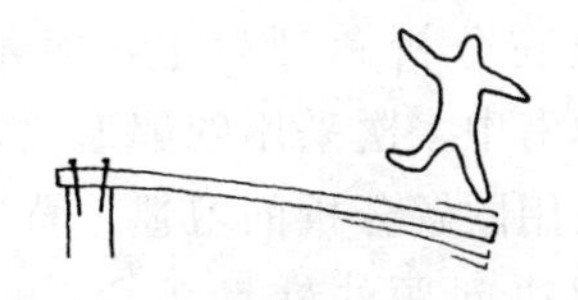

图 1.52 弹性结构的动力影响

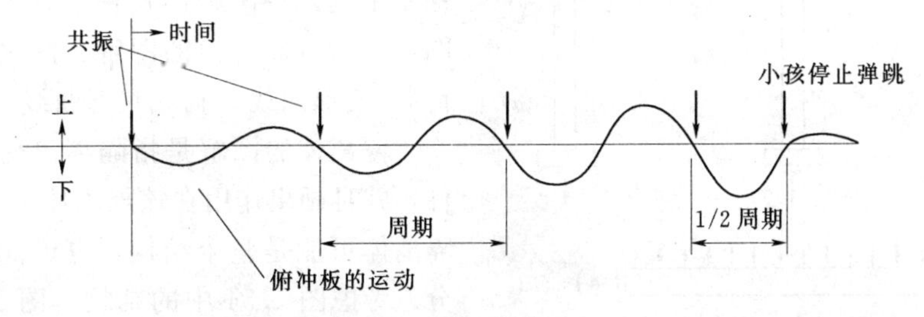

图 1.53 俯冲板的运动

尼，小孩的弹跳引起木板的振动，最终会导致木板的破坏。

结构动力作用的来源很多，而且根据传递给结构的总能量或结构的运动形式，动力作用会产生许多问题。过多的荷载作用（能量）会导致结构的破坏以及全部倒塌。结构的运动会导致连接松弛、竖向构件的倒塌，或者建筑物使用者的极度厌恶心理。

设计动力反应时，首先要推测出可能存在的动力荷载的来源以及它们对结构产生真实的动力作用的能力。一旦知道动力反应的全部特征，就可以控制结构的动力特性，并找出方法降低动力荷载的实际影响。因此，承受地震作用时，有可能通过加固结构来使得结构更安全，也有可能通过在建筑物和地面之间放置能量吸收装置来减小结构的实际运动。

1.10 结构设计

在结构设计中，对结构反应的研究是设计的一个重要组成部分，要做到对结构反应的研究，设计者必须具备以下能力：

（1）推测出作用在结构上的荷载来源的能力。

（2）确定出荷载及荷载作用的能力。

（3）根据结构的内力、应力和应变，分析出荷载反应的能力。

（4）计算出结构安全范围内的最大承载能力。

（5）对结构的不同材料、形式、尺寸、构造细部的掌握，以便得出结构最大反应的能力。

任何一个结构，对于给定的荷载，都有必要进行一些计算来证明结构的安全性。然而，一个完整的结构设计，除了结构的效用外还包括其他许多因素。一个出色的结构必须在结构功能上足够满足要求；必须经济可行，施工方便，且便于完成工作任务。同时它还必须具有良好的耐火性、耐久性；能承受恶劣天气造成的影响，且在结构使用寿命期间能正常工作。

专业的设计人员或者研究人员都会采用一切可行的办法来完成设计工作。从上世纪开始，计算机的应用大大地改进了数学模型的分析。然而，日常问题（大约98%的实际问题）还是要通过手算或查阅相关手册进行处理。

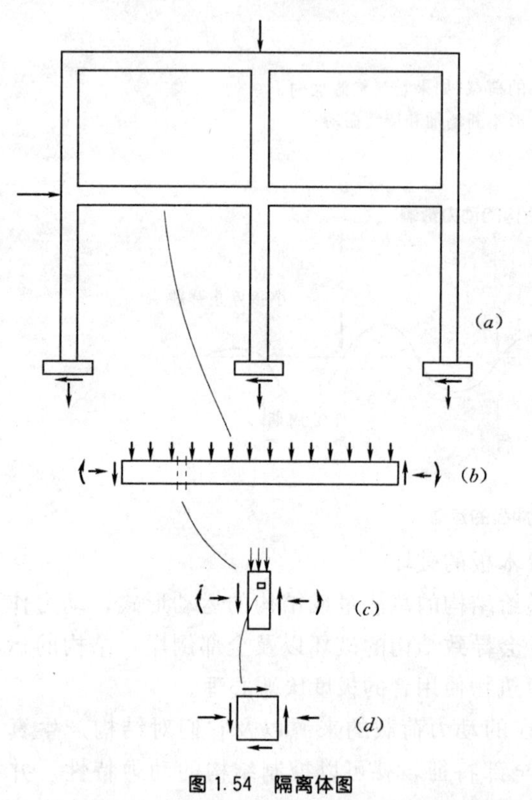

图1.54 隔离体图

（*a*）结构；（*b*）一根单梁；（*c*）沿梁长度方向隔离出的部分体；（*d*）从梁内取出的单元体

本书主要目的是启发性的，因此本书的重点放在分析和理解上，而不是计算方法上。本书中多次采用图解形式，这里提倡大家养成用图解分析的习惯。草图被用作学习以及解决问题的辅助手段，但不能过分依赖。下列四种图解形式相当有用：隔离体的图解、截（断）面的图解、按比例放大后的荷载-变形曲线、临界状态曲线。

隔离体的图解是指隔离出任意的物理构件，并且画出作用在该隔离体上所有的外力。隔离体可能是整个结构，也可能是结构的部分。考虑图1.54中的结构。图1.54（*a*）表示出整个结构。它是由水平杆件（梁）和竖直杆件（柱）连接而成，构成一个平面刚性排架。它可能是构成建筑结构的一组框架中的一榀。图1.54（*a*）中的隔离体代表着整个结构，外力作用如图中箭头所示，每个箭头可表示出力的位置、方向。在研究过程中，可能会加入一些数字来表示力的大小。图1.54中所示的力包括结构的自重、水平风载作用，以及作用在排架支撑点处的反力。

图1.54（*b*）表示出从排架结构中隔离出一根单梁，作用在此梁上的外力包括梁的自重和梁柱节点处的相互作用力。这些相互作用力在整个排架的图示中显示不出，因此单梁图解的一个作用就是可以把这些相互作用力的性质简单地显示出来，它可能包括柱传递给梁的水平作用力、垂直作用力，以及旋转的弯矩作用。对于这些相互作用力的观测是对该梁整体研究所必须进行的第一步。

图1.54（*c*）表示沿梁长度方向所隔离出的梁的部分体。在梁长度方向上一个很短的

距离间，切出一个竖直的面，并把它隔离出来。作用在该隔离体上的力包括结构的自重以及梁剩下部分作用在隔离体两侧上的力。这个切割图形称为截断面，可以用于分析梁内部的内力。它是研究应力（与内力有关）的第一步。

最后，图 1.54（d）表示从梁内取出的一单元体，作用在该单元体上的外力是相邻单元体对其的作用。这是显示应力作用的最基本的图形。本例中该单元体受水平正应力和剪应力（包括水平部分和垂直部分）作用。

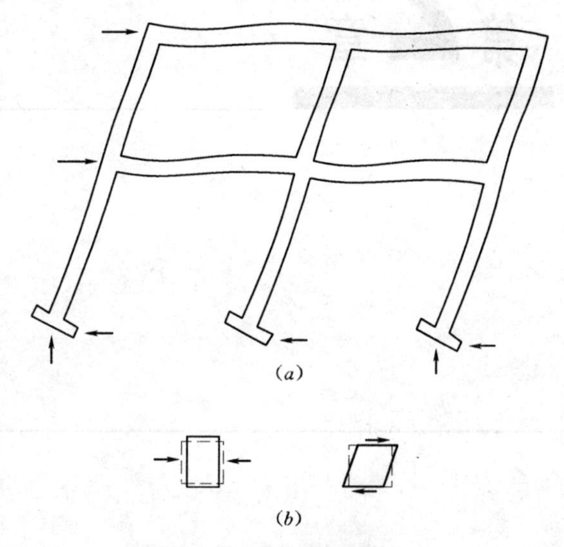

图 1.55 结构的变形图

（a）变形形状；（b）变形特征

图 1.55（a）表示同样排架在风载作用下变形时的形状。从这个图中，可以看出排架横向弯曲的全部形状以及每根杆件的弯曲特征。图 1.55（b）表示了截断单元体的变形特征。这些图表有助于我们掌握荷载-变形（或应力-应变）关系的本质特征。数值计算经常很抽象，但是这些图表在反映问题时却显得非常形象。

无论是为了形象显示还是为了抽象计算，本书中大量的数学表达式采用了图形分析。图 1.56 表示一根弹簧在有阻尼情况下振动时，相对于平衡位置的振动位移与时间的关系。方程表达式为

$$s = \left(\frac{1}{e^t}\right)[P\sin(Qt + R)]$$

上式描述了位移与时间之间的数学关系，但不够形象。然而，图表形式却有助于我们真正地看出该弹簧的振动衰减规律（受阻尼影响）以及任意给定时刻的弹簧位置。只有数学家才能从一个方程看出这些规律；故对于我们大多数人来说，图表形式是相当有用的。

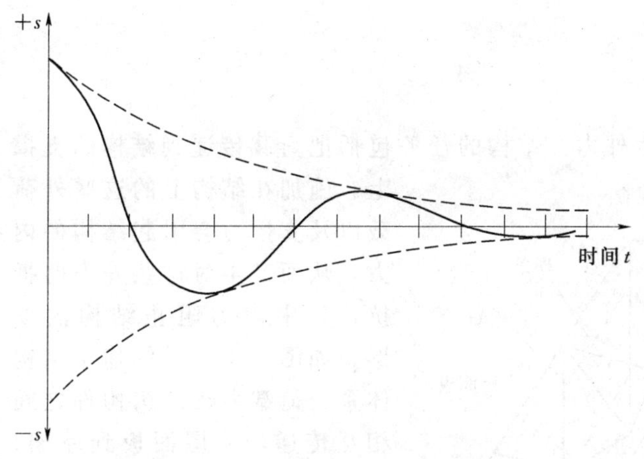

图 1.56 一个周期内位移与各时间点的关系

第2章

力和力的作用

在第1章中我们对结构分析进行了概述，结构分析为建筑结构的设计提供了支撑。本章将更仔细地研究在真正的结构分析中对数学和物理知识的应用。这里首先考虑力和力的作用。

2.1 荷载和抗力

荷载源于结构的工作任务并产生外力。结构的任务包括把荷载传递到结构的支撑上。施加在结构上的这些外荷载以及支撑力会引起结构的内力，从而产生对这些外力的抵抗，其中内力阻止结构的变形。如图2.1所示的建筑结构体系，荷载力在结构构件之间相互传递，从屋面板到屋架、到檩条、到桁架、到柱、到柱支撑。

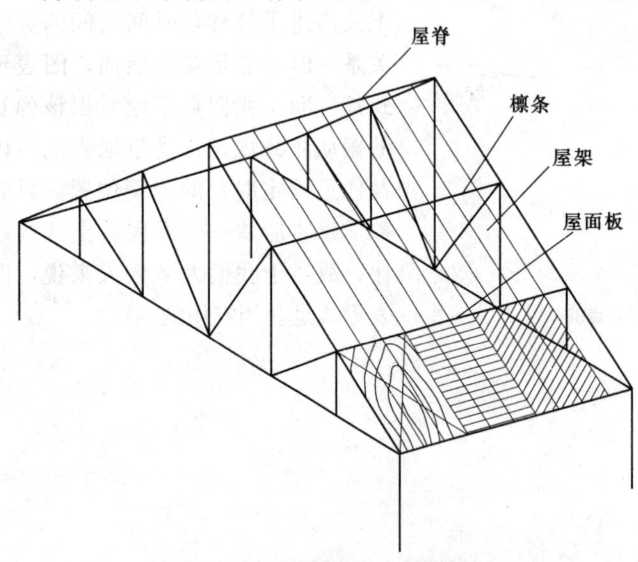

图2.1 形成屋面结构的一个完整的体系

柱支撑桁架，而桁架又支撑檩条，檩条又支撑屋架，屋架又支撑屋面板。荷载在这个系统中相互传递，从屋面板到柱

结构研究的第一步就是考虑各外力的特性、它们的组合，以及作用在一个单独结构上所有力的平衡。这里的平衡指结构不会发生运动。因此，结构可以轻微变形，但假定它必须位于原地。因此当我们把作用

在结构上的外力合成时，最终合力应该为零。

物理学中的力学知识涉及了力和力的作用之间的相互关系，用这些关系去解决实际问题，就要我们应用数学知识——从简单加法到高等微积分，这取决于问题的复杂程度。这里我们假设读者熟悉物理学基本知识，掌握一定的算术、几何和简单代数知识，并且学过一点三角学知识。掌握更多的数学知识对本书以外的深入研究很有帮助，但对本书的学习起不了太大作用。

读者可能已经注意到，在本书中采用了大量的图解。在接下来的工作中，还要采用这种形式来阐述观点以及分析过程。因此本书的学习有三个基本方面：文字（语言描述）、图形（本书或读者的草图）以及数学方法（计算方法）。读者如果对这三个方面非常精通，将对本书的学习大有作用。而且如果首先理解了文字和图形，那么就会弥补可能出现的数学方法上的缺陷。

2.2 力和应力

力的概念是力学中最基本的概念，但却不能简单地定义。目前我们通常认为力的定义是指引起物体运动状态的变化或变化趋势的作用。有一种力，是由于物体受到地球中心的吸引而产生的力，称为重力。

由于物体存在质量，故产生了重力。在美制单位中，重力是用物体的重量数值表示，因此，度量单位为英镑（lb）或者其他单位如吨（t）或千磅（kip 或 1000lb）。在公制单位中，重力的度量单位更科学，直接与物体的质量相关。物体质量是一个常量，而重力与物体的重力加速度成正比例，其中各地的重力加速度各不相同。公制单位中，力的单位是牛顿（N），千牛（kN）或兆牛（MN）；而质量的单位是克（g）或千克（kg）。

图 2.2（*a*）中，一块重 6400lb 的金属块放在横截面为 8in×8in 的木桩上面，而木桩又受砌体基础的支撑。由于金属块受到的重力，而对木桩施加 6400lb 或 6.4kip 的力。忽略木桩本身的重量，木桩又把同样大小的力传递给基础。如果没有运动发生（处于平衡状态），砌体对木桩的支撑作用力必然和金属块的重力大小相等，方向相反。因此，木桩处于平衡状态，平衡力由竖直向下的大小为 6400lb 的荷载（作用力）与竖直向上的大小为 6400lb 的反力所组成。

为了抵消外压力，木桩内部必然形成材料压应力。应力指桩截面单位面积上的内力。对于图中的例子，截面每平方英寸面积上的应力必然等于 $6400/64=100\text{lb/in}^2$（psi），见图 2.2（*b*）。

2.3 力的类别

外力作用的来源有许多种，如第 1.1 节所述。现在我们只讨论静力作用，因此只在物体上作用静力，从而在物体内产生相应的内力：压力、拉力、剪力。图 2.2 中金属块的重力相对于木桩产生压力作用，因此木桩中所产生的应力为压应力。

图 2.2（*c*）是一根悬挂着的直径为 0.5in 的钢杆，杆的下端挂着 1500lb 的重量，因此，杆受到张拉作用。杆的截面面积等于 $\pi R^2=0.31416\times0.25^2=0.196\text{in}^2$，这里 R 指的是半径。因此，杆内拉应力为 $1500/0.196=7653\text{psi}$。

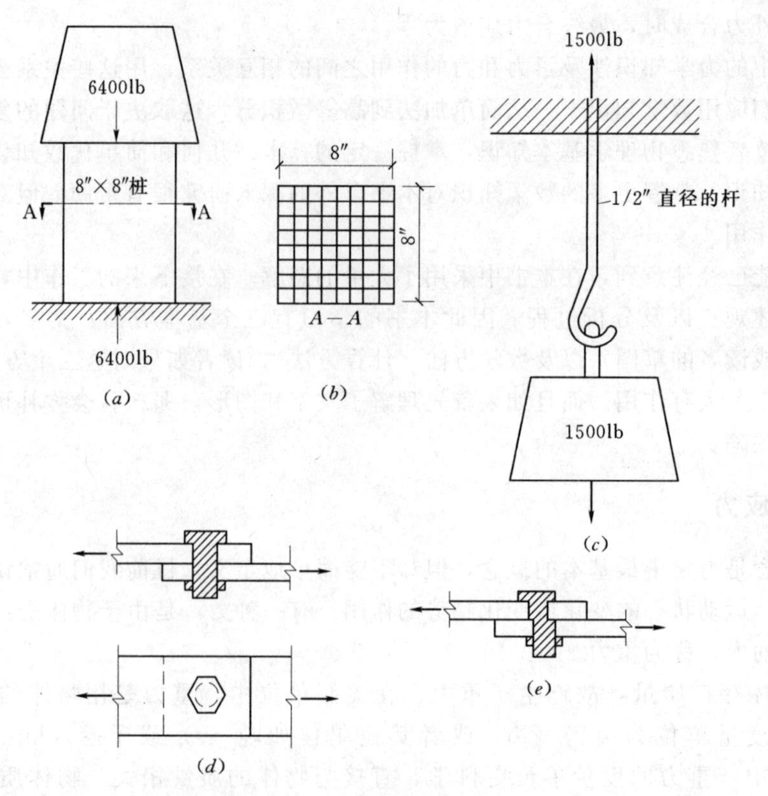

图 2.2 外力的作用与应力

现在考虑用一个直径为 0.75in 的销钉把两根钢杆固定起来，并在其上作用一个 5000lb 的拉力，如图 2.2（*d*）所示。钢杆内的拉力成为作用在销钉上的剪力，用剪应力表示。图 2.2（*d*）中的外力会引起很多结果：包括杆内产生拉应力，以及销钉对孔洞周围的挤压。现在我们考虑销钉上的作用力，用剪应力描述［见图 2.2（*e*）］。销钉截面面积为 $3.1416\times0.375^2=0.4418\text{in}^2$，故销钉剪应力等于 $5000/0.4418=11317\text{psi}$。

注意：这种应力是沿销钉截面方向作用，并产生错动效果；而无论是拉应力还是压应力，作用方向都是与应力截面垂直的。

2.4 矢量

矢量是指既有大小、方向（如水平），又有指向（向上、向下等）的量；而标量是指只有大小、指向而没有方向的量。力、速度、加速度都是矢量；而能量、时间、温度却都是标量。矢量可以用一条直线表示，从而有时可以通过绘图的形式来解决问题。后面将讨论这种图解的形式。标量可以完全用数学形式，例如＋50 或者 －50 表示出来，而矢量还必须表示出它的方向（50，垂直方向，水平方向等）。

2.5 力的性质

正如前面所述，需要从以下几个方面去完全地识别一个力：

（1）力的大小：这是指力的数量，用重量单位（lb 或 t）来度量。

（2）力的方向：这与力的路径方位（称为力的作用线）有关。力的方向通常采用力作用线的角度表示，例如水平方向。

（3）力的指向：这是指力沿着其作用线的指向（向上或向下、向左或向右等），力的指向通常采用力大小的正负号代数表示。

根据力的三要素，可以用箭头把力表示出来，如图 2.3（*a*）所示。按照一定比例画出的线段长度表示力的大小；箭头倾斜的角度表示力的方向；箭头的位置表示力的指向。这种表示形式不仅仅只是符号表示，因为通过由箭头所构成的力的矢量表示，可以进行实际的数学计算。本书叙述的内容中，做代数计算时，箭头只被用作符号；做图解分析时，箭头才真正地被用于表示。

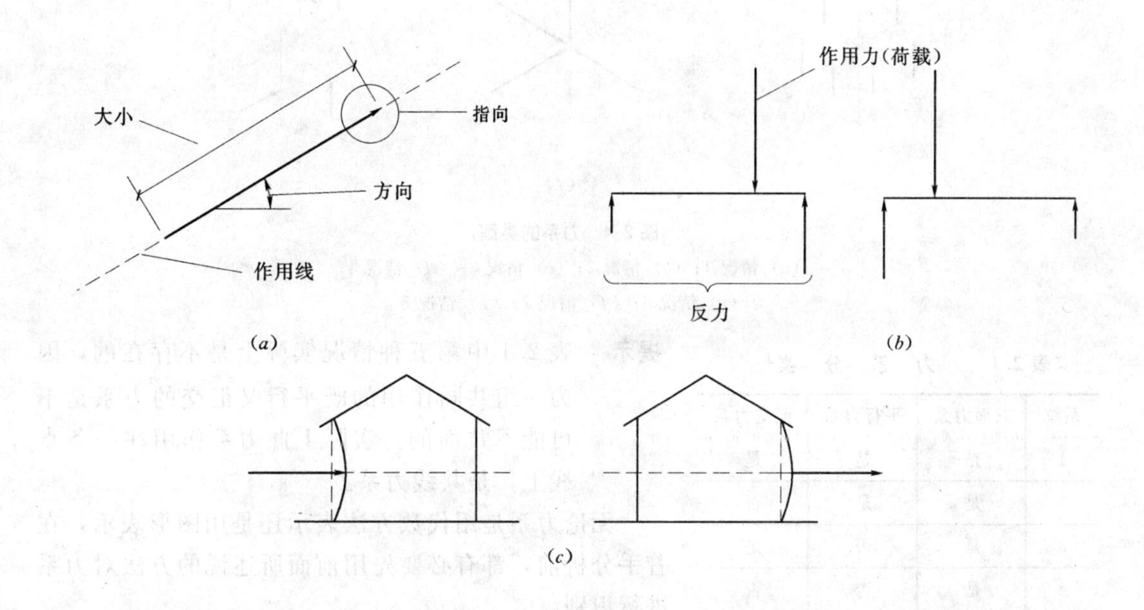

图 2.3 力的性质

（*a*）力的图解表示；（*b*）反作用力；（*c*）力作用点的影响

除了力的大小、方向、指向三个力的基本要素外，其他一些因素对于力的研究也相当重要：

力作用线的位置：这与其他力的作用以及受力作用的物体有关，如图 2.3（*b*）所示。对于梁来说，荷载（作用力）位置发生变化会引起支撑力（反力）的变化。

力的作用点：在分析物体受力的作用时，还可能会考虑沿着力作用线，力施加的地方。如图 2.3（*c*）所示。

当外力没被抵消时，物体就会产生运动。静态固有的性质就是它们处于平衡，也就是没有运动发生。为了实现静态平衡就有必要保持系统的力的平衡。静力分析的一个重要考虑，就是对给定的简单力系几何布置的性质的分析。通常把力系分成下面几类：

（1）共面力系：作用在同一个平面内，例如都作用在竖直的墙面上。

（2）平行力系：作用方向相同。

（3）汇交力系：作用点相同。

图 2.4 表示出可能存在的不同的力系，并在表 2.1 中判定了是否属于上述三类力系。

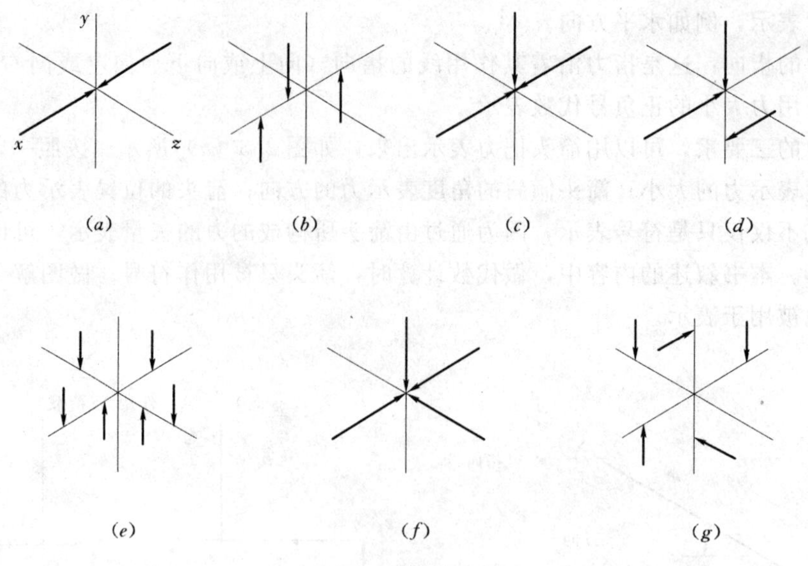

图 2.4 力系的类型

(*a*) 情况 1；(*b*) 情况 2；(*c*) 情况 3；(*d*) 情况 4；
(*e*) 情况 6；(*f*) 情况 7；(*g*) 情况 8

表 2.1 力 系 分 类[①]

系统	共面力系	平行力系	汇交力系
1	是	是	是
2	是	是	否
3	是	否	是
4	是	否	否
5	否[②]	是	是
6	否	是	否
7	否	否	是
8	否	否	否

① 见图 2.4。
② 不存在——平行既汇交的力系是不可能不共面的。

提示 表 2.1 中第五种情况实际上是不存在的，因为一组共同作用的既平行又汇交的力系是不可能不共面的。实际上此力系作用在一条直线上，是共线力系。

无论力系是用代数方法表示还是用图形表示，在着手分析前，都有必要先用前面所述说的方法对力系进行识别。

2.6 运动

力的较早的定义是引起物体运动或运动状态发生变化，或发生这种趋势的作用。运动是指被认为具有固定位置的物体位置发生了变化。如果质点的运动路径是一条直线，则质点的运动称为平动（直线运动）。如果路径是弯曲的，则称为曲线运动或转动。运动轨迹在同一平面内的，称为平面运动，其他运动称为空间运动。

大多数结构设计的主要目的，就是防止发生运动。然而，为了测出可能存在的力的作用以及结构的实际变形，就有必要用图解或数学方法把由作用力引起的运动的本质给描述出来。当然，最终想得到的结构状态是结构处于静态平衡，结构的外力与内力平衡，没有运动，只允许有少许变形。

如前面所述，物体处于静态平衡是指物体处于静止状态或匀速运动状态。当一个力系作用到物体上时，没有引起物体运动状态的改变，该力系就被称为平衡力系。

图 2.5 (*a*) 是一个简单的力的平衡的例子，两个大小相等、方向相反、作用线相同的

力 P_1、P_2 作用在一个物体上，如果两个力相互平衡，物体就不会运动，力系处于平衡状态，这两个力称为汇交力系，汇交力系是指共点的作用力系。

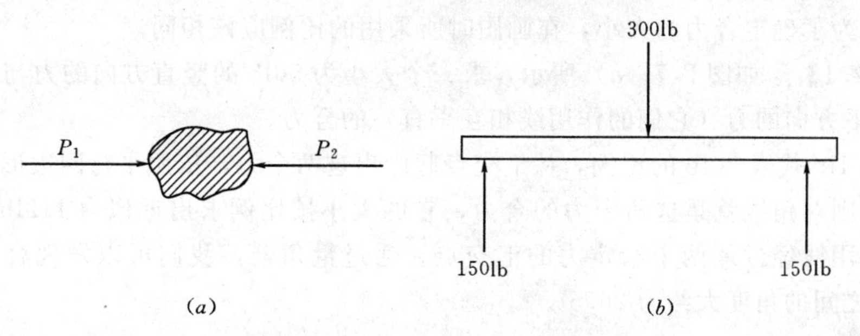

图 2.5 力的平衡

图 2.5 (*b*) 给出另外一个力的平衡的例子。在梁跨中作用一个垂直向下的 300lb 的力，在梁端作用的两个垂直向上的大小均为 150lb 的力（反力），这三个力组成平衡，且力相互平行，但不共点，所以是非汇交力系。

2.7 力的分解与合成

在各种情况下，作用在物体上的各力相互影响，并且组合作用。这种合成作用最终导致一个单独的力，有时可能需要研究这个合力；相反，一个作用在物体上的单独的力的影响可能不止一个，例如，同时存在水平作用和竖直作用，下面讨论两个问题：简单力的合成与分解。

1. 力的合成

一组力系通常合成为一个简单的力，该力的作用与力系中各力同时作用的效果相同。力系中两个不平行的力必然汇交，因此，这两个力的合力将通过这个交点。两个共面不平行的力的合力可以通过画出力的平行四边形来表示。

该图形的绘制基于平行四边形法则，平行四边形法则是指：从两个不平行的力的汇交点起，不论力的方向是靠近还是远离汇交点，以任意比例（每 in 代表多少 lb）画出这两个力。然后以这两个力的作用线为平行四边形的相邻两边作出平行四边形。那么平行四边形的对角线就是这两个力的合力：它的大小、方向、作用线均与这两个力的合力相同。在图 2.6 (*a*) 中，P_1 和 P_2 代表两个不平行的力，它们的作用线汇交于点 O，画出平行四边形，对角线 R 即为给定力系的合力。此图中，注意到这两个力的方向远离汇交点，因此，它们合力的方向也远离汇交点 O，指向右上方。图 (*b*) 中 P_1 和 P_2 的合力为 R，其方向指向汇交点。

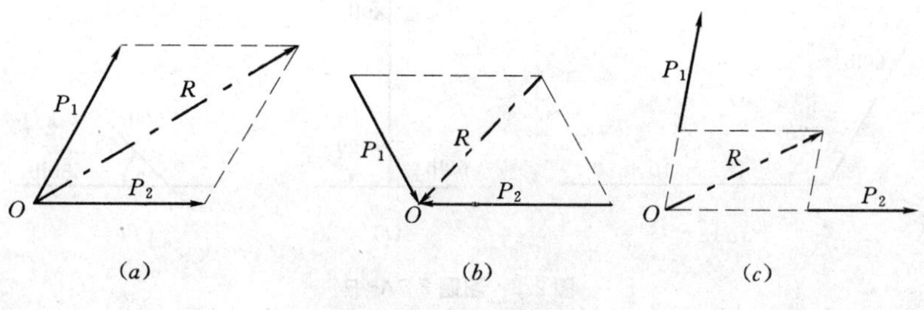

图 2.6 力的平行四边形

可以认为力沿着其作用线在任意点的作用是相同的，在图2.6（c）中，将P_1和P_2两个力的作用线延伸到汇交点O，在该点画出平行四边形。它的对角线R就是P_1和P_2的合力。当然，为了确定合力的大小，在画图时所采用的比例应该相同。

【例题2.1】 如图2.7（a）所示，求一个大小为50lb的竖直方向的力与一个大小为100lb的水平方向的力（它们的作用线相互垂直）的合力。

解： 以1in代表80lb的比例，从汇交点起画出这两个力，依照平行四边形法则画出平行四边形，则对角线就是这两个力的合力，它的大小按比例求出近似为112lb，方向指向右上方，作用线经过那两个给定力的汇交点。通过量角器，我们可以发现合力与大小为100lb的力之间的角度大约为26.5°。

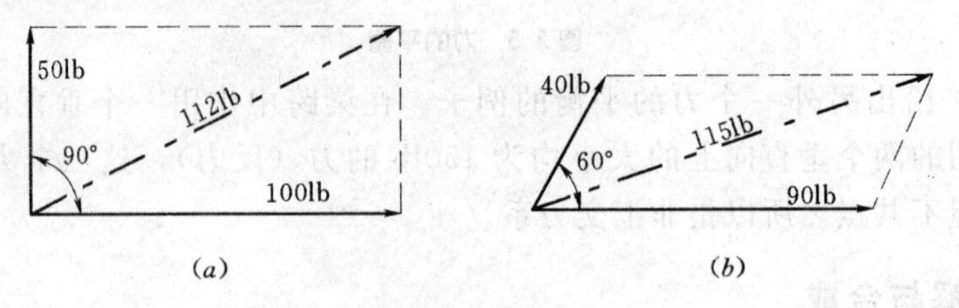

图2.7 例题2.1和例题2.2

【例题2.2】 图2.7（b）中，两个力分别为40lb、90lb，它们之间的夹角为60°，求合力。

解： 以1in代表80lb的比例，从汇交点起画出这两个力，作出平行四边形，可以发现合力大约为115lb，方向指向右上方，作用线经过那两个给定力的汇交点，合力与大小为90lb的力之间的角度大约为17.5°。

提示 这两个题目都是用图解法，也可以采用数学方法解决。对于许多实际问题，图解法答案精确，且相当节省时间。不要把图形画得太小，记住力的平行四边形画的越大，计算精度就越高。

习题2.7A~F 通过作力的平行四边形，求出图2.8（a）～（f）中力的合力。

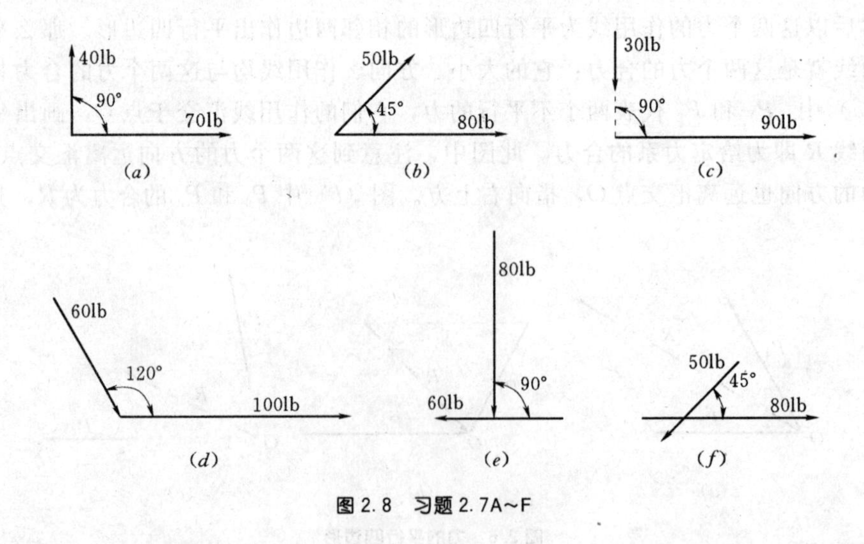

图2.8 习题2.7A~F

2. 力的分解

除了把力合成之外，还经常有必要把力进行分解。一个力可以分解成两个或更多的分力，这些分力一起作用与所给力作用的效果相同。在图 2.7（*a*）中，如果给定了 112lb 的力，那么它竖直方向的分力为 50lb，水平方向的分力为 100lb，即可以沿竖直方向和水平方向将这个 112lb 的力进行分解，任何力都可以看成是它分力的合力。

3. 多个力的合成

两个以上的汇交力可以逐步合成，最终求得合力。

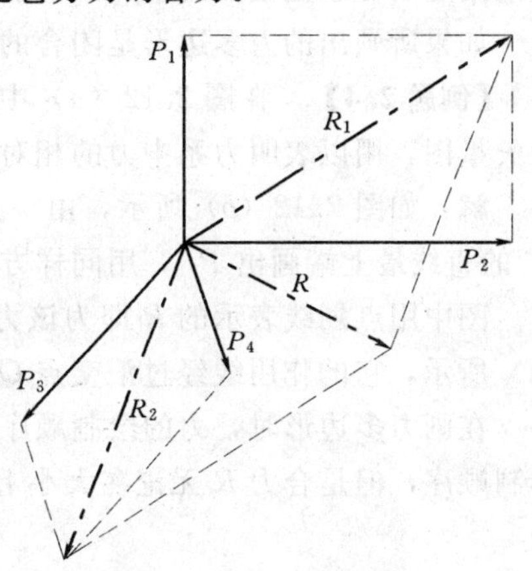

图 2.9　由成对力求合力

【例题 2.3】　图 2.9 中，求出汇交力系 P_1、P_2、P_3、P_4 的合力

解： 通过构建平行四边形，求出 P_1 和 P_2 的合力 R_1。类似，求出 P_3 和 P_4 的合力 R_2。最终求出 R_1 和 R_2 的合力 R。合力 R 即为给定的四个力的合力。

习题 2.7G～I　用图解法求出图 2.10（*g*）～（*i*）中汇交力系的合力。

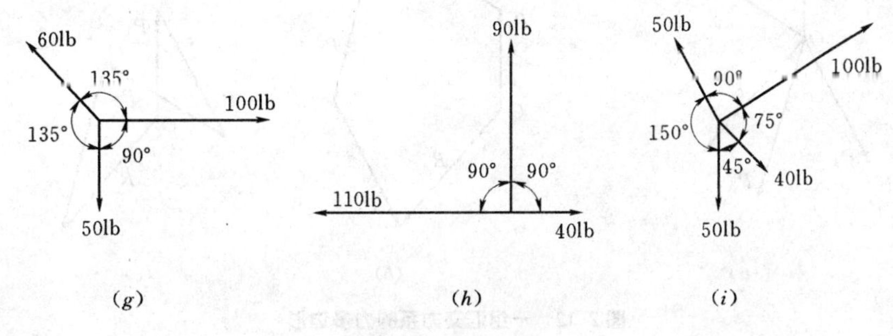

图 2.10　习题 2.7G～I

4. 平衡力

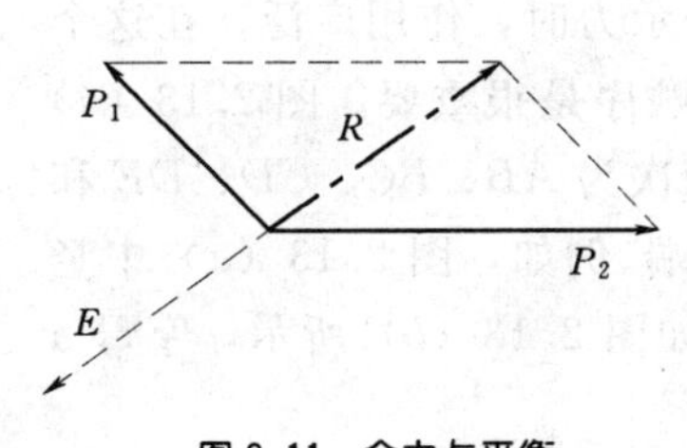

图 2.11　合力与平衡

用于保持力系平衡的力称为平衡力，假定我们需要研究由两个力 P_1 和 P_2 组成的力系，如图 2.11 所示。构建平行四边形，则合力为对角线 R，此时力系不平衡。用于保持力系平衡的力是 E，在图中用虚线表示。E 在大小和位置上与合力 R 完全相同，只是方向相反。现在三个力 P_1、P_2 和 E 构成一个平行力系。

如果两个力平衡，则这两个力必然大小相同，方向相反，并且有着相同的作用线。两个力中的任意一个力都可以称为另外一个力的平衡力。平衡力系的合力为零。

2.8　力的图解分析

1. 力多边形

汇交力系的合力通过构建力多边形也可以求得。为了画出力多边形，首先找出一点并以较为方便的比例画出一条平行于力系中任意一个力的直线，直线在长度上应该等于该力的大小，并且方向相同。从这条直线的末端起，类似地画出另一条线，表示力系中剩下力中任意的一个，直到所有的力都被画出。如果多边形不闭合，那么该力系就不平衡，而且从起点画出的可以将多边形闭合的直线就表示该力系的合力：大小、方向均与合力相同。如果给定的力系是汇交的，那么它们合力的作用线必然经过汇交点。

如果所画出的力多边形是闭合的，则表明力系平衡，合力为零。

【例题 2.4】 在图 2.12（*a*）中，求出四个汇交力 P_1、P_2、P_3、P_4 的合力。此图称为矢量图，用以表明力系中力的相对位置。

解：如图 2.12（*b*）所示，由一点（例如 *O* 点）起，画出竖直向上的力 P_1，在代表 P_1 的直线最上端画出 P_2，用同样方法画出 P_3 和 P_4，结果多边形不闭合。因此力系不平衡。图中用点划线表示的 *R* 即为该力系的合力，注意它是沿 *O* 点指向右下方。如图 2.12（*a*）所示，它的作用线经过汇交点 *O*，且在力多边形上可以求出它的大小和方向。

在画力多边形时，力的绘制顺序可以任意。在图 2.12（*c*）中虽然采用了不同的力的绘制顺序，但是合力 *R* 无论在大小上还是方向上均与图 2.12（*b*）中所求出的合力相同。

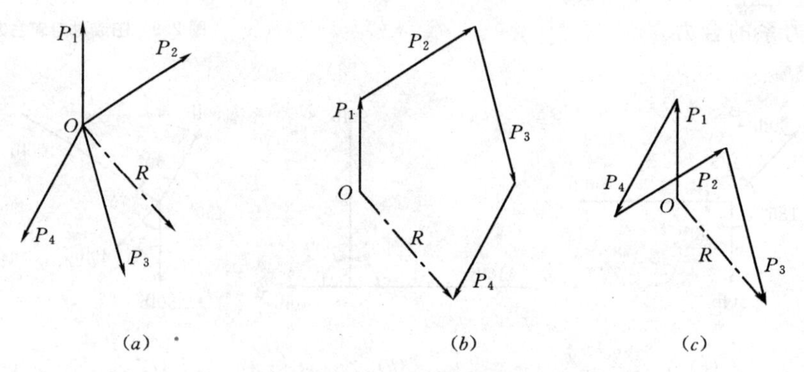

图 2.12 一组汇交力系的力多边形

2. 弓形记号

至此，力都用符号 P_1、P_2 等表示；有一种弓形记号在表示力时，作用广泛。在这个体系中，把字母放置在矢量图中每个力的两侧。读取字母的顺序是很重要。图 2.13（*a*）表示五个汇交力的矢量图。按照顺时针顺序读取各点，则力依次为 *AB*、*BC*、*CD*、*DE* 和 *EA*。当其中一个力用一条直线表示时，把字母放在直线的两端。例如，图 2.13（*a*）中竖直向上的力是 *AB*（按照顺时针方向读取），在力多边形中，如图 2.13（*b*）所示，字母 *a*

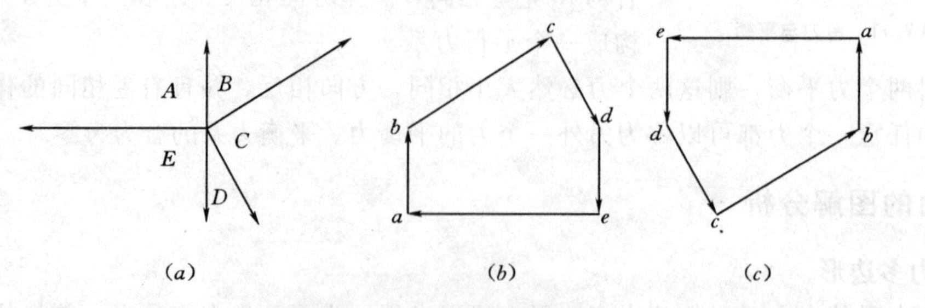

图 2.13 弓形符号的运用

被放在直线的底端，字母 b 被放在直线的顶端。采用大写字母表示矢量图中的力，采用小写字母表示力多边形中的力。从力多边形中的点 b 起，依次画出 bc、cd、de 和 ea，由于力多边形闭合，则这五个汇交力构成平衡力系。

接下来的讨论中，在读取力时都采用顺时针顺序。完全理解这种表示力的方法是很重要的，为了理解清楚，现在假定图 2.13（a）中的五个力按照逆时针顺序读取，画出力多边形，如图（c）所示。两种方法都是正确的，都能被采用，但是这里我们统一采用按照顺时针方向读取。

3. 力多边形的应用

如图 2.14（a）所示，顶棚上悬挂着两根绳索，而且绳索的末端用一环箍住。环上承受 100lb 的重量。显然，绳 AB 上的力为 100lb，但是 BC 和 CA 绳上的力大小未知。

绳 AB、BC、CA 上的力组成一个平衡汇交力系。现在只知道其中一个力的大小——AB 绳上的力：100lb。由于这三个汇交力平衡，它们的力多边形必然闭合，这样就可能求出力 BC 和 CA 的大小。现在，以一个合适的比例，画出直线 ab 代表竖直向下的大小为 100lb 的力 AB。如图 2.14（c）所示，直线 ab 是力多边形的一边。从点 b 起画一条平行于绳 BC 的直线。点 c 位于这条线的某个位置上。接着，过 a 点画一条平行于绳 CA 的直线，点 c 也位于这条线上。因此，这两条直线的交点即为 c 点，则这三个力的力多边形被画出，用 abc 表示。多边形中 bc、ca 的长度分别代表绳 BC 和 CA 上的力：86.6lb 和 50lb。

特别要注意，图 2.14（a）中绳的长度不代表力的大小；力的大小由图 2.14（c）中力多边形相应各边的长度决定。图 2.14（a）只表示结构的几何图形。

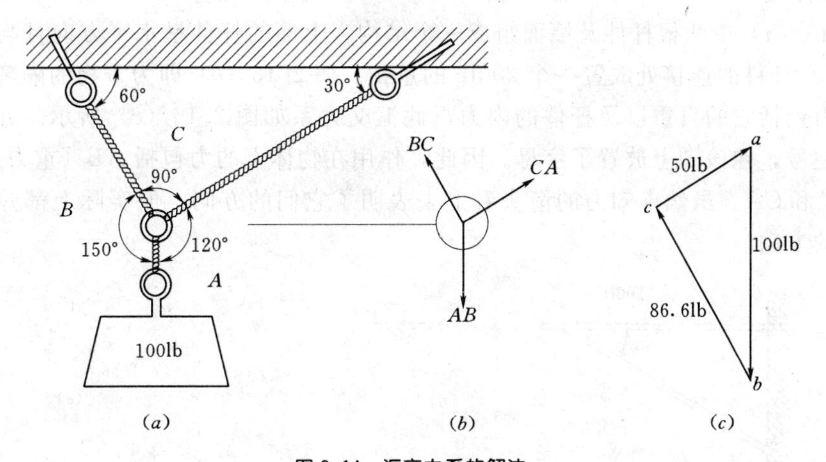

图 2.14 汇交力系的解法

习题 2.8A～D 图 2.15（a）～（d）中，用图解法求出各杆内力的大小与指向（拉力还是压力）。

2.9 力的作用

求作用在物体上的未知力或者求结构的未知内力，一个方便的方法就是构造隔离体。隔离体可能是整个结构，也可能是部分结构。通常的步骤是想象从连接处把待研究的元件切开并拿出来分析，见第 1.10 节的讨论。

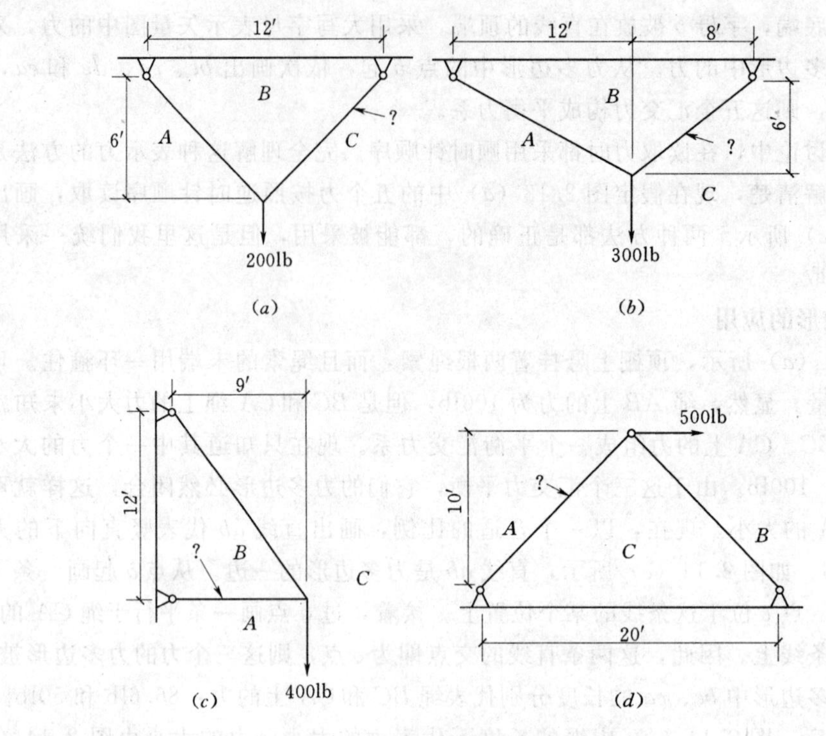

图 2.15 习题 2.8A~D

1. 力的图解

图 2.16（*a*）中两根杆件及墙面组成一个结构，上面的杆件呈水平方向且与下面的杆件成 30°。在杆件的连接处放置一个 200lb 的重物。图 2.16（*b*）即为重物的隔离体，作用在其上的力包括它的自重以及杆件的内力，此汇交力系如图 2.16（*c*）所示。并且，为了应用弓形记号，在该图上放置了字母。因此，作用在物体上的力包括 *AB*（重力），以及未知的力 *BC* 和 *CA*。虽然未知力的箭头看上去表明了它们的方向，但实际上都并不能反映它们真正的方向。

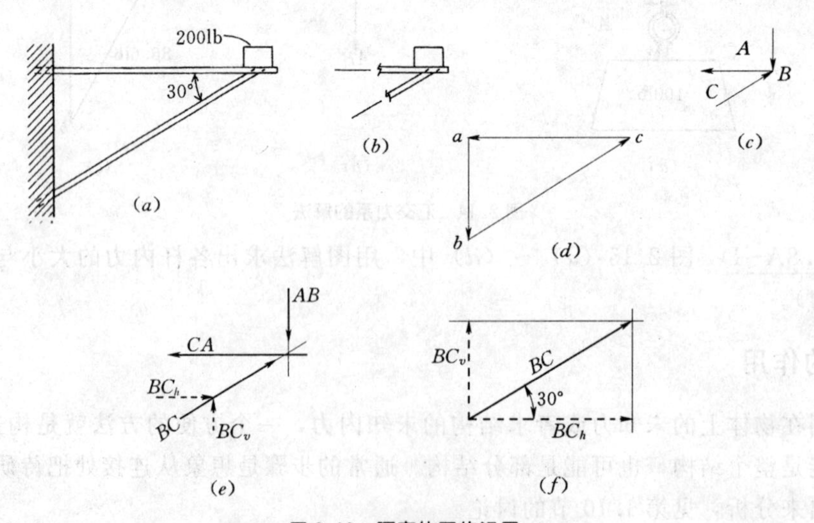

图 2.16 隔离体图的运用

我们要把该汇交力系的力多边形画出来，以便确定出杆件未知内力的值。先按照合适的比例，画出竖直向下的向量 ab 来表示 200lb 的重力，如图 2.16（*d*）所示。然后在该图中，通过点 a 画出一条水平直线代表力 ca，接着通过点 b 画出一条与 ca 成 30° 的直线代表力 bc。这两条线汇交于点 c，至此力多边形被画出。我们量出其他两边的长度，根据画 ab 边时的比例，算出它们表示的力的大小。本例中的计算精度取决于被绘制图形的大小和绘制精度。可以根据多边形中力的顺序：$a \to b \to c \to a$ 来确定出力的方向。因此，图中假定的方向是正确的。

2. 代数方法

显然，现在的问题是要借助代数方法来解决。考虑图 2.16（*e*）中的隔离体上的力的作用。力 BC 既可以看成一个简单的力，又可以看成它水平方向分力与竖直方向分力的合力；两种方式都可以用于表示该力。力 BC 和它分力的关系如图 2.16（*f*）所示，研究力 BC 的分力，是为了下面的工作。

本例中隔离体上的力组成共面的汇交力系。对于这样一个力系，静力平衡条件的代数方程表示如下：

$$\sum F_h = 0 \text{ 且} \sum F_v = 0$$

这也就是说所有力在水平方向、竖直方向上的分力的合力均为零。参照图 2.16（*e*），并且运用此平衡条件，则得

$$\sum F_h = 0 = CA + BC_h$$
$$\sum F_v = 0 = AB + BC_v$$

为了用代数方法解决这个问题，就必须假定正负号。

假定：对于竖直方向上的力，向上为正，向下为负；

对于水平方向上的力，向右为正，向左为负。

因此，对于竖直方向上力的合力，已知 AB 的值，则 $\sum F_v = 0 = (-200) + BC_v$

故得 $BC_v = +200$，或者 200lb（向上）。

由于该分力竖直向上，故图 2.16 中所示的力 BC 呈现压力性质是正确的。根据力 BC 两个分力之间的关系，如图 2.16（*f*）所示，可以求出力 BC 的值。

$$BC = \frac{BC_v}{\sin 30^\circ} = \frac{200}{0.5} = 400\text{lb}$$

然后，根据水平方向上的合力为零，得

$$\sum F_h = 0 = CA + BC_h = CA + (+400 \times \cos 30^\circ)$$

从中求出 $CA = -346$lb，其中负号证明了图 2.16（*e*）的假定是正确的。即 CA 为拉力。

3. 二力杆

当一个杆件处于平衡状态且其上作用力的作用点只有两个，则称为二力杆。二力杆任一作用点上所有力的合力与另一作用点上所有力的合力大小相等，方向相反，作用线相同。线性二力杆上的内力是拉力或者压力。

在图 2.16（*a*）的结构中，两根杆件都是二力杆。把二力杆隔离出来，在隔离体上只显示其一端的作用力，该作用力与另一端的作用力大小相等，方向相反。平面桁架中的杆件就呈现这种形式，因此可以通过对桁架节点处的汇交力进行研究来实现桁架的分析，这

将在第 3 章中详述。

2.10 摩擦力

当物体之间有相互滑动时，在物体的接触面上会产生摩擦力，摩擦力是一种阻止相对运动的力。如图 2.17（a）所示，物体受重力及一个倾斜力 F 作用，将会沿着支撑面向右发生运动。导致物体产生运动的力是 F 沿水平方向的分力，也就是与滑动表面平行的分力。由 F 沿竖直方向的分力与物体重力 W 组成的合力，将产生一个压向接触面的力。这个引起挤压的力，被称为正压力，它将导致摩擦力的产生。

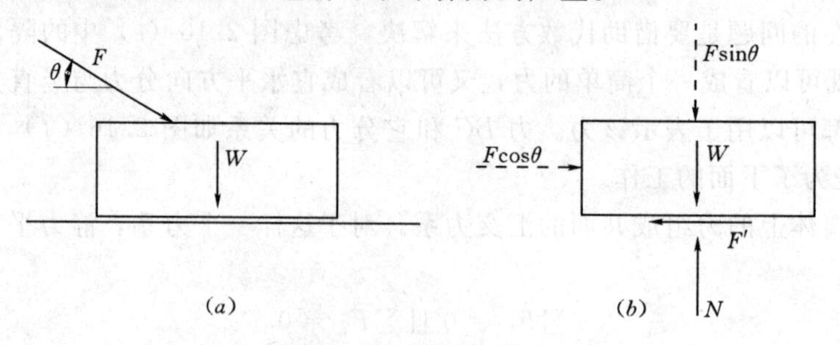

图 2.17 滑动摩擦力的形成

（a）物体受力作用；（b）物体的隔离体

把物体隔离出来，如图 2.17（b）所示。为了保持物体平衡，必然会产生两个抵抗的力。在垂直于摩擦力的方向（这里是竖直方向），为了保持平衡，必然需要产生一个反力 N，其与接触面上的正压力大小相等，方向相反；在平行于接触面的方向上（这里是水平方向），为了保持平衡，必然需要产生一个摩擦阻力 F'，在大小上至少与该方向上的外力相等，以便来阻止物体的滑动。对于这种情形，可能存在下面三种情况：

（1）由于摩擦力大于驱动力，即 $F' > F\cos\theta$，物体不移动。

（2）由于摩擦力大小不够，即 $F' < F\cos\theta$，物体发生移动。

（3）由于摩擦力与导致物体滑动的外力相等，即 $F' = F\cos\theta$，物体平衡，并处于将动而未动的状态。

根据实验以及观测，得出如下关于摩擦力的结论：

（1）摩擦阻力 F'（见表 2.17）方向总是与相对运动方向相反，即与导致物体运动的作用力的方向相反。

（2）对于干燥、平滑的固体表面，物体运动瞬间产生的摩擦阻力和接触表面上的正压力成正比例，这种最大摩擦力用下式表示：$F'=\mu N$，其中 μ 为摩擦系数。

（3）摩擦力与接触面大小无关。

（4）静力摩擦系数（运动发生前）比动力摩擦系数（实际运动时）大，也就是说，对于同样大小的压力，一旦运动发生，摩擦阻力就会减小。

通常都根据最大静摩擦力来描述摩擦阻力。静摩擦系数等于驱动力与正压力（在滑动的那一刻产生）的比值。我们做一个简单的实验，把一物体放在一斜面上，并且不断地增加斜面角度，直到物体滑动［见图 2.18（a）］。参照图 2.18（b）中的隔离体，我们得到：

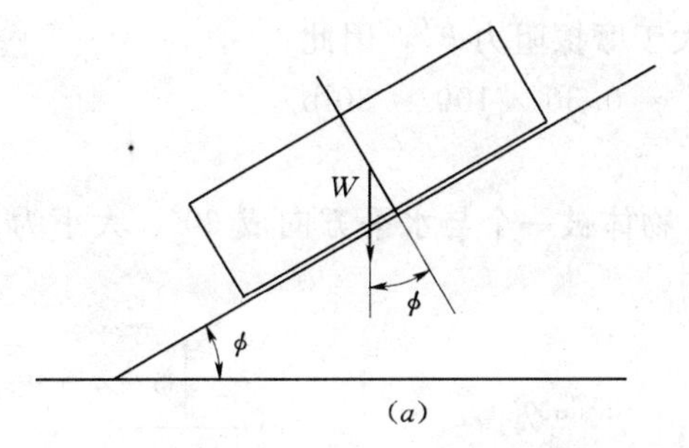

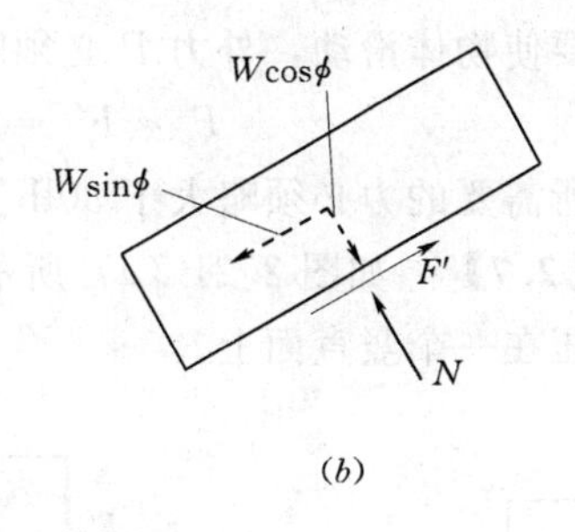

图 2.18 摩擦系数的推导

$$F' = \mu N = W\sin\phi$$

$$N = W\cos\phi$$

并且如前所述，摩擦系数等于 F' 与 N 的比值，即

$$\mu = \frac{F'}{N} = \frac{W\sin\phi}{W\cos\phi} = \tan\phi$$

表 2.2 给出了不同材料接触面之间静摩擦系数的近似值。

摩擦的问题通常有两种类型：

第一种类型是讨论摩擦力作为物体所受力系中的一个力，是否可以保持力系平衡。对于这个问题可以列出平衡方程（含有最大静摩擦力）求解，然后讨论出结果。如果摩擦阻力过小，物体就会滑动；如果摩擦阻力足够，物体就不会发生滑动。

表 2.2 静摩擦系数

接触面	静摩擦系数 μ
木与木	0.47～0.70
金属与木	0.20～0.65
金属与金属	0.15～0.30
金属与石块、砌块、混凝土	0.30～0.70

第二种类型是求出能够克服摩擦阻力作用的外力，这种情况下，只要外力与最大静摩擦力相等，物体就会滑动，则可以求出所需要的外力。

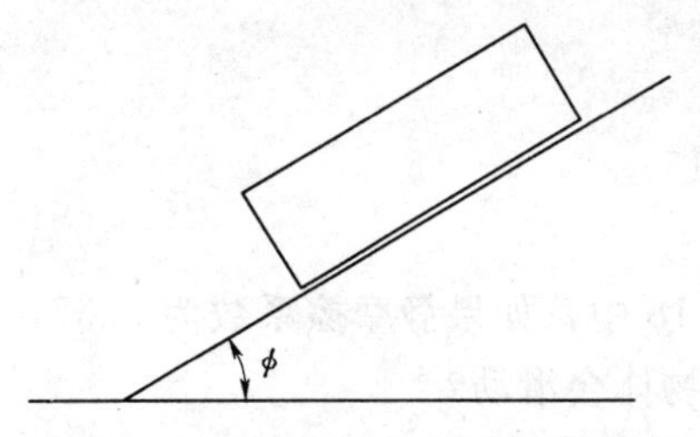

图 2.19 斜面的运用：确定静摩擦系数

【例题 2.5】 一物体放在一个斜面上，并且不断缓慢地增加斜面角度，直到物体滑动（见图 2.19）。如果物体滑动时，斜面与水平方向的夹角为 35°，求物体与斜面之间的滑动摩擦系数？

解：如前所述，摩擦系数等于斜面倾角的正切值，因此

$$\mu = \tan\phi = \tan 35° = 0.70$$

【例题 2.6】 如图 2.20 所示，一重量为 100lb 的物体放在水平面上，如果该面的静摩擦系数为 0.3，求使物体发生滑动需要的水平力 P 的大小。

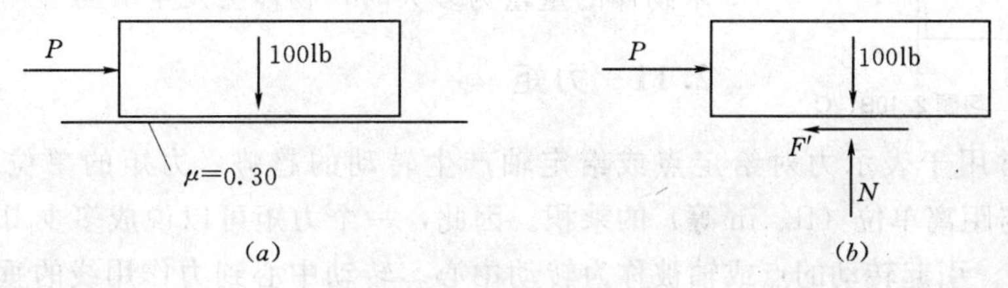

图 2.20 例题 2.6

解：要使物体滑动，外力 P 必须略大于摩擦阻力 F'，因此

$$P = F' = \mu N = 0.30 \times 100 = 30\text{lb}$$

所需要的力必须略大于 30lb。

【例题 2.7】 如图 2.21（*a*）所示，物体被一个与水平方向成 30°、大小为 20lb 的斜向上的力压在一个竖直面上。

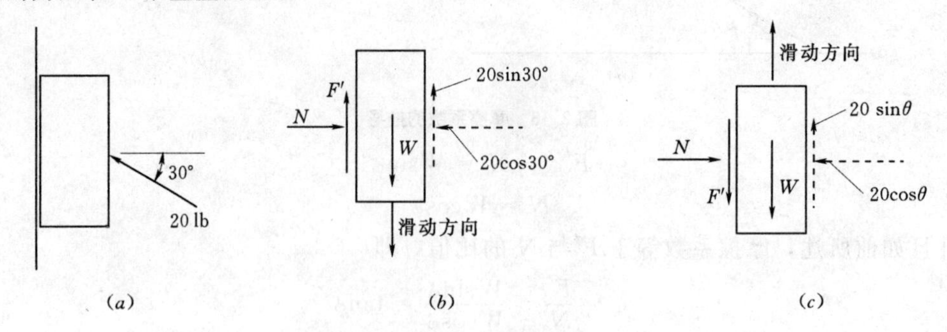

图 2.21 例题 2.7

（a）根据已知压力，求阻止物体运动的摩擦阻力；

（b）如果物体重 15lb，而且接触面上的静摩擦系数为 0.40，问物体会滑动吗？

（c）如果物体重 15lb，而且静摩擦系数为 0.40，那么要使物体滑动，作用在其上的 20lb 的外力应与水平方向成多少角度？

解：(a) $F' = \mu N = \mu \cdot 20\cos 30° = 17.32\mu\text{lb}$

（b）物体不滑动，滑动摩擦力必须至少等于该方向上的最终驱动力，需要：

$$F' = W - 20\sin 30° = W - 10 = 15 - 10 = 5\text{lb}$$

而由（a）得现在的摩擦阻力：

$$F' = 17.32 \times 0.40 = 6.93\text{lb}$$

因此物体不会滑动。

(c) $F' = 20\sin\phi - 15$

或者

$$0.40 \times 20\cos\phi = 20\sin\phi - 15$$

求得

$$\phi = 81.1°$$

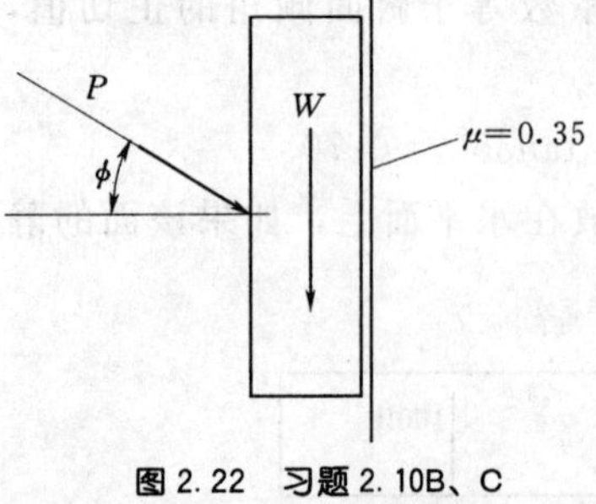

<u>习题 2.10A</u> 在图 2.18 中，如果静摩擦系数为 0.35，求斜面的角度为多少时，物体会滑动？

<u>习题 2.10B</u> 在图 2.22 中，如果 $\phi = 10°$，$W = 10\text{lb}$，要使物体不滑动，所需多大的力 P？

<u>习题 2.10C</u> 在图 2.22 中，如果 $\phi = 15°$，$W = 10\text{lb}$，求物体的重量为多大时，物体会发生滑动？

图 2.22 习题 2.10B、C

2.11 力矩

力矩通常用于表示力对给定点或给定轴产生转动的趋势。力矩的单位是力的单位（lb、t 等）与距离单位（ft、in 等）的乘积。因此，一个力矩可以说成多少 lb · ft 或者多少 kip · in 等。引起转动的点或轴被称为转动中心。转动中心到力作用线的垂直距离称为力臂长度。因此，弯矩大小可用下式描述：

弯矩 = 力的大小 × 力臂长度

考虑一个 100lb 的水平力，如图 2.23 所示。如果点 A 是力矩中心，则力臂长度为 5ft，那么这个 100lb 的力关于点 A 的力矩为 $100 \times 5 = 500\text{lb} \cdot \text{ft}$。该图中，力会引起绕点 A 顺时针转动，这是力矩的方向。一般认为引起顺时针转动的力矩为正，引起逆时针转动的力矩为负，因此，该图中弯矩的完整表示为 $+500\text{lb} \cdot \text{ft}$。

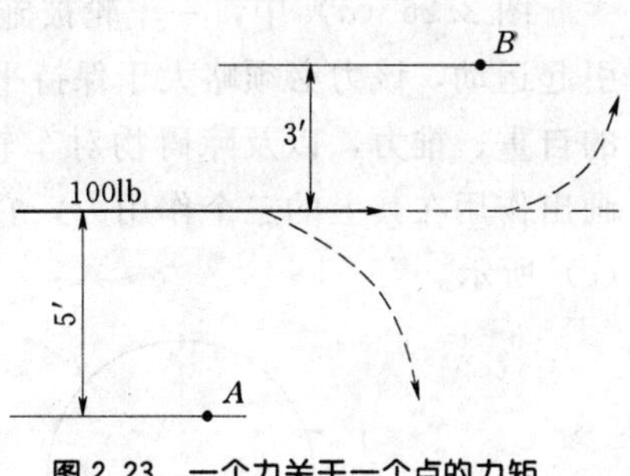

图 2.23 一个力关于一个点的力矩

在图 2.23 中，100lb 的水平力关于点 B 的力臂长度为 3ft，则该力关于点 B 的力矩为逆时针力矩：$100 \times 3 = -300\text{lb} \cdot \text{ft}$。

1. 力矩的增大

通过增加力的大小，或者增加力臂长度，可以增加力矩的大小。如图 2.24 所示，扳手对螺栓的最大转动效果由施加在扳手上的力和扳手的有效长度决定。通过提高力的大小，可以增加扳手对螺栓的转动力矩。然而，通过在扳手手柄上接一根套管，增加扳手长度，也会产生较大的力矩。

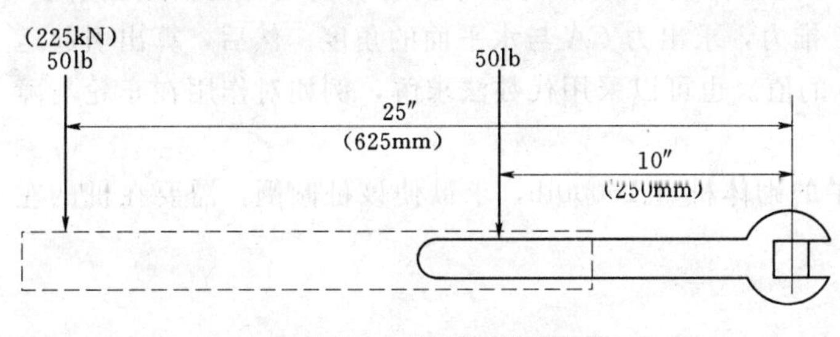

图 2.24 力臂长度变化的作用

如果要形成一个给定的力矩，有多种力和力臂长度的组合。例如图 2.24 中，在扳手手柄上接上套管后，需要作用 50lb 的力正好足够扭开螺帽。那么，如果不接套管，需要多大的力可以正好扭开螺帽呢？如图所示，接套管时产生的力矩为 $50 \times 25 = 1250\text{lb} \cdot \text{in}$，因此不接套管时，所需要的力为 $1250/10 = 125\text{lb}$。

2. 力偶矩

力偶是指只引起物体转动的作用。如图 2.25 所示，由两个作用方向相反，并且具有一定距离的平行力组成一对力偶，如果这两个力大小相等，则合力为零。然而，这个力系（一对力偶）的真正结果是产生了一个力矩，其大小就等于其中的一个力的大小与这两个平行力作用线之间的垂直距离的乘积。该图中，力矩方向是逆时针的。

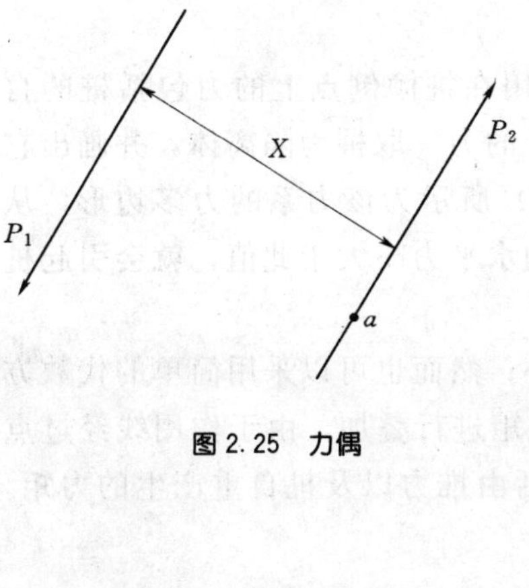

图 2.25 力偶

例如，一个人用两只手旋转方向盘时，就形成一对力偶。这种推－拉作用组合最终在方向盘上既不产生推力作用，也不产生拉力作用，而是对驾驶杆产生纯粹的转动效果，这和结构杆件内部弯矩的形成完全类似，此时，杆件中方向相反的拉应力和压应力会产生纯粹的转动效果，我们将在第 11 章对梁的讨论中谈到这一现象。

3. 引起运动的力

图 2.26（a）中，一车轮被施加一水平方向的外力，以便车轮可以越过障碍物。为了引起运动，该力必须略大于保持平衡时所需要的力。推车轮时，车轮所受的外力包括轮子的自重、推力，以及障碍物对车轮的阻力。取出车轮作为隔离体，如图 2.26（b）所示，画出作用在其上的三个作用力，它们组成一个汇交力系，其中此力系的力多边形如图 2.26（c）所示。

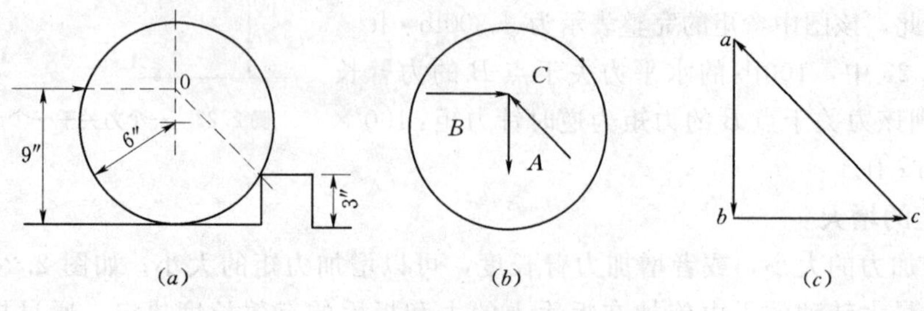

图 2.26 产生运动所需要的力：图解法

如果车轮重量为 400lb，而且假定画图比例，画出表示 400lb 的矢量（力多边形中的 ab），那么就可以通过量出矢量 bc 的长度，求出保持力系平衡时所需的外力。用图解法，首先要按比例画出车轮、障碍物、推力，求出力 CA 与水平面的角度。然后，算出引起运动的力大小必须超过近似为 330lb 的值。也可以采用代数法求解，例如对作用在车轮与障碍物接触点上的力矩求和。

【例题 2.8】 图 2.27（a）中的砌体桩重 10000lb，求欲使该桩倾倒，需要在桩的左上角作用多大的水平力？

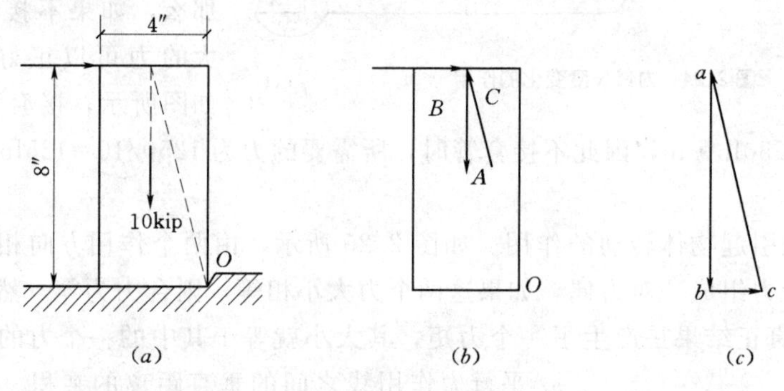

图 2.27 例题 2.8

解： 桩的右下角发生转动时，桩会倾倒。此时，作用在桩倾倒点上的力包括桩的自重、作用在桩顶端的水平推力以及地面施加在桩右下角上的力。取桩为隔离体，并画出它所承受的三个作用力，如图 2.27（b）所示。图 2.27（c）所示为该力系的力多边形，从中可以求出在桩倾倒瞬间所需水平力的大小。只要施加的水平力略大于此值，就会引起桩的倾倒。

前面关于车轮的例子中，是用图解法求出推力的大小；然而也可以采用简单的代数方法求解：对右下角［图 2.27（b）中的点 O］上作用的力矩进行叠加。由于作用线经过点 O 的力对该点不产生力矩，所以力矩叠加方程中，只包括由推力以及桩自重产生的力矩。因此

$$\sum M_O = +(BC \times 8) - (AB \times 2)$$

把 AB=10000lb 的值代入方程中，求得外力大小为 2500lb。任何超过 2500lb 的力都会引起桩的倾倒。

习题 2.11A 在图 2.28（a）中，用图解法求出作用在圆柱体上的水平外力 P，使得圆柱体可以越过障碍。其中圆柱体直径为 20in，重量为 500lb。

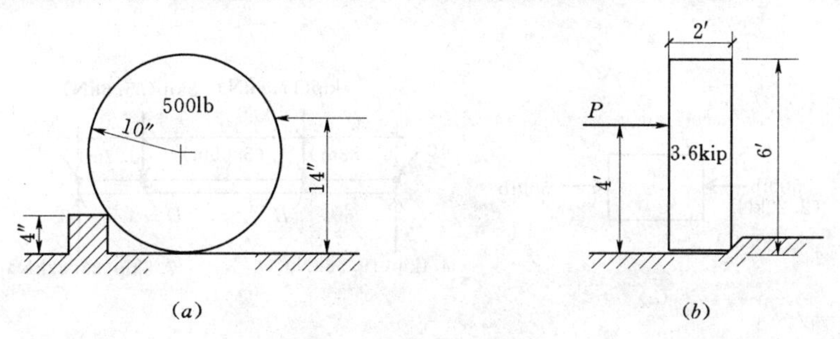

图 2.28 习题 2.11A~C

习题 2.11B 图 2.28（b）中的砌体桩重量为 3600lb。如果已知作用在其上的力 P 为 800lb，如图 2.28 所示，问桩是否会倾倒？

习题 2.11C 如果习题 2.11B 中的桩重量为 5000lb，求欲使桩发生倾倒所需施加的力。

2.12 梁上的力

图 2.29（a）所示的悬臂梁，在距支撑墙面 4ft 处，作用着一个大小为 100lb 的集中荷载。该力对点 A（支撑面）产生的力矩为 $100 \times 4 = 400$lb · ft；如果荷载面右移 2ft，则对 A 点产生的力矩为 600lb · ft；当荷载移到梁的末端时，对 A 点产生的力矩为 800lb · ft。

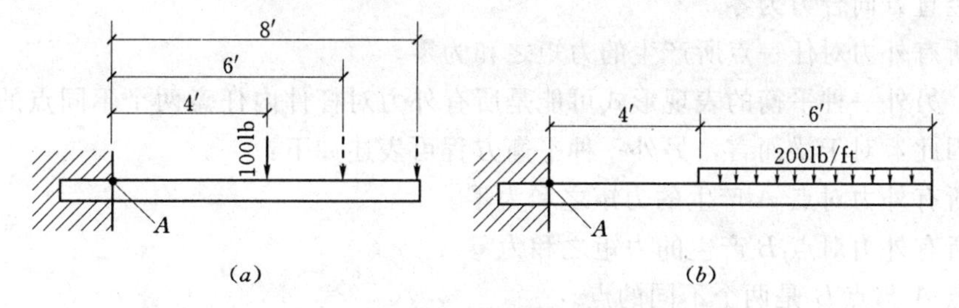

图 2.29 作用在悬臂梁上的力

图 2.29（b）所示的悬臂梁，它的部分长度上受均匀分布荷载。计算由均布荷载产生的力矩时，通常求出分布荷载的总和，并把它等效成作用在分布荷载作用中心上的一个集中荷载。本例中，总荷载为 $200 \times 6 = 1200$lb，其有效作用位置为距梁末端 3ft 处。因此，此分布荷载对 A 点产生的力矩为 $1200 \times 7 = 8400$lb。

1. 共面力的平衡

对一般的共面力系，其平衡方程有如下三个：

（1）水平方向的力的代数总和为零。

（2）竖直方向的力的代数总和为零。

（3）所有外力对平面上任一点的力矩的代数总和为零。

对任意一个共面力系，都可以表示出这些求和方程。然而，如果外力有条件，或者有额外限制，就会简化这些代数运算。例如，当外力汇交时（都交于一点），它们互相之间不产生力矩，因此这样可以消除平衡条件下的力矩方程，而只保留两个平衡方程。图 2.26 表示的就是这种情况。更为简单的情形是共线力系，所有外力的作用线相同，如图 2.30（*a*）所示体系。如果这样一个力系平衡，那么作用在其上的沿着相反方向的两个外力大小相等。

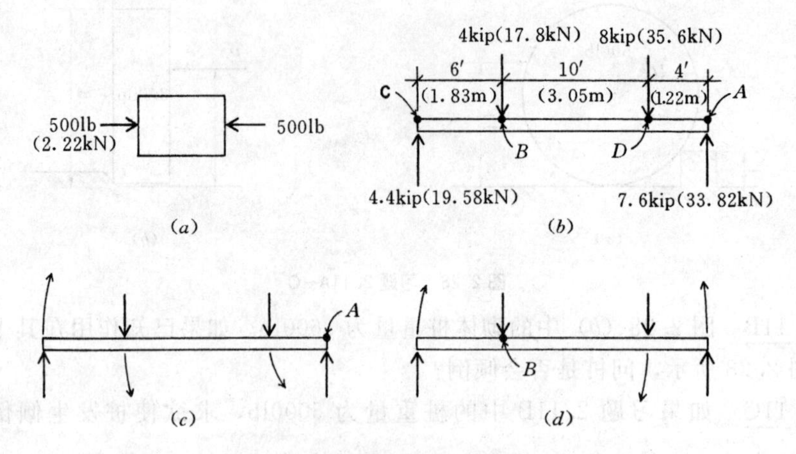

图 2.30 梁上力矩的影响

梁工作时，一般承受共面的、平行的力。我们可以从共面力系的平衡方程中消去一个方程，因为这里所有的外力只沿一个方向作用。因此，对于此平行力系只满足两个平衡方程，故只存在两个可利用的条件。梁工作情况下，一般消除一个力的平衡方程后，剩下两个条件：

（1）竖直方向合力为零。

（2）所有外力对任一点所产生的力矩之和为零。

然而，另外一种平衡的表现形式可能是所有外力对杆件内任意两个不同点的力矩求和均为零。因此，对于梁而言，另外一种平衡方程可表述如下：

（1）所有外力对点 *A* 产生的力矩之和为零。

（2）所有外力对点 *B* 产生的力矩之和为零。

这里点 *A* 与点 *B* 是两个不同的点。

考虑如图 2.30（*b*）所示的简支梁，该梁受四个竖直方向的力的作用，并保持平衡。其中两个竖直向下的外力（或荷载）大小分别为 4kip 和 8kip，作用在梁端和它们方向相反的两个支撑反力大小分别为 4.4kip 和 7.6kip。如果这些力确实处于平衡状态，它们就应该满足平行力系的平衡方程。因此

$$\sum F_v = 0 = +4.4 - 4 - 8 + 7.6 = (+12) + (-12)$$

可知力确实平衡。

$$\sum M_A = 0 = +(4.4 \times 20) - (4 \times 14) - (8 \times 4) = (+88) + (-88)$$

可知对点 *A* 作用的力矩之和确实为零。

为了进一步证明所给力系平衡，还可以对平面内其他任意点求矩。例如，对点 *B*（荷载大小为 4kip 的作用点），则

$$\sum M_B = +(4.4\times 6)+(8\times 10)-(7.6\times 14)=+(106.4)-(106.4)$$

这也证明了外力对点 B 的力矩也平衡。

另外一类问题是平行力系中含有几个未知的力。由于平行力系的平衡满足两个代数方程，故由此可以求出力系中存在两个未知力的问题。考虑如图 2.31 所示的梁，其只受一个支撑作用，并且它的一端承受 80 lb 的荷载，另一端承受的荷载未知，该梁保持平衡状态。现在我们的问题是要把这个未知荷载以及单支撑的反力给求出来。在竖向力的平衡方程中，包含了两个未知量；而实际上，要求出两个未知量需要两个独立的方程。然而，如果有可能的话，一个常用的较为简单的方法是每一次列出只包含一个未知数的方程。例如：本题中，对梁的右端或支撑点求力矩，其力矩之和为零，这将形成一个方程。因此，根据支撑点的力矩之和为零（设未知荷载为 x），得

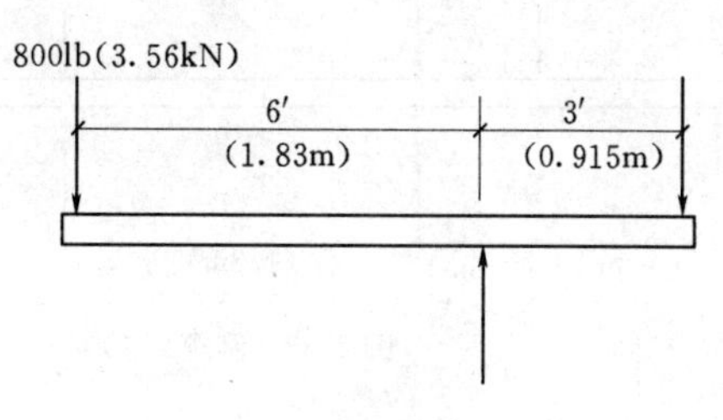

图 2.31 单支撑梁

$$\sum M = 0 = -(800\times 6)+3x$$

得
$$x = 1600\text{lb}$$

然后，竖直方向作用的力的叠加得（称反力为 R）

$$\sum F = 0 = -800 + R - 1600$$

得
$$R = 2400\text{lb}$$

这种方法经常用于求一般梁的两个支撑反力，我们下面即将讨论这个问题。

习题 2.12A 分别以 C 点、D 点为力矩中心，列出图 2.30（b）中的四个力所产生的力矩求和方程，以判断力系是否平衡。

2. 梁反力的计算

如前所述，反力是指为了平衡外荷载而在梁支撑上形成的力。图 2.32 为一单跨梁，它的两端各受一个支撑作用。这些支撑没有阻止梁转动的能力（像固定支撑那样），假定它们只有竖直方向的反力，被称为简单支撑。这种单跨并且含有两个简单支撑的梁被称为简支梁。下面的计算将表明求简支梁反力的一般方法。注意本书的编写中，习惯用 R_1、R_2 分别表示图 2.32 所示的梁的左、右反力。

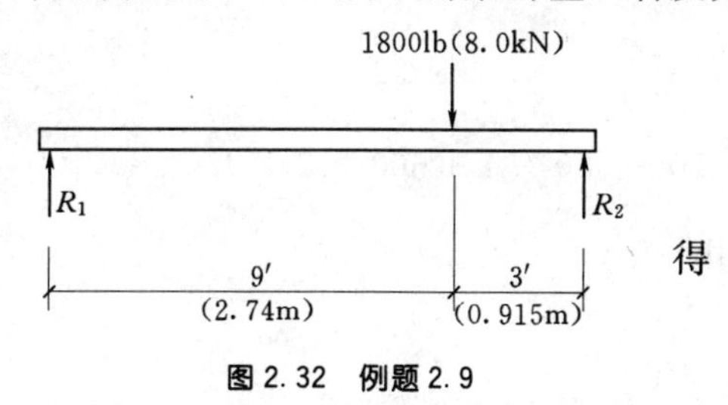

图 2.32 例题 2.9

【例题 2.9】 计算图 2.32 中梁的反力。

解： 取梁的右支撑点为力矩中心，得

$$\sum M = 0 = +R_1\times 6 - 1800\times 3$$

得
$$R_1 = \frac{5400}{12} = 450\text{lb}$$

再取梁的左支撑点为力矩中心，得

$$\sum M = 0 = +1800\times 9 - R_2\times 12$$

得
$$R_2 = \frac{16200}{12} = 1350\text{lb}$$

为了检查计算过程是否出现错误，可以对竖直方向的三个力（荷载和两个反力）列平衡方程，得

$$\sum F = 0 = +450 - 1800 + 1350$$

故最终的合力确实为零。

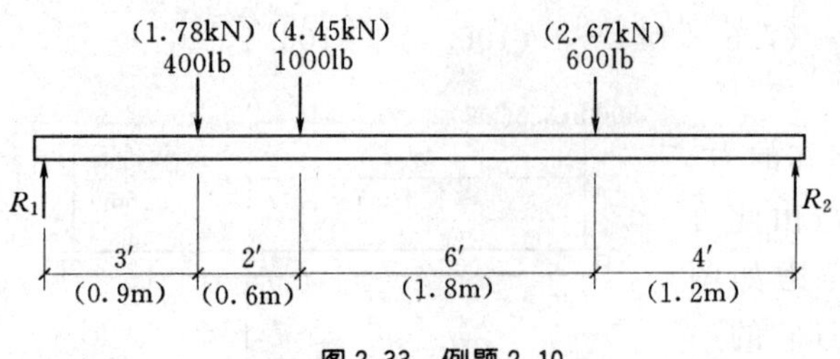

图 2.33 例题 2.10

【例题 2.10】 图 2.33 所示的简支梁承受三个集中荷载，计算梁的反力。

解：无论荷载是何类型，计算方法是相同的。

故取梁的右支撑点为力矩中心，得

$$\sum M = 0 = +R_1 \times 15 - 400 \times 12 - 1000 \times 10 - 600 \times 4$$

得
$$R_1 = \frac{4800 + 10000 + 2400}{15} = \frac{17200}{15} = 1146.7\text{lb}$$

用同样方法，再取梁的左支撑点为力矩中心，得

$$R_2 = \frac{400 \times 3 + 1000 \times 5 + 600 \times 11}{15} = \frac{12800}{15} = 853.3\text{lb}$$

同样，为了检查，对竖直方向的力求合力，得

$$\sum F = +1146.7 - 400 - 1000 - 600 + 853.3 = 0$$

对于具有两个简单支撑的任意梁来说，计算方法都是相同的。然而，在取定力矩中心计算时，必须仔细考虑力矩的符号，即顺时针力矩为正号，逆时针力矩为负号。下面的例子中，梁的支撑不是设在梁端，从而产生了悬臂端。

【例题 2.11】 计算图 2.34 具有悬臂端的梁的反力。

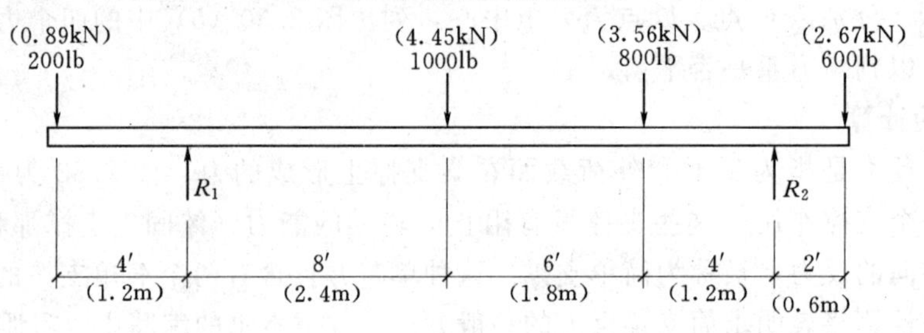

图 2.34 例题 2.11

解：计算方法与前两个例子相同。

首先，取梁的右支撑点为力矩中心，得

$$\sum M = 0 = -200 \times 22 + R_1 \times 18 - 1000 \times 10 - 800 \times 4 + 600 \times 2$$

得
$$R_1 = \frac{16400}{18} = 911.1\text{lb}$$

然后，再取梁的左支撑点为力矩中心，得

$$\sum M = 0 = -200 \times 4 + 1000 \times 8 + 800 \times 14 - R_2 \times 18 + 600 \times 20$$

得
$$R_2 = \frac{30400}{18} = 1688.9\text{lb}$$

同样，可以通过对竖直方向的力求合力，来检验答案是否正确。

【例题 2.12】 图 2.35 (a) 中的简支梁承受一个集中荷载作用，并沿梁的部分长度承受均匀分布荷载作用，计算梁的反力。

解：为了使这类问题简化，通常用一个作用在分布荷载中心，大小为分布荷载之和的

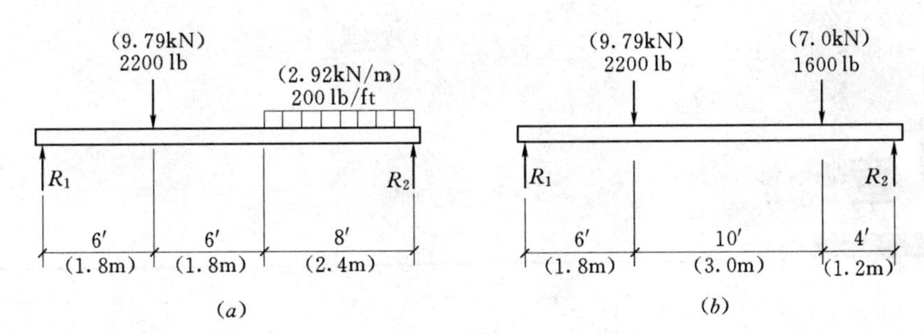

图 2.35 例题 2.12

集中荷载来代替均匀分布荷载作用。

本题中，总分布荷载为 200×8=1600lb。因此，求反力时，可用图 2.35（*b*）等效代替图（*a*），在图（*b*）中，取梁的右支撑点为力矩中心，得

$$\sum M = 0 = +R_1 \times 20 - 2200 \times 14 - 1600 \times 4$$

$$R_1 = \frac{37200}{20} = 1860\text{lb}$$

再取梁的左支撑点为力矩中心，求出力矩之和并令其为零，可得

$$R_2 = 1940\text{lb}$$

最后，可对竖直向上的力求和，来检验答案是否正确。

用集中荷载来代替分布荷载，这种方法在求反力时是正确的，是可采用的。但在研究梁的其他性质时，必须仔细考虑分布荷载真正的性质，这一点将在以后的章节中讨论。

习题 2.12B~G 计算图 2.36（*b*）～（*g*）中梁的反力。

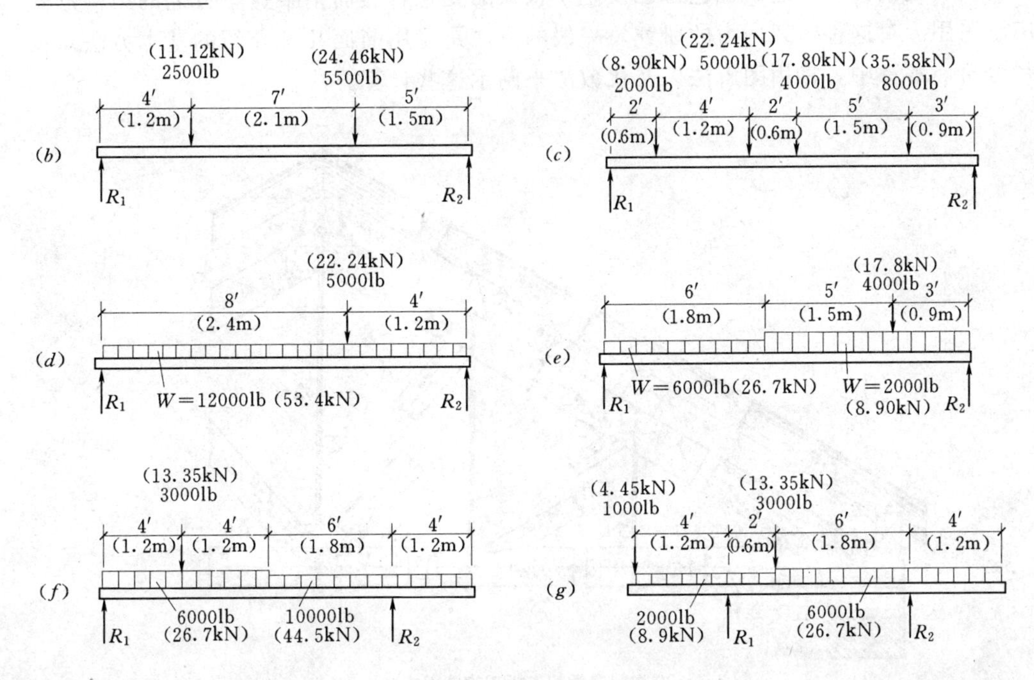

图 2.36 习题 2.12B~G

第3章

桁架分析

许多世纪以来，都在大跨结构中采用平面桁架。平面桁架是由线性杆件装配成三角形钢架组合而成。图3.1表示在20世纪早期，就被运用于结构中的一个桁架形式，尽管现在建筑材料、建筑构件、建筑工艺都已发生了很大的变化，然而桁架这个古老的结构形式仍被广泛采用。对这种桁架内力的研究，一般的方法是采用前面几章介绍的基本方法对桁架进行分析。本章中，将用图解法以及代数法来阐示这些计算方法。

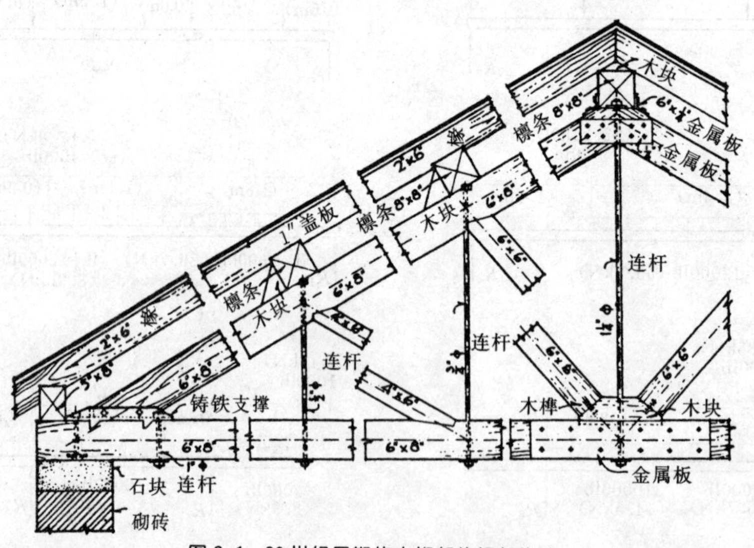

图3.1 20世纪早期的木桁架的细部构造

摘自《建筑材料及构造方法》，作者C.Gay，H.Parker，1932；版权所有者：John Wiley & Sons，纽约。这是至今仍广泛采用的古典的桁架形式，不过现在不可能再采用钢杆和实心木材的杆件形式，以及节点的细部构造

3.1 桁架的图解分析

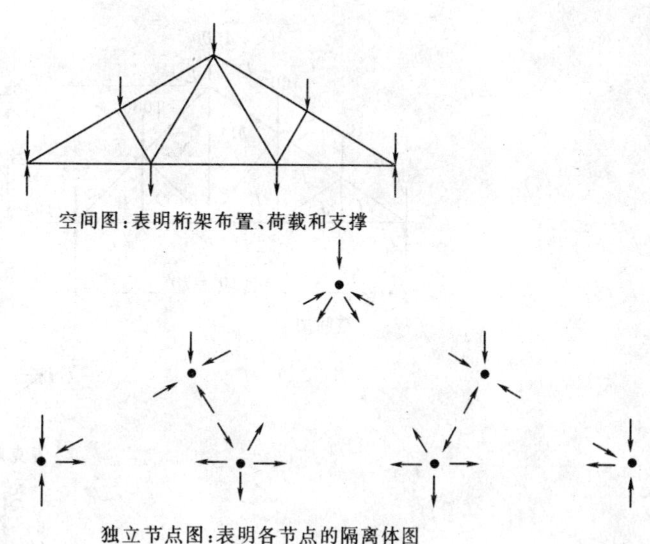

图 3.2 用于表示桁架及其作用力的图形

采用所谓的节点法求平面桁架中杆件内力时，通常就是对一组汇交力系进行求解。如图 3.2 所示，上图表示一个桁架结构，在其空间图中画出了荷载作用和反力作用；下图表示各节点的隔离体，排列顺序与其在桁架中的顺序相同，这样排列是为了表明它们之间的相互关系。然而，由于每个节点上形成一个完整的平面汇交力系，那么每个节点上必然具有独立的平衡条件。解决这类问题，实质上就是确定各节点的平衡条件。下面将阐述这种方法。

图 3.3 表示一个单跨平面桁架，它承受竖向的重力荷载。我们将以这个例子来说明求解桁架内力，即桁架各杆件的拉（压）力的方法。该图表明了此桁架的形式、大小、支撑条件以及荷载作用，空间图中的字母是为了表示各桁架节点处的荷载作用，如第 2.8 节所讨论。它的放置顺序是任意的，唯一有必要注意的是图中把每个字母放在荷载作用和各杆件之间，以便各节点上的每个力可用两个字母符号表示出来。

根据图中的各隔离体，可看出作用在每个节点上的所有的力，以及桁架杆件的各节点间的关系。按照顺时针方向，把空间图上各节点周围的两个字母排列，就可表示出作用在各节点处的所有单独的力。注意，在桁架每根杆件的两节点处，用相反的字母顺序表示同一根杆件。因此，对于桁架左端处的上弦杆来说，在左端点（节点 1）处用 *BI* 表示；而在桁架第一个上弦节点（节点 2）处用 *IB* 表示。下面的图解将表明这种方法的作用。

图 3.3 中的第三个图表示由桁架内力和外力组合而成的力多边形，它被称为麦克斯韦图形，是由英国工程师詹姆斯·麦克斯韦等人最早提出。构造这个图形的过程也就是把桁架内力（大小和方向）完全求出的过程。构造过程如下：

（1）构造外力多边形。在此以前，必须先求出反力。可以用图解法求反力，但通常用代数法更简便、更快捷。本例中，虽然桁架不是对称结构，但根据图中的荷载作用，可以很容易地观测出桁架每个反力都等于总荷载的一半，即 5000/2＝2500 lb。由于本例中所有外力作用方向相同，故外力的力多边形实际上是一条直线。用两个字母符号来表示力的作用：从左端字母 *A* 开始，我们根据围绕桁架的顺时针方向，按顺序依次读出外力。因此，荷载作用用 *AB*、*BC*、*CD*、*DE*、*EF* 表示；两个反力用 *GH* 和 *HA* 表示。在麦克斯韦图中，力的矢量顺序由 *A* 点起，从 *A* 到 *B*、从 *B* 到 *C*、从 *C* 到 *D* 等，并回到 *A* 点结束。这表明该力多边形闭合，则外力必然处于平衡状态。注意：在麦克斯韦图中，我们把反力矢量画到外侧，以便更清晰地表示它们。还有，在麦克斯韦图中，我们用小写字母表示力的矢量，而在空间图中，我们采用大写字母。因此，要保持两个图形的字母相关性（$A \rightarrow a$），防止两个图形之间可能产生混淆。在空间图中，字母表示公共的空间；而在麦克斯韦图中，

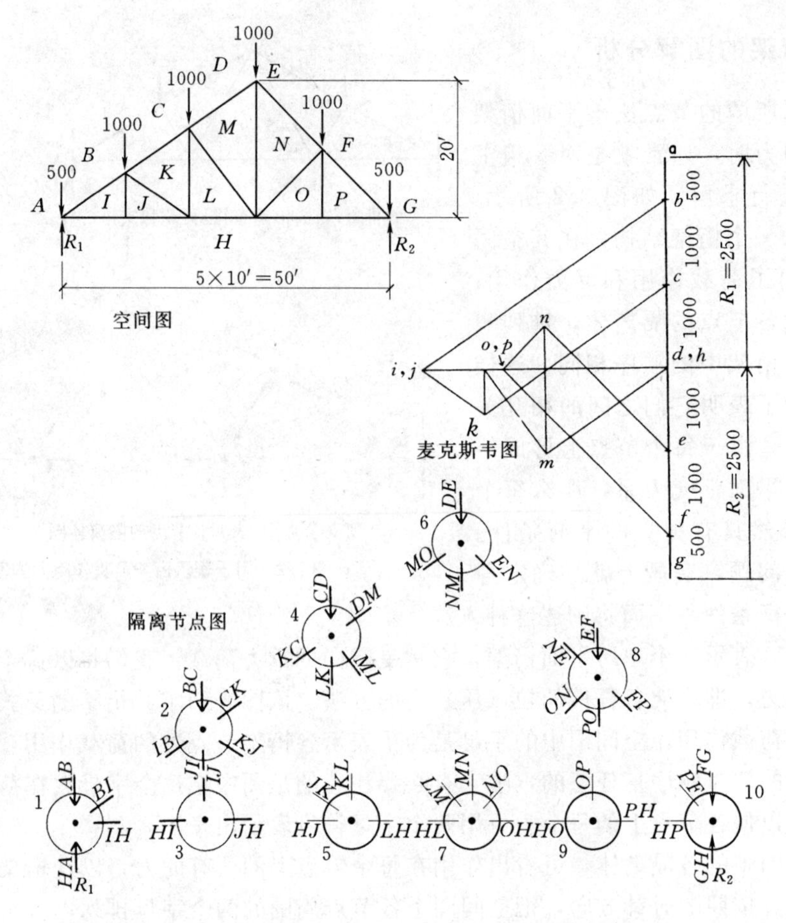

图 3.3 平面桁架图解的例子

字母表示直线的交点。

(2) 构造各节点处的力多边形。对这个问题应用图解法的过程，就是把空间图上剩下的点 I 到 P 定位在麦克斯韦图上的过程。如果所有的点（字母）都被定位在麦克斯韦图上，就可以在该图上读出每个节点的完整的力多边形。为了定位这些点，我们采用两个关系。第一个关系是桁架只能阻止与杆件方向平行的力的作用，因此，我们可以知道所有内力的方向。第二个关系是从平面几何中可以很容易推出：一个点可以由两条相交直线定位。考虑节点1处的外力，如图3.3中节点隔离图所示。注意：该节点上作用着四个力，其中两个力未知（未知力为桁架杆件的内力），另外两个力已知（荷载和反力）。此节点的力多边形在麦克斯韦图上，用 $ABIHA$ 表示。AB 表示荷载，BI 表示上弦杆传给节点的力，IH 表示下弦杆传给节点的力，以及 HA 表示反力。这样，就可以在麦克斯韦图中定位出节点 i，点 i 和点 h 连线必然处于水平方向（与下弦杆水平方向相对应），点 i 和点 b 连线必然与上弦杆的位置相平行。

用同样的方法，可以在麦克斯韦图中定位出剩下的点。从麦克斯韦图中两个已知的点起，分别沿着已知的方向画出两条直线，它们的交点即定位出一个未知点。一旦定位了所有的点，也就画出了麦克斯韦图，并且可以通过该图求出每个内力的大小和方向。麦克斯韦图的绘制过程，也就是把桁架上各节点在麦克斯韦图上表示出来的过程。一旦在麦克斯韦图上画出了一个内力的一个字母，就可以把它当作已知点，来绘制空间图上与其相邻的其他字母。此方法的唯一缺陷是对于任意一个节点，不可能在麦克斯韦图上一次画出一个以上的点。例如，考虑图 3.3 中节点 7 的隔离图。现在麦克斯韦图上仅定位出了字母 a～h，为了研究这个节点，就有必要定位出四个未知点：l、m、n、o。此时有三个未知点需要确定。因此，还要考虑其他节点才能定位出这三个点。

对麦克斯韦图中各个未知点的求解，相当于求解各个节点处的两个未知的力，因为在空间图中表示内力时，每个字母都被用了两次。故在前面的例子中，对于节点 1，字母 I 既用于表示 BI，又用于表示 IH，如节点隔离体图中所示。因此，对麦克斯韦图中各节点的几何求解，就类似于用代数法求两个未知量。正如前面讨论，对于一个平面汇交力系的平衡（桁架中各节点的状态），最多只能求出两个未知量。

完成麦克斯韦图以后，就可以根据该图求出内力，方法如下：

(1) 通过量测图中直线的长度，根据绘制外力矢量的比例，求出内力的大小。

(2) 在空间图中，按照顺时针方向读取各节点周围的力，并且在麦克斯韦图中采用同样的字母顺序，就可以求出各力的方向。

图 3.4 (a) 表示在节点 1 处作用的力系，以及根据麦克斯韦图作出的该力系的力多边形。力多边形中实线表示已知的力，而虚线表示未知力。由力系中字母 A 起，我们按照顺时针方向依次读取力：AB、BI、IH、HA。注意到，在麦克斯韦图中，$a \rightarrow b$，即矢量从尾部指向端部，表示力的方向，该矢量表示了节点处的外荷载作用。在麦克斯韦图中采用这种顺序，以便力的方向移动不间断。因此，麦克斯韦图中从 $b \rightarrow i$，即矢量从尾部指向顶端，表示力 BI 的顶端在左边。从麦克斯韦图到节点图，这种力的传递表明节点图中力 BI 是压力，即它对节点的作用是压而不是拉。麦克斯韦图中 $i \rightarrow h$，表示向量箭头在右侧，这表明其在节点图中为拉力作用。

对节点 1 求解后，就可以知道桁架中杆件 BI 和 IH 的力，这可以被用于考虑相邻节点：节点 2、3。然而，应该注意到节点图中，同一杆件对相邻节点的力的作用，方向是相反的。参考图 3.3 中的节点隔离体图，如果节点 1 处上弦杆力 BI 为压力作用，那么它的矢量箭头应在较低的左端处，如图 3.4 (a) 所示。然而，同样的力在节点 2 处用 IB 表示，在节点 2 处表现为压力作用，并且箭头位于较高的右端处。同样，在节点 1 处，通过把箭头放置在 IH 的右端来体现下弦杆对节点的拉力作用；但是，同样的拉力作用在节点 3 处将通过把箭头放在力 HI 的左端处来体现。

如果选择先求解节点 1，再求解节点 2 的顺序，这样在求节点 2 时，上弦杆的内力就已知了，这样对节点 2 上五个力的求解就简化成三个未知力的求解，因为荷载 BC 和杆内力 IB 已知。然而此时，还不能解出节点 2，因为对应于此三个未知力的麦克斯韦图上的两个点（k 和 j）仍然未知。因此，一个解决方案就是从节点 1，节点 3 着手，这两个节点处只有两个力未知。故可以在麦克斯韦图中从 i 点作竖直向量 IJ，并从 h 点作水平向量 JH，然后求交点，以此定位出未知点 j。由于 i 点和 h 点连线呈水平方向，在麦克斯韦图中 i 点和 j 点都在经过 h 点的水平直线上，因此 IJ 向量大小为零。这表明此荷载状态下，该杆件内实际上无内力作用，而且麦克斯韦图中点 i 和点 j 重合。图 3.4 (b) 表示节点 3 处的力的作用和由这些力组成的力多边形。在节点的力作用图中，在向量 IJ 上画一个零，而不是一个箭头，来表示零内力状态。图 3.4 (b) 力多边形的绘制中，虽然表示这两个力的向量实际上应该重合，但为了清楚起见，图中把这两个向量稍微地分隔开。

解出节点3后，就可着手研究节点2，因为此时该节点处只有两个未知力。图3.4（c）表示节点2处力的作用以及力多边形。和节点1一样，我们按照顺时针方向读出节点2的力多边形：$BCKJIB$。根据此力多边形中连续的力的箭头指向，就能确定出力CK和KJ的方向。

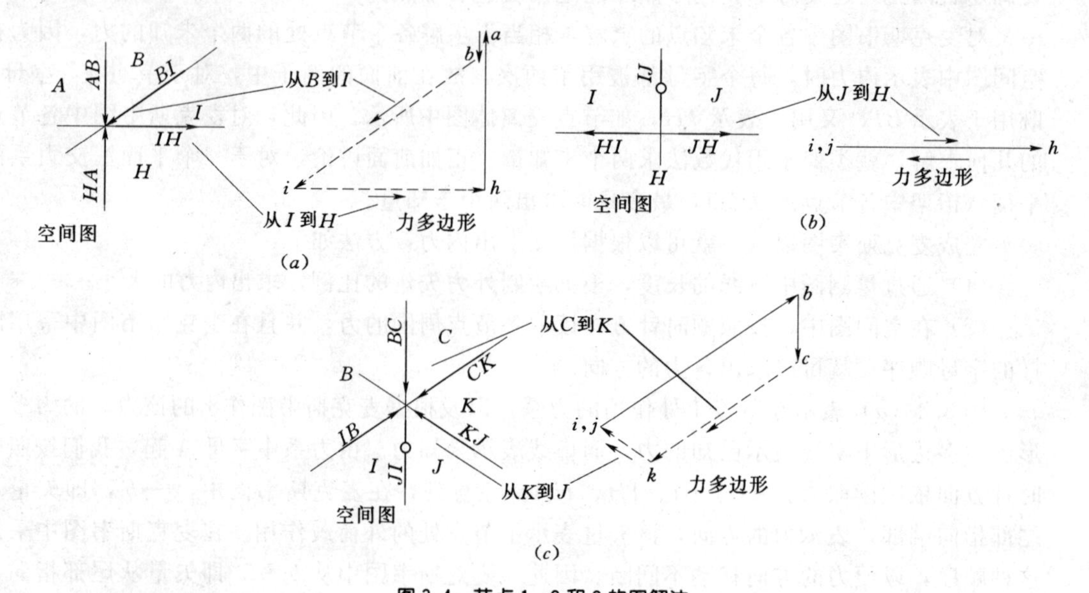

图3.4 节点1、2和3的图解法

（a）节点1；（b）节点3；（c）节点2

本例中，从一个节点着手，然后连续地研究各桁架节点，就能够绘制出麦克斯韦图。通过这样的一个节点研究顺序：1、3、2、5、4、6、7、9、8就可以在麦克斯韦图中依次定位出点i、j、k、l、m、n、o、p。然而，采用如下的研究顺序是明智的：从桁架的两端向中间进行研究，以便在绘制图形时，使误差达到最小。因此，一个更好的方法是从桁架的左端开始研究，依次定位点i、j、k、l、m；然后从桁架的右端开始研究，依次定位点p、o、n、m。这样就会两次定位出m点，其分离程度就表示绘制图形时产生的误差。

<u>习题3.1A、B</u> 用麦克斯韦图求出图3.5所示桁架的内力。

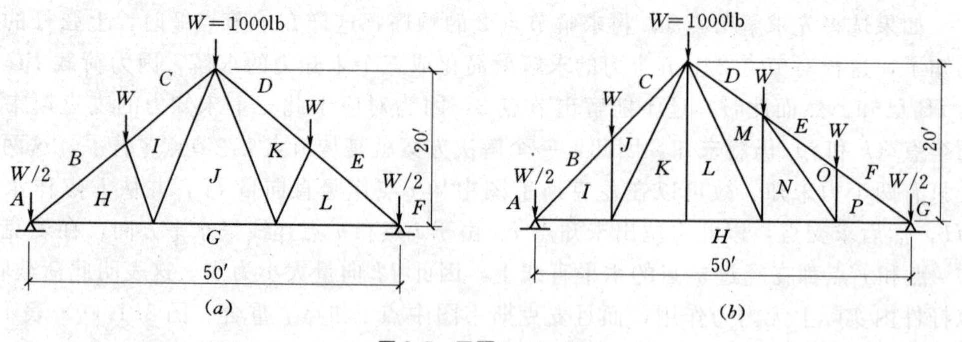

图3.5 习题3.1A、B

3.2 桁架的代数分析

采用麦克斯韦图求桁架内力，本质上与用节点法求桁架内力是一致的。节点法是指用简单的力的平衡方程去求作用在各单独节点上的集中力系。下面还采用先前的例子来阐述这种方法。

和图解法一样，首先确定出外力，包括荷载和反力。然后，着手研究各节点的平衡，节点顺序和图解法中相同。图解法的缺陷是在麦克斯韦图中每次只能画出一个未知点；与之相对应的节点法的缺陷是在一个节点处只能解出两个未知力。参照图 3.6，下面研究节点 1。

作用在该节点处的力系如图所示。图中已知力的大小与方向都已被表示出来，而只采用没有箭头的直线来表示未知的内力，这是因为开始并不知道它们的大小和方向，见图 3.6（*a*）。由于这些力作用方向不是竖直方向和水平方向，因此，我们采用它们沿竖直方向和水平方向的分力作用来代替这些力的作用。然后，考虑该力系的两个平衡条件：竖直方向合力为零；水平方向合力为零。

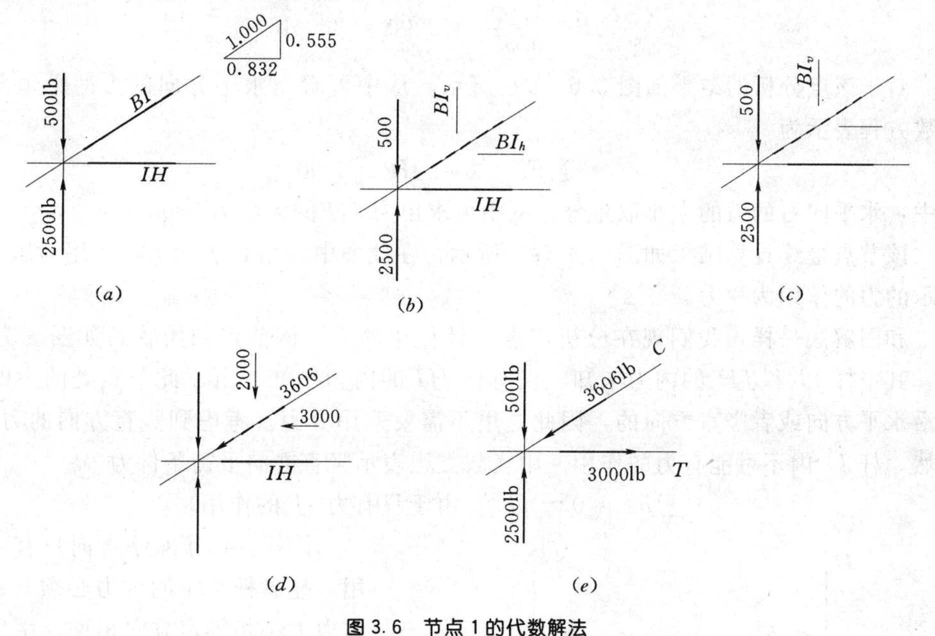

图 3.6 节点 1 的代数解法

（*a*）初始条件；（*b*）未知的分量；（*c*）竖直方向平衡的求解；
（*d*）水平方向平衡的求解；（*e*）最终答案

如果用代数方法仔细计算，自然可以确定出力的方向。然而。这里我们建议大家，只要可能的话，就先根据对节点状态简单的观察，来预先确定出力的方向，这一点将在求解过程中阐述。

图 3.6（*a*）表示出了节点 1 待解决的问题。图 3.6（*b*）中，作用在节点上所有的力都采用其水平方向与竖直方向的分力表示。

注意：尽管现在未知数增加到三位（IH、BI_v 和 BI_h），但 BI 的两个方向的分力之间存在一个数学关系，因此，将这个条件加入两个代数平衡条件中，有用的数学关系变为三个，说明目前已具备求解这三个未知力的必要条件。

图 3.6（c）表示竖直方向的力的平衡条件。由于水平方向的力不影响竖直方向的力的平衡，因此，保持竖直方向平衡的力是荷载、反力和上弦杆内力沿竖直方向的分量。对该力系已知力的大小进行简单观察，可明显看出 BI_v 必须向下作用；这表明 BI 是一个压力作用。因此，通过对节点的简单观察，可得出 BI 的方向，以及竖直方向的力平衡的代数方程：

$$\sum F_v = 0 = +2500 - 500 - BI_v$$

从这个方程，可求出 BI_v 的大小为 2000 lb。根据已知的 BI、BI_v 以及 BI_h 之间的关系，如果知道这三个数中任意一个值，就可计算出这三个值。即

$$\frac{BI}{1.000} = \frac{BI_v}{0.555} = \frac{BI_h}{0.832}$$

从中可求出：

$$BI_h = \frac{0.832}{0.555} \times 2000 = 3000\text{lb}$$

和

$$BI = \frac{1.000}{0.555} \times 2000 = 3606\text{lb}$$

对于该点分析的结果如图 3.6（d）所示，从中可看出水平方向的力的平衡条件。用代数方程表示为

$$\sum F_h = 0 = IH - 3000$$

其中，水平向右的力的大小取正号。从中可求出力 IH 的大小为 3000lb。

该节点最终计算结果如图 3.6（e）所示，在此图中，用 C 表示力的作用为压力，用 T 表示的力的作用为拉力。

和图解法一样，我们现在分析节点 3 处作用的力，该节点初始状态如图 3.7（a）表示，其中杆 IJ 和 JH 的内力未知，仅有杆 HI 的内力已知。由于此节点处的力的作用都是沿水平方向或者竖直方向的，因此这里不需要采用分力。考虑到竖直方向的力的平衡，显然，杆 IJ 内不可能有力的作用。用代数方程表示竖直方向平衡条件为

$$\sum F_v = 0 = IJ \quad (\text{由于只有力 } IJ \text{ 的作用})$$

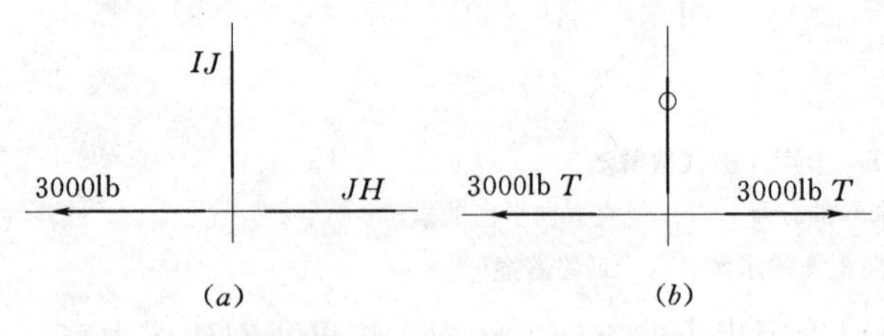

图 3.7 节点 3 的代数解法

（a）初始条件；（b）最终答案

同样，由于水平方向只有两个力作用，显然杆 JH 的内力必须与杆 HI 的内力大小相等，方向相反。用代数方程表示为

$$\sum F_h = 0 = JH - 3000$$

节点 3 处作用力最终得计算结果如图 3.7（b）所示。

注意：一根无内力作用的桁架杆件的表示方法。

现在开始分析节点 2，初始状态如图 3.8（a）所示。作用在此节点上的五个力，只有两个未知。按照计算节点 1 的方法，首先将力沿其水平方向和竖直方向进行分解，如图 3.8（b）所示。

由于力 CK 和 KJ 的方向未知，故先假定它们取正值。并把其代入代数方程中计算，如果计算结果为负值，则假设错误，应取负值。然而，必须一直小心力矢量的方向，这一

点将在下面的计算中说明。

我们随意假设，认为 CK 为压力，KJ 为拉力。如果是这种情况，力以及它们的分力的表示如图 3.8（c）。然后，考虑竖直方向力的平衡条件，图 3.8（d）表示竖直方向的力，竖直方向力的平衡方程：

$$\sum F_v = 0 = -1000 + 2000 - CK_v - KJ_v$$

或

$$0 = +1000 - 0.555CK - 0.555KJ \tag{3.2.1}$$

现在考虑水平方向力的平衡条件，图 3.8（e）表示水平方向的力。水平方向力的平衡方程：

$$\sum F_h = 0 = +3000 - CK_h + KJ_h$$

或

$$0 = +3000 - 0.832CK + 0.832KJ \tag{3.2.2}$$

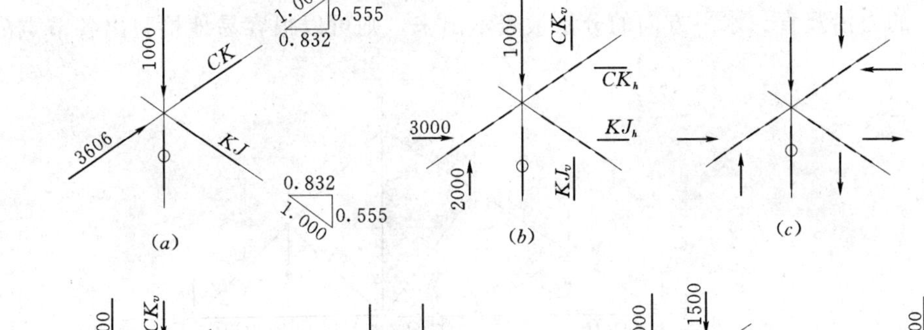

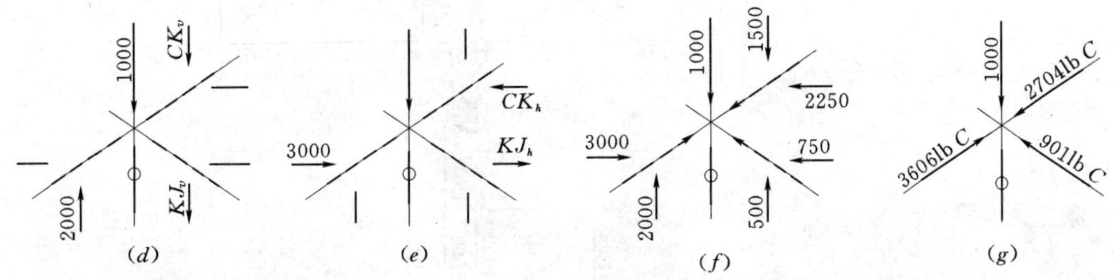

图 3.8 节点 2 的代数解法

（a）初始条件；（b）未知的分量；（c）代数求解中假定未知量的方向；（d）竖直方向平衡的求解；（e）水平方向平衡的求解；（f）各分量的最终解；（g）实际力的最终解

注意：力矢量的方向与代数符号的一致性，其中对于向右或者向上的力取正号。现在同时解这两个方程，可以求出两个未知力，如下：

（1）方程（3.2.1）两边同乘以 0.832/0.555 得

$$0 = \frac{0.832}{0.555}(+1000) + \frac{0.832}{0.555}(-0.555CK) + \frac{0.832}{0.555}(-0.555KJ)$$

或

$$0 = +1500 - 0.832CK - 0.832KJ$$

（2）将这个方程与方程（3.2.2）相加，求出 CK

$$0 = +4500 - 1.664CK$$

即

$$CK = \frac{4500}{1.664} = 2704\text{lb}$$

注意：假定 CK 为压力是正确的，因为解出的答案为正值，将 CK 值代入方程（3.2.1），得

$$0 = +1000 - 0.555 \times 2704 - 0.555KJ$$

即
$$KJ = -\frac{500}{0.555} = -901\text{lb}$$

由于 KJ 解出的答案为负值，故对 KJ 方向的假设是错误的，实际上该杆件应该受压。

图 3.8（g）表示了节点 2 最终的计算结果。然而，为了检验力的平衡，图 3.8（f）给出了力沿其水平和竖直方向的分力。

确定了桁架所有内力以后，可以采用多种方式把这些内力表示出来，最直接的办法就是在按一定比例缩放的一个桁架图上，把它们表示出来，如图 3.9（a）所示。图中杆件内力的大小被依次排列出来，而且采用字母 T 表示拉力作用，字母 C 表示压力作用。零内力杆，通常采用在杆件上画一个零的方法来表示。

用节点法求解时，计算结果可以在隔离节点的图中表示出来，如图 3.9（b）所示。如果斜杆上的力沿竖直、水平方向的分量被表示出来，则可以很容易地检验出各节点处的力的平衡。

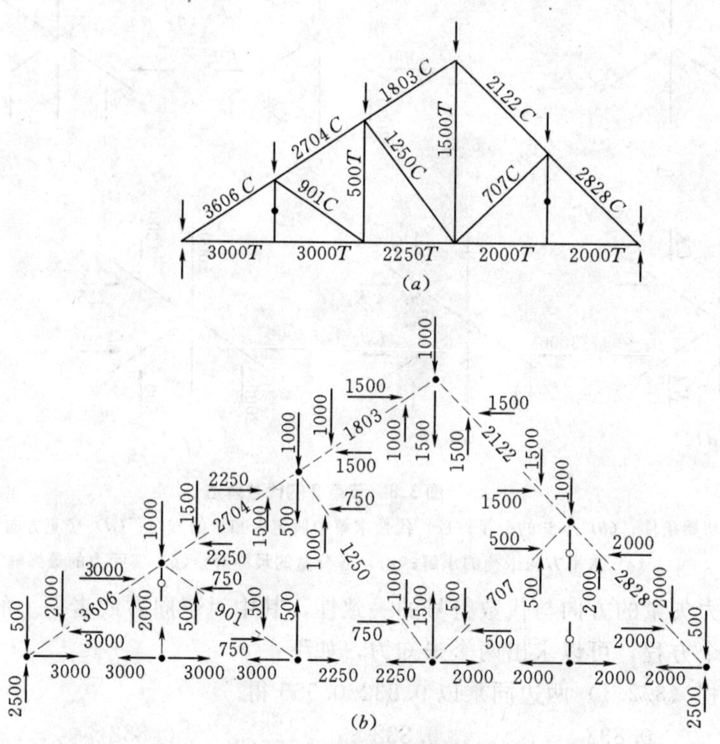

图 3.9 桁架内力的表示

（a）杆件力；（b）隔离节点图

习题 3.2A、B 用节点法求图 3.5 所示桁架的内力。

3.3 截面法

图 3.10 表示一个单跨、平弦杆桁架结构，在弦杆顶部节点处作用着竖向荷载，这种荷载情况下的麦克斯韦图，以及桁架的内力值也被表示在图中。此计算答案用作与通过截面法计算的结果相比较。

图 3.11 表示从桁架的第三个板面处，把桁架竖直切开。桁架左半部分的隔离体图如图 3.11（a）所示，三根截断杆件的内力变成作用在这个隔离体上的外力，而且根据以下对该隔离体的静力平衡分析可以计算出这三个力的值。

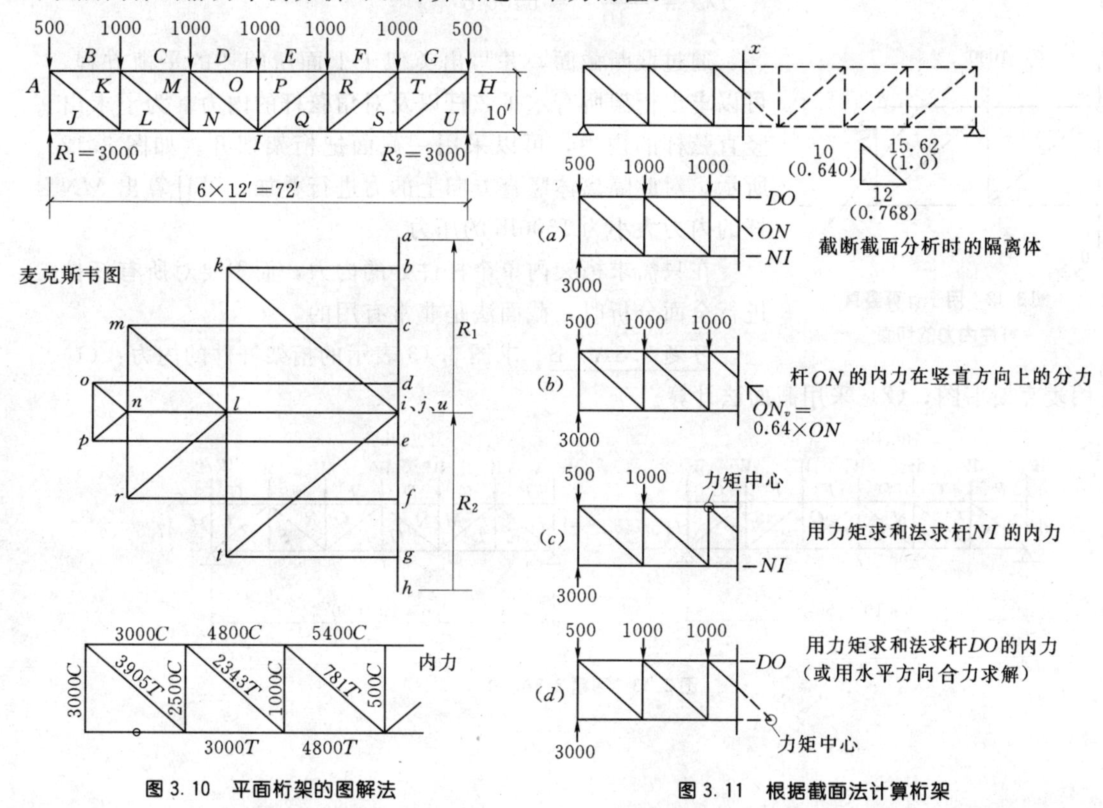

图 3.10　平面桁架的图解法　　　　图 3.11　根据截面法计算桁架

图 3.11（b）中，我们观察竖直方向的力的平衡状态。由于 ON 是唯一的一根具有竖直方向分力的截断杆，它必然平衡于其他的外力。因此，ON_v 的大小为 500lb，方向向下。根据该杆已知的倾斜角度，我们可以计算出该杆件的真实内力以及它沿水平方向的分量。

接下来，我们考虑力矩平衡条件。选择这样的一点作为力矩中心，使得对该点求力矩时，力矩方程中只有一个未知力。选择上弦杆的一个节点，如图 3.11（c）所示。无论是上弦杆的内力，还是杆 ON 的内力都可以被消除，只剩下下弦杆（杆 NI）的未知内力。对力矩叠加得

$$\sum M = 0 = +3000 \times 24 - 500 \times 24 - 1000 \times 12 - NI \times 10$$

或
$$10NI = +72000 - 12000 - 12000 = +48000$$

即
$$NI = \frac{48000}{10} = 4800\text{lb}$$

注意：假设 NI 为拉力，并且在表示 NI 对力矩中心求力矩时，就是以这个假设为基础的。

求上弦杆内力的一个方法是可以对水平方向的力进行叠加，这是由于现在已知 ON 沿水平方向的分量以及杆 NI 的内力，或者还可以采用对其他点力矩求和的方法来求上弦杆内力。这次，选择下弦杆节点为力矩中心，如图 3.11（d）所示，以便在力矩叠加方程中

消去力 IN 以及 ON。

$$\sum M_2 = 0 = +3000\times36 - 500\times36 - 1000\times24 - 1000\times12 - DO\times10$$

即

$$DO = \frac{54000}{10} = 5400\text{lb}$$

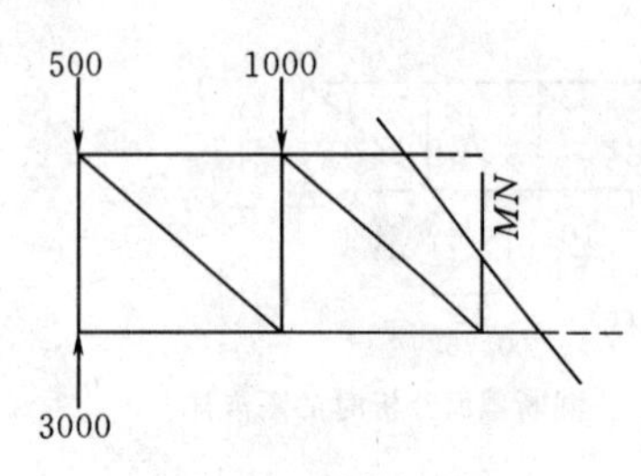

图 3.12 用于计算竖直杆件内力的切面

通过截断截面，并写出类似于上面所阐述的平衡方程，可以求出桁架所有水平弦杆以及对角弦杆的内力。为了求出竖直弦杆的内力，可以采用一截面把桁架切开。如图 3.12 所示，对此隔离体竖直方向上的力进行叠加，可计算出 MN 杆的内力大小为 1500lb 的压力。

在只需求桁架内单个杆件处的内力，而不要对所有杆件进行全面分析时，截面法是非常有用的。

习题 3.3A、B　求图 3.13 表示的桁架杆件的内力：(1) 采用麦克斯韦图；(2) 采用截面法计算。

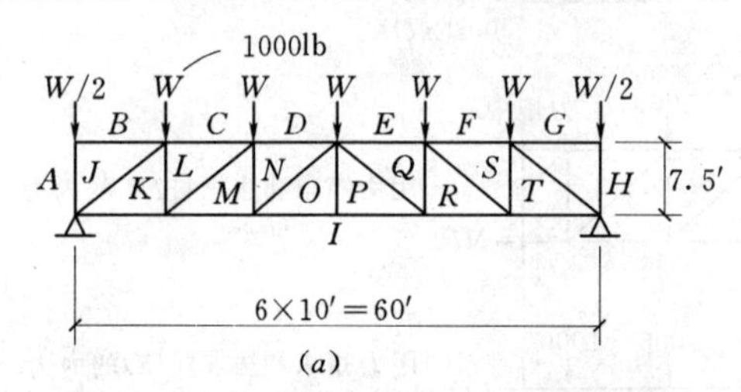

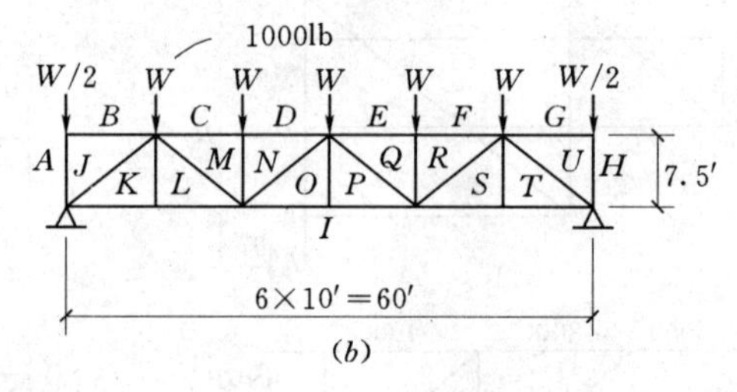

图 3.13 习题 3.3A、B

第4章

梁的分析

梁是承受横向荷载的结构杆件，梁的支撑通常在其端部，或接近端部，而且产生向上的支撑力称为反力。作用在梁上的荷载会使梁弯曲而不是使梁伸长或缩短。横梁是指支撑更小尺寸梁的梁。就结构作用来说，横梁也是梁。对应于梁不同的建筑用途，并根据其不同的构造形式，梁被分为许多种类，包括檩梁、托梁、桷梁、过梁、顶板横梁和圈梁。图 4.1 表示一个板梁结构，其中紧密布置的木梁称为托梁，托梁又受更大些的木梁支撑，而木梁又受砌体承重墙或木柱支撑。这种古老的结构形式现在仍被广泛采用。尽管所用材料、结构构件以及构造细部都发生了很大的变化。

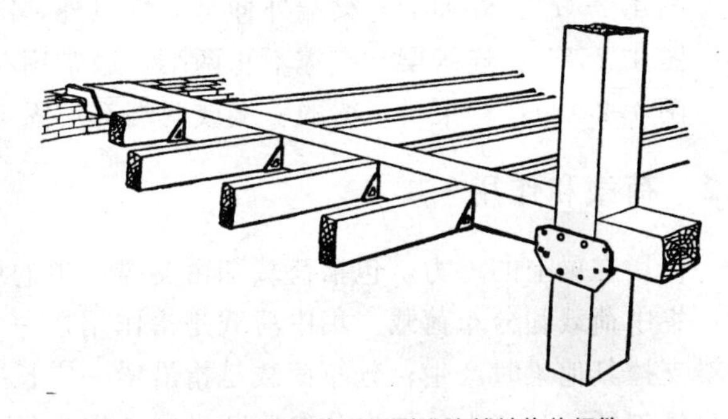

图 4.1 梁——最早的用于形成跨越结构的杆件

首先是以生树干的形式，后来，随着工具的发展，出现了多种有用的形式。用于长跨结构的大梁通常承受其他结构杆件（例如这里吊于木梁处的托梁）传来的结点荷载。轻型梁，例如托梁，一般承受从屋面板传来的均匀分布荷载。这种古老的形式虽然产生于木结构中，但发展于钢结构和混凝土结构中。摘自《建筑手册》，作者 H. Paker，F. Kidder，1931；版权所有者：John Wiley & Sons，纽约

4.1 梁的类型

根据梁支撑的数目、种类以及位置来分，总体上有五种类型的梁。图 4.2 给出了这五种梁的示意图，以及其受荷载作用时，假设会产生的弯曲（变形）。在一般的钢梁或钢筋混凝土梁中，这些变形通常用肉眼看不到，但是一些变形总是存在的。

图 4.2 (*a*)：简支梁，支撑布置在梁的两端，且梁端可自由转动。

图 4.2 (*b*)：悬臂梁，只在梁的一端布置支撑。典型的例子是端部嵌在墙内的梁。

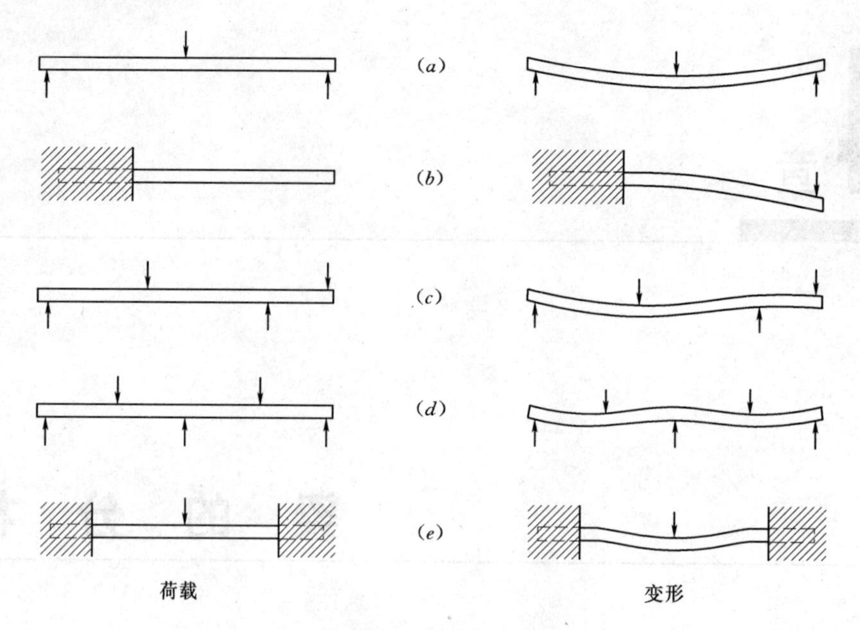

图 4.2 梁的形式

(a) 简支梁；(b) 悬臂梁；(c) 外伸梁；(d) 连续梁；(e) 固定梁

图 4.2 (c)：外伸梁，梁端外伸至支撑以外，图 4.2 (c) 表示仅一端外伸的梁。

图 4.2 (d)：连续梁，支撑不止两个。通常用在钢筋混凝土结构和焊接钢结构中。

图 4.2 (e)：约束梁，梁的一端或两端都被固定而不能发生转动。

4.2 荷载和作用

作用在梁上的外力，包括荷载和由支撑产生的反力。作用在梁上的荷载一般有两种类型：集中荷载和分布荷载。集中荷载是指作用在一个确定点处的荷载，这种荷载一般在一个梁支撑其他梁时产生；分布荷载是指沿梁一定长度方向上作用的荷载，这种荷载一般在梁直接支撑板时产生。如果分布荷载沿梁长方向每单位长度上施加的力的大小相等，那么称此分布荷载为均匀分布荷载。梁的重量是一个沿其全部长度方向上分布的均匀分布荷载。然而，有的梁承受的均匀分布荷载，只沿梁长的部分长度分布。

反力是作用在支撑处方向向上的力。它用来平衡向下的外力荷载，简支梁的左、右反力通常分别用 R_1、R_2 表示，其数值通常是根据平行力系的平衡条件确定，这一点在第 2.12 节阐述过。

图 4.3 (a) 表示一个楼板平面的一部分。交叉阴影部分表示该区域受一根梁支撑，该区域面积是 8×20ft，其中梁宽为 8ft，梁跨为 20ft。梁每端受横梁的支撑，横梁受柱支撑。如果交叉阴影区域上荷载作用为 100psf，那么该梁承受的总荷载为

$$W = 8 \times 20 \times 100 = 16000\text{lb 或 }16\text{kip}$$

一般用大写字母 W 表示总荷载，然而，对于均匀分布荷载，荷载也可以以每单位梁长上的单位荷载的形式表示。这种单位荷载通常用小写字母 w 表示，因此，对于该梁：

$$w = \frac{16000}{20} = 800\text{lb/ft 或 }800\text{plf}$$

对于图 4.3 中的梁，荷载对称布置，因此，两个反力大小相等，均为总荷载的 1/2。反力相当于作用在横梁上的集中荷载。图 4.3 (*b*)、(*c*) 分别表示了梁与横梁的荷载作用。

对于梁上不对称荷载形式，反力可以通过第 2.12 节阐述的方法求出。

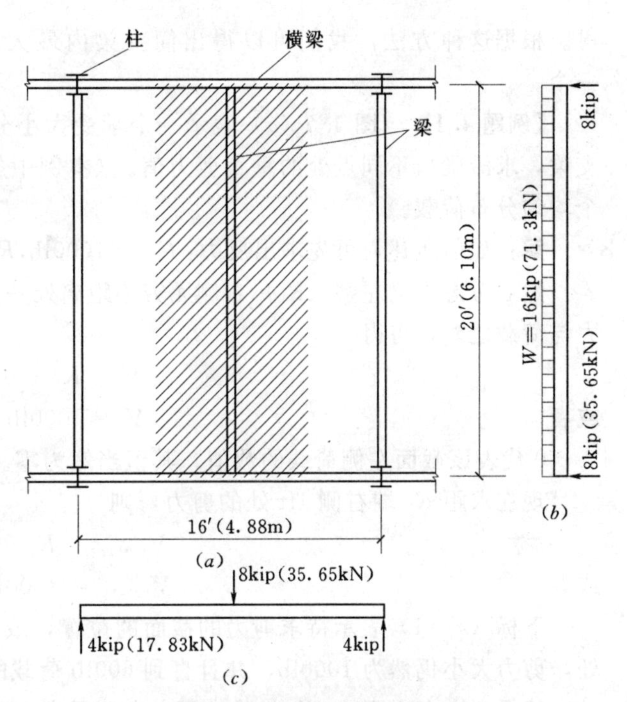

图 4.3　框架体系中承重梁荷载的确定和表示

(*a*) 平面；(*b*) 梁的荷载图；(*c*) 横梁荷载图

4.3　梁内剪力

图 4.4 (*a*) 表示一个简支梁沿全长荷载均匀分布。对于一个荷载如此分布的梁进行检查，可能不会看出任何荷载产生的效应。然而，它却可能存在三种主要的失效形式，如图 4.4 (*b*) ～ (*d*) 所示。

图 4.4 (*b*) 表示第一种可能发生的失效形式。梁在支撑处发生下沉，这种现象称为垂直剪切。图 4.4 (*c*) 表示第二种可能发生的失效形式。这种现象称为梁的弯曲。图 4.4 (*d*) 表示第三种可能发生的失效形式。木梁中梁纤维沿水平方向彼此发生滑动，这种现象成为水平剪切。当然，一个设计正确的梁不会发生上述的失效形式。但是，这些失效的趋势总是存在的，而且在结构设计中必须认真思考。

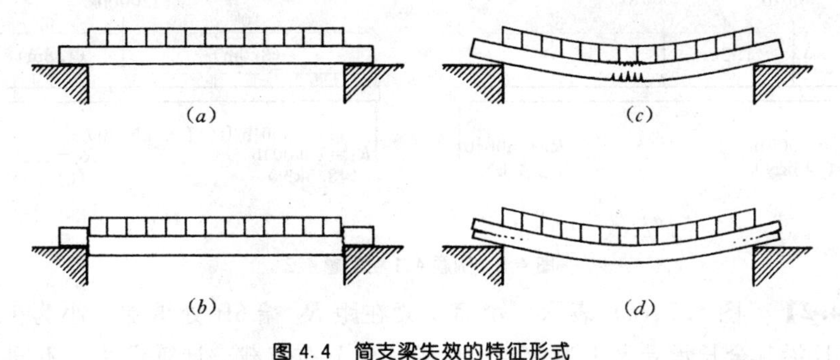

图 4.4　简支梁失效的特征形式

(*a*) 均布荷载；(*b*) 垂直剪切；(*c*) 弯曲；(*d*) 水平剪切

1. 垂直剪切

垂直剪切是指梁的一部分相应于其相邻部分发生竖向错动。梁上任意截面处的剪力大小都等于该截面任意一侧竖直方向的合力的代数值。垂直剪力通常用字母 V 表示，在本书的例题和习题中，计算 V 值时，都是考虑截面左侧的竖向合力，但是要记住用截面右侧竖向合力计算出的结果应与之相同。

为了求出梁内某一截面处的垂直剪力，只要把截面左侧或右侧的外力进行代数叠加即可。根据这种方法，我们可以得出简支梁内最大剪力值应等于两个反力值中较大的那一个。

【例题 4.1】 图 4.5（*a*）表示一个承受大小分别为 600lb 和 1000lb 的集中荷载的简支梁，求沿梁长不同点处的垂直剪力值。（本例中忽略梁的自重，尽管梁的重力形成了一个均匀分布荷载。）

解：如前所述，可先求出反力：$R_1 = 1000\text{lb}, R_2 = 600\text{lb}$

然后考虑距梁左端（R_1）右侧无穷小距离处一点的剪力。根据剪力等于该截面左侧反力与荷载之差，可得

$$V = R_1 - 0$$

或者

$$V = 1000\text{lb}$$

0 代表该截面左侧荷载的数值，其值当然为零。

现在求距 R_1 端右侧 1ft 处的剪力，则

$$V_{(x=1)} = R_1 - 0$$

或者

$$V_{(x=1)} = 1000\text{lb}$$

下标（$x=1$）表示待求剪力的截面的位置，或者待求截面距 R_1 端的距离。在此截面处，剪力大小仍然为 1000lb，并且直到 600lb 荷载的作用点处，剪力一直保持不变。

接下来，考虑距 600lb 荷载作用点右侧无穷小距离处截面的剪力。此截面上：

$$V_{(x=2+)} = 1000 - 600 = 400\text{lb}$$

由于从此点直到 1000 lb 荷载作用点处，没有荷载作用，故其剪力一直保持不变。在距 1000 lb 荷载作用点右侧无穷小距离处截面上的剪力为

$$V_{(x=6+)} = 1000 - (600 + 1000) = -600\text{ lb}$$

从该点直到梁右端（R_2）处，此剪力一直保持不变。

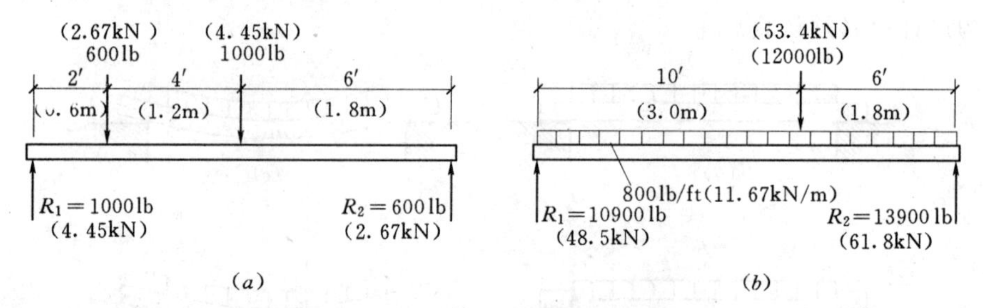

图 4.5 例题 4.1 和例题 4.2

【例题 4.2】 图 4.5（*b*）表示一个简支梁在距 R_2 端 6ft 处承受大小为 12000lb 的集中荷载，而且沿其全长承受大小为 800lb/ft 的均匀分布荷载。计算沿跨长不同点处的垂直剪力。

解：根据平衡方程，确定两端反力：$R_1 = 10900\text{lb}$，$R_2 = 13900\text{lb}$

注意：总分布荷载的数值为 $800 \times 16 = 12800\text{lb}$

现在考虑以下距梁左支撑不同距离处各截面上的剪力：

$$V_{(x=0)} = 10900 - 0 = 10900\text{lb}$$

$$V_{(x=1)} = 10900 - 800 \times 1 = 10100\text{lb}$$

$$V_{(x=5)} = 10900 - 800 \times 5 = 6900\text{lb}$$

$$V_{(x=10-)} = 10900 - 800 \times 10 = 2900\text{lb}$$
$$V_{(x=10+)} = 10900 - (800 \times 10 + 12000) = -9100\text{lb}$$
$$V_{(x=16)} = 10900 - (800 \times 16 + 12000) = -13900\text{lb}$$

2. 剪力图

在前面讨论的两个例子中，计算了几个沿梁长不同截面处的剪力。为了使结果更形象，通常把这些数值画到一张图上。该图称为剪力图。下面将说明它的绘制过程。

为了绘制该图，首先按比例画出梁，并对荷载定位。这项工作将通过分别重复图 4.5（*a*）、（*b*）中的荷载图得以完成，如图 4.6（*a*）、（*b*）所示。在梁的正下方，画出一条水平基线，代表零剪力。在此线上方或下方，以合适的比例，绘制出代表不同截面的剪力值的点。正的剪力值绘制在基线的上方，负的剪力值绘制在下方。例如，在图 4.6（*a*）中剪力 R_1 的大小为 +1000lb，而且此剪力值一直到 600 lb 荷载作用点处都保持不变；在 600lb 荷载作用点处，剪力大小降至 400lb，而且此剪力一直到 1000lb 荷载作用点处都保持不变；在 1000lb 荷载作用之处，其剪力值降至 −600lb，而且此剪力值一直到梁右支撑端处都保持不变。显然，为了画出剪力图，只要对关键点的剪力值进行计算即可。剪力图画好后，我们可以通过剪力图中表示剪力的竖直距离，和所选取的比例，计算出梁内任意截面上的剪力值。采用同样方法，可绘制出本例中梁的剪力图，如图 4.6（*b*）所示。

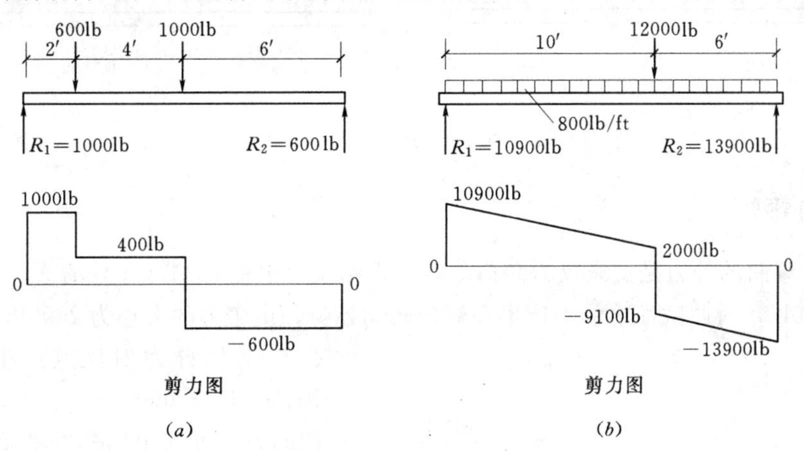

图 4.6 结构剪力图

关于垂直剪力，必须注意两个重要内容。第一个是剪力最大值。任何一张剪力图都可以证实前面的结论：在较大反力的支撑截面处取得最大剪力，其数值等于两个反力中较大的那个。在图 4.6（*a*）中，最大剪力值为 1000lb；在图 4.6（*b*）中，最大剪力值为 13900lb，在读取最大剪力值时，我们不考虑正负号，因为图形只是用来表示绝对数值的。

另外一个需要重视的内容是剪力值改变符号的点，我们称此点为剪力值通过零的点。在图 4.6（*a*）中，它是距 R_1 端 6ft 处作用 1000lb 荷载的点；在图 4.6（*b*）中，它是距 R_1 端 10ft 处作用 12000lb 荷载的点。关于此点最主要的性质是，它表示了梁内最大弯矩的位置，这一点将在下节讨论。

习题 4.3A～F　画出图 4.7（*a*）～（*f*）中各梁的剪力图，并标出所有关键的剪力值，特别注意剪力值最大的点，以及剪力值通过零的点。

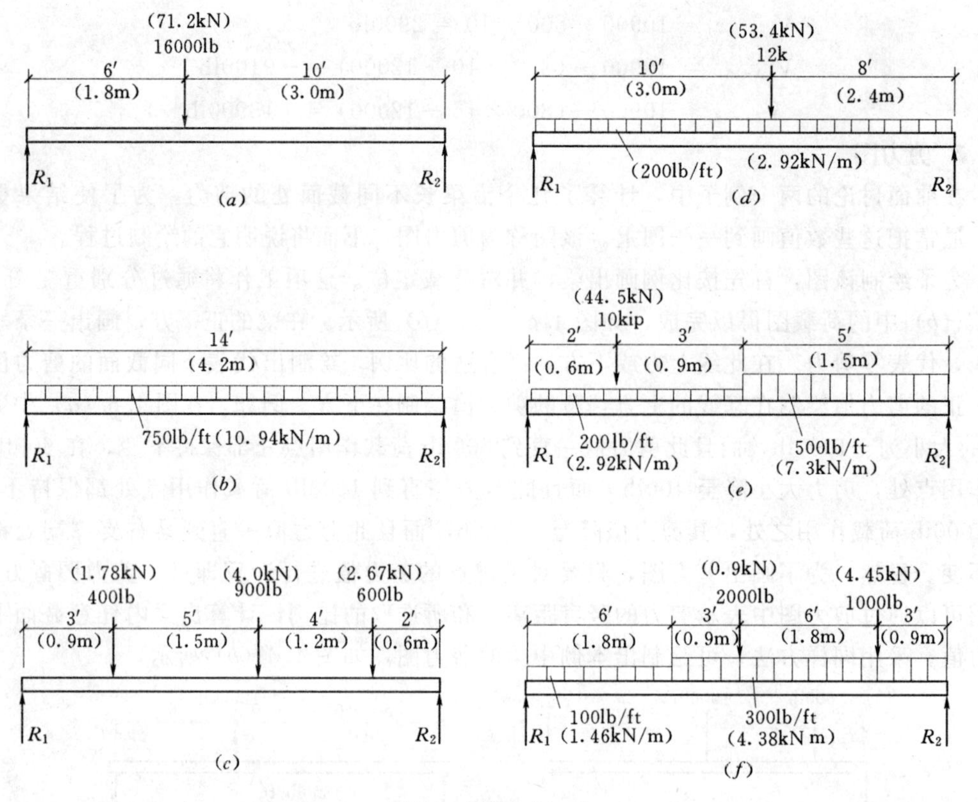

图 4.7 习题 4.3A～F

4.4 梁内弯矩

引起梁弯曲的外力是支座反力和荷载。考虑图 4.8 中距 R_1 端 6ft 处的 $X-X$ 截面，反力 R_1（2000lb）对此截面上的点产生顺时针转动趋势，由于力的大小为 2000lb，力臂长度为 6ft，则此力对该点产生的力矩为 $2000\times6=12000\text{lb}\cdot\text{ft}$。考虑此截面右侧的力，可求出同样的数值：反力 R_2（6000lb）和荷载 8000lb，它们对该截面上的点的力臂长度分别为 10ft 和 6ft。故反力对 $X-X$ 截面所产生的力矩为：$6000\times10=60000\text{lb}\cdot\text{ft}$，方向为逆时针；荷载 8000lb 对 $X-X$ 产生的力矩为 $8000\times6=48000\text{lb}\cdot\text{ft}$，方向为顺时针。因此合力矩大小为 $60000\text{lb}\cdot\text{ft}-48000\text{lb}\cdot\text{ft}=12000\text{lb}\cdot\text{ft}$ 方向为逆时针。这与 $X-X$ 截面左侧的力对该截面产生的力矩（其产生顺时针转动趋势）大小相等。

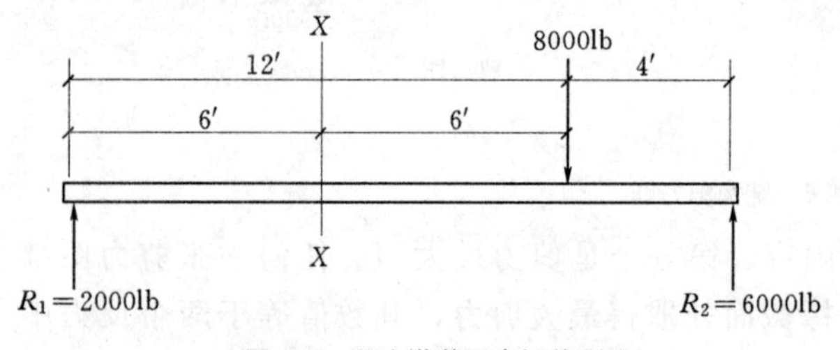

图 4.8 所选横截面弯矩的形成

因此，无论是采用截面左侧还是截面右侧的力计算都没有区别。其产生的力矩大小是相等的。这称为弯矩（或者内弯矩），因为该力矩在梁内产生弯曲应力。它的大小随梁的长度变化而变化。例如，对于距 R_1 端 4ft 处，力矩仅为 $2000\times4=8000\text{lb}\cdot\text{ft}$。弯矩是截面任意一侧各力产生的力矩的代数和。由于弯矩是力与距离的乘积，故其单位为 lb · ft 或者 kip · ft。

1. 弯矩图

弯矩图的绘制方法与剪力图的绘制方法相同。首先按比例画出梁，并对荷载进行定位。在其下方，画出一条水平基线来表示零弯矩（该图也通常位于剪力图的下方）。然后计算沿梁跨各截面处的弯矩值，并按照合适的比例，在基线附近绘制出来。简支梁中，所有的弯矩都是正值，故其都绘制在基线的上侧。在外伸梁和连续梁中会产生负弯矩，它们绘制在基线的下侧。

【例题 4.3】 图 4.9 表示一简支梁受两个集中荷载作用，作出其剪力图和弯矩图。

解：首先，计算出 R_1 和 R_2，分别等于 16000lb 和 14000lb，并在荷载图中标出。

根据第 4.3 节的内容，画出剪力图。注意：本例中仅需要计算一个截面上（在两个集中荷载作用点之间）的剪力。这是因为，本例中没有分布荷载。我们知道支撑点处的剪力大小与反力相等。

由于梁上任一截面处弯矩值等于该截面左侧反力产生的力矩与荷载产生的力矩之差。R_1 端的弯矩为零，因为在其左侧无力的作用。梁上其他处的弯矩值计算如下，下标（$x=1, \cdots$）表示待求弯矩截面与 R_1 端的距离。

$$M_{(x=1)} = 16000 \times 1 = 16000\text{lb} \cdot \text{ft}$$

$$M_{(x=2)} = 16000 \times 2 = 32000\text{lb} \cdot \text{ft}$$

$$M_{(x=5)} = 16000 \times 5 - 12000 \times 3 = 44000\text{lb} \cdot \text{ft}$$

$$M_{(x=8)} = 16000 \times 8 - 12000 \times 6 = 56000\text{lb} \cdot \text{ft}$$

$$M_{(x=10)} = 16000 \times 10 - (12000 \times 8 + 18000 \times 2) = 28000\text{lb} \cdot \text{ft}$$

$$M_{(x=12)} = 16000 \times 12 - (12000 \times 10 + 18000 \times 4) = 0$$

将这些计算结果画在弯矩图中，如图 4.9 所示。本例中，已经计算的弯矩值比必须计算的弯矩值多。我们知道，简支梁支撑处的弯矩值为零，故本例中，我们只需要直接计算荷载作用点的弯矩即可。

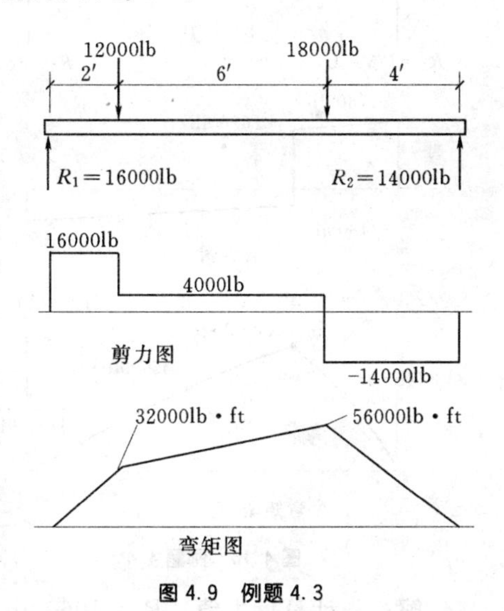

图 4.9 例题 4.3

译者注：绘制弯矩图时，一般的约定是将弯矩图绘制在梁受拉侧，这同本书中的约定不一致，提醒读者注意。

2. 剪力和弯矩的关系

对于简支梁，剪力图中剪力值通过零的点，位于两个支撑点之间。正如前面所述，关于此点的一个重要法则是：在剪力值通过零的点处，弯矩取得最大值。图 4.9 中，在 18000lb 荷载的作用点处，剪力值通过零，即 $x = 8\text{ft}$ 。

注意：此点处，弯矩取最大值 56000lb • ft。

【例题 4.4】 画出图 4.10 中梁的剪力图和弯矩图，该梁沿全长承受大小为 400lb/ft 的均匀分布荷载以及承受一个距 R_1 端 4ft 处的大小为 21000lb 的集中荷载。

解：计算反力：R_1 =17800lb，R_2 =8800lb

采用第 4.3 节所述的方法，标出几个关键剪力值，并且画出剪力图。

虽然只有剪力值通过零的点处的弯矩值需要计算，但我们还计算了其他一些值，以便绘制出弯矩图真实形式，即

$$M_{(x=2)} = 17800 \times 2 - 400 \times 2 \times 1 = 34800\text{lb} \cdot \text{ft}$$

$$M_{(x=4)} = 17800 \times 4 - 400 \times 4 \times 2 = 68000\text{lb} \cdot \text{ft}$$

$$M_{(x=8)} = 17800 \times 8 - (400 \times 8 \times 4 + 21000 \times 4) = 45600\text{lb} \cdot \text{ft}$$

$$M_{(x=12)} = 17800 \times 12 - (400 \times 12 \times 6 + 21000 \times 8) = 16800\text{lb} \cdot \text{ft}$$

从前面的两个例子（见图4.9和图4.10）可以看出，在梁不受荷载作用的部分上，其剪力图用一条水平直线表示，在梁受均匀分布荷载作用的部分上，其剪力图用斜直线表示。当梁只受集中荷载作用时，其弯矩图用斜直线表示；当梁只受分布荷载作用时，其弯矩图用一条曲线表示。

有时，梁既受集中荷载作用又受均匀分布荷载作用，此时剪力值通过零的点可能不位于集中荷载的作用点处。这种情况经常发生在分布荷载相对于集中荷载比较大时。由于设计梁时，必须要计算出最大弯矩，故我们必须找出发生最大弯矩的点。当然，该点剪力值通过零。通过下面的例子介绍的方法，我们可以很容易确定出它的位置。

【例题4.5】 图4.11表示一个梁在距其左支撑点4ft处，作用一个大小为7000lb的集中荷载，并且沿全长承受大小为800lb/ft的均匀分布荷载。计算该梁内的最大的弯矩值。

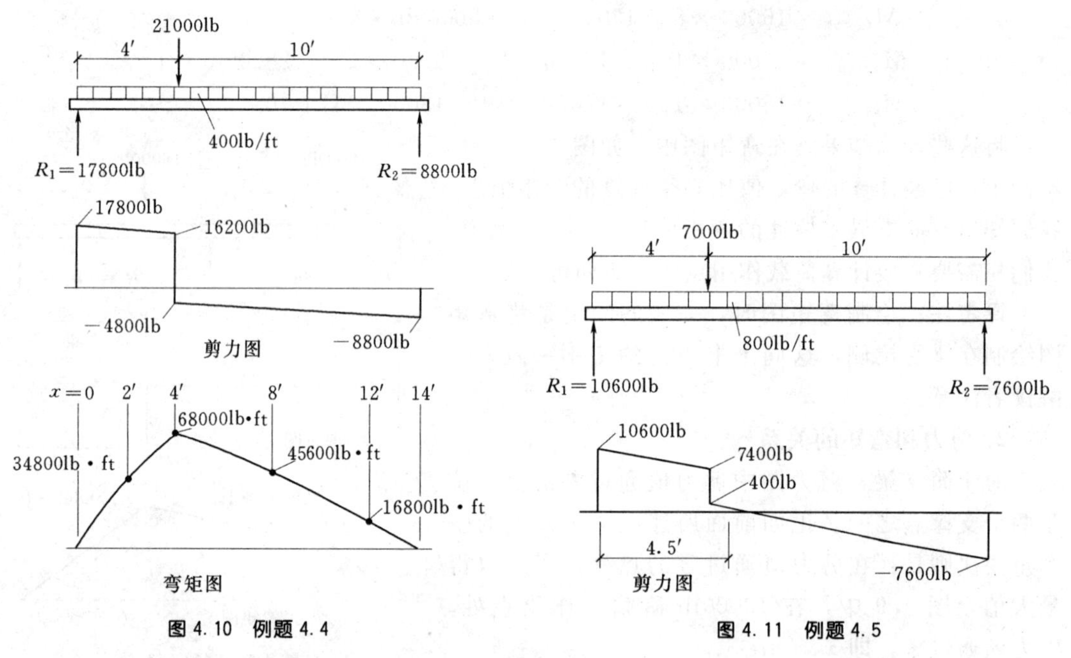

图4.10 例题4.4　　图4.11 例题4.5

解： 先计算反力值：$R_1 = 10600\text{lb}$，$R_2 = 7600\text{lb}$。并把它们标在荷载图中。

画出剪力图，可以发现剪力值通过零的点位于集中荷载（7000lb）作用点和右支撑点（R_2端）之间。设该点与R_2端距离为$x$ft，此截面上剪力值为零；因此，用反力和荷载表示该点处剪力值，且剪力值为零。方程（包含x）为

$$V_{(\text{在}x\text{处})} = -7600 + 800x = 0, x = \frac{7600}{800} = 9.5\text{ft}$$

因此，剪力值为零的点位于距右支撑点 9.5ft 处（如图 4.11 所示），该点距左支撑点 4.5ft。也可以通过对此点左侧的力进行叠加求剪力（为零），从而确定出该点，这样求得的答案为 4.5ft。

根据习惯，对该截面左端的力矩进行叠加，则可以确定最大弯矩值：

$$M_{(x=4.5)} = +10600 \times 4.5 - 7000 \times 0.5 - 800 \times 4.5 \times \frac{4.5}{2} = 36100\text{lb} \cdot \text{ft}$$

习题 4.4A～F　画出图 4.7 中梁的剪力图和弯矩图，并表示出所有关键的剪力值和弯矩值，以及所有重要的尺寸。

提示　在习题 4.3 中已经画出了这些梁的剪力图。

4.5 梁弯矩的方向

简支梁弯曲时，假设其弯曲趋势如图 4.12（*a*）所示，本例中梁上部的纤维受压，对于这种情况，认为弯矩为正值。另外一种描述弯矩为正值的说法是，假设梁弯曲时，弯曲曲线上凹，则认为弯矩为正值。当一个梁外伸至一个支撑之外时［见图 4.12（*b*）］，这部分梁的上部应力为拉应力，认为这种情况下的弯矩为负值。此时梁弯曲曲线下凹。画弯矩图时，应根据前面所述的方法，在图中表示出正弯矩值和负弯矩值。

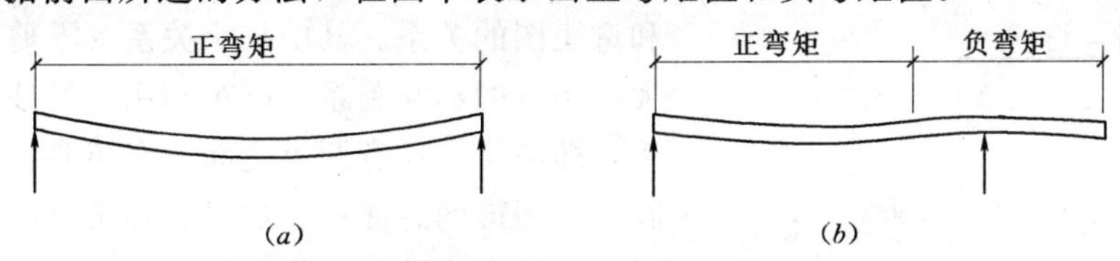

图 4.12　内部弯矩的符号，弯曲应力的习惯表示

【例题 4.6】　画出图 4.13 所示的外伸梁的剪力图和弯矩图。

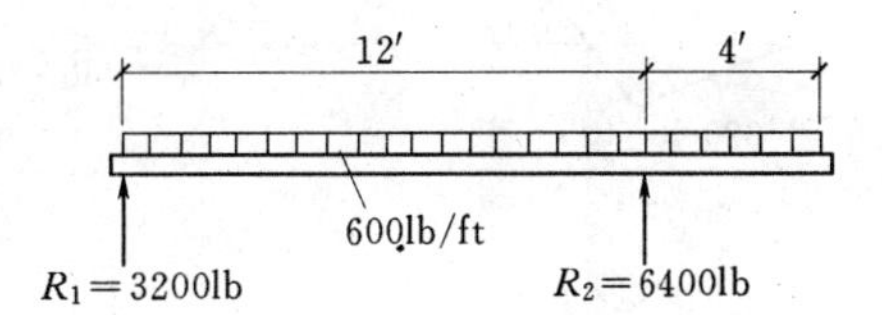

解：计算反力。

对 R_1 端取矩求和得 $R_2 \times 12 = 600 \times 16 \times 8$，$R_2 = 6400\text{lb}$

对 R_2 端取矩求和得 $R_1 \times 12 = 600 \times 16 \times 4$，$R_1 = 3200\text{lb}$

确定出剪力后，可以很容易地画出剪力图。对于零剪力值点，设它距左支撑的距离为 x，则

$$3200 - 600x = 0, x = 5.33\text{ft}$$

需要在弯矩图中标出的关键弯矩值如下：

$$M_{(x=5.33)} = +3200 \times 5.33 - 600 \times 5.33 \times \frac{5.33}{2} = 8533\text{lb} \cdot \text{ft}$$

$$M_{(x=12)} = 3200 \times 12 - 600 \times 12 \times 6 = -4800\text{lb} \cdot \text{ft}$$

分布荷载作用下的弯矩图是一条曲线（抛物线），这可以通过在图中标出一些其他的点来检验。

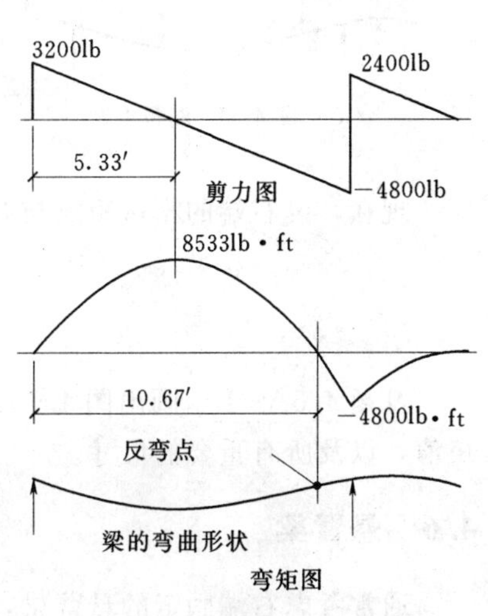

图 4.13　例题 4.6

本例中，剪力值两次通过零，则通过零的这两点

为其弯矩图的峰值点，一个为正，一个为负。由于正峰值点实际上就是抛物线的顶点，故零弯矩点与 R_1 端的距离为先前确定的 x 的值2倍。该点随梁的弹性曲线的曲率（挠曲形状）变化而变化，且该点被称为挠曲曲线的反弯点。也可以通过对反弯点（弯矩值为零）求矩并求和，列出方程来确定该点的位置。本例中，再设此点与 R_1 端的距离为 x，则

$$M=0=+3200\times x-600\times x\times\frac{x}{2}$$

解此二次方程，可得出 $x=10.67\text{ft}$

【例题4.7】 求图4.14所示外伸梁的最大弯矩。

解：计算反力：$R_1=3200\text{lb}$，$R_2=2800\text{lb}$。和以前一样，根据反力和荷载图，从左到右进行，可以画出剪力图。注意，剪力值通过零的点，位于4000lb荷载作用点以及两端支撑点处。照例，这些都是绘制弯矩图的线索。

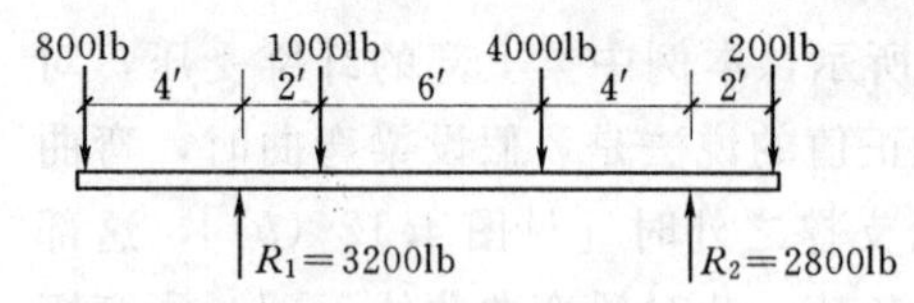

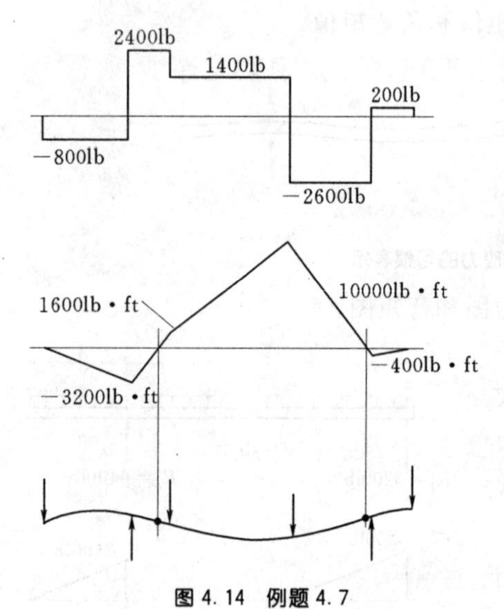

图4.14 例题4.7

按照通常的力矩叠加，可以计算出支撑点以及所有集中荷载作用处的弯矩值。注意，本例中有两个反弯点（弯矩值为零），由于该弯矩图是由几条分割直线组成，故可以通过列几个简单一次方程，求出这些点的位置。然而，也可以通过利用剪力图和弯矩图的关系。其中一个关系（零剪力值点和最大弯矩点的相互关系）已被利用。另外还有一个关系，即沿梁长任意两点之间的弯矩差就等于这两点间剪力图形的总面积。如果已知某点的弯矩值就可以很容易求出其他点的弯矩值。例如，由于梁左端的弯矩值为零，那么梁在左支撑处的弯矩值就等于剪力图中此两点组成的矩形的面积——其中矩形长为4ft、高为800lb，故面积为 $4\times800=3200\text{lb}\cdot\text{ft}$。

现在研究梁的零弯矩点（设其与左支撑点的距离为 x），则这两点弯矩差值为3200，且根据剪力图，面积表示为 $x\times2400$，则

$$2400x=3200$$

$$x=\frac{3200}{2400}=1.33\text{ft}$$

现在，设右端的零弯矩点与右支撑点距离为 x，则

$$2600x=400$$

$$x=\frac{400}{2600}=0.154\text{ft}$$

习题4.5A～D 画出图4.15中梁的剪力图和弯矩图，并标出所有关键的剪力值和弯矩值，以及所有重要的尺寸。

4.6 悬臂梁

通常考虑右端固定的悬臂梁，如图4.16所示，以便其剪力符号、弯矩符号与其他梁

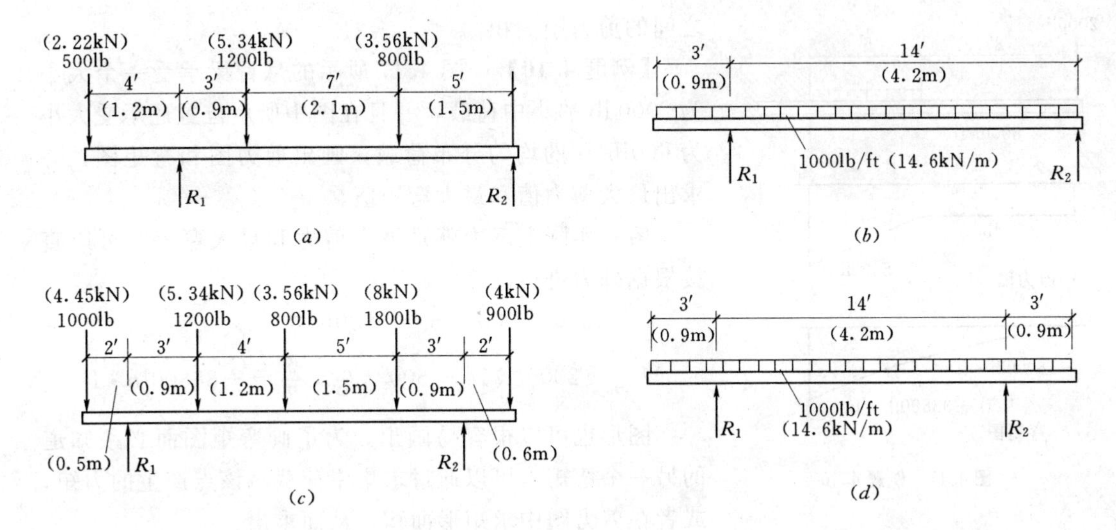

图 4.15 习题 4.5A~D

保持一致。接下来，和以前一样，从左端着手，画出悬臂梁的剪力图和弯矩图。

【例题 4.8】 图 4.16（*a*）悬臂梁伸出墙外 12ft，而且在其自由端作用一个大小为 800lb 的集中荷载。画出剪力图和弯矩图，并求出最大剪力值和最大弯矩值。

解： 沿梁全长，剪力值均为 −800lb，最大弯矩值在固定端（墙端），大小为 800 × 12 = −9600lb · ft，剪力图和弯矩图如图 4.16（*a*）所示。

注意： 悬臂梁中弯矩全为负值，这一点和其沿全长挠曲曲线下凹相一致，本例中反力为一个竖直向上的大小为 800lb 的力和一个顺时针的大小为 9600lb · ft 的弯矩的组合作用。不过，图中并没有标出反力。

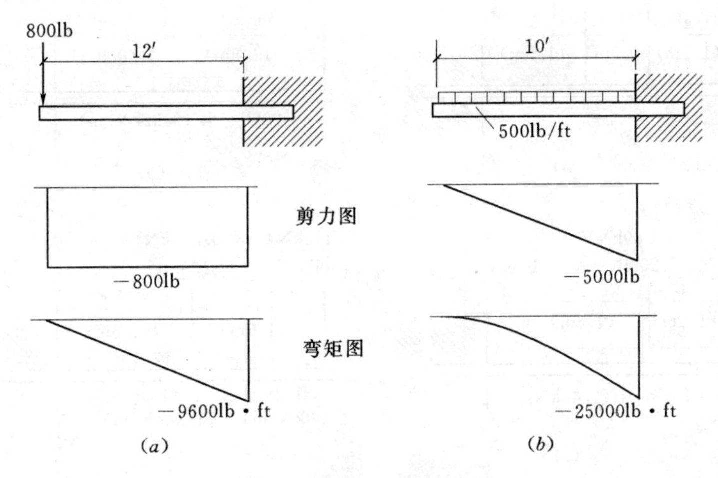

图 4.16 例题 4.8 和例题 4.9

【例题 4.9】 画出图 4.16（*b*）所示悬臂梁的剪力图和弯矩图，该梁沿全长承受大小为 500lb/ft 的均匀分布荷载。

解： 总荷载大小为 500 × 10 = 5000 lb。反力为一个竖直向上的力，大小为 500 lb，以及一个弯矩 $M = -500 \times 10 \times \frac{10}{2} = -25000\text{lb} \cdot \text{ft}$。注意，此弯矩值也等于自由端和支撑端

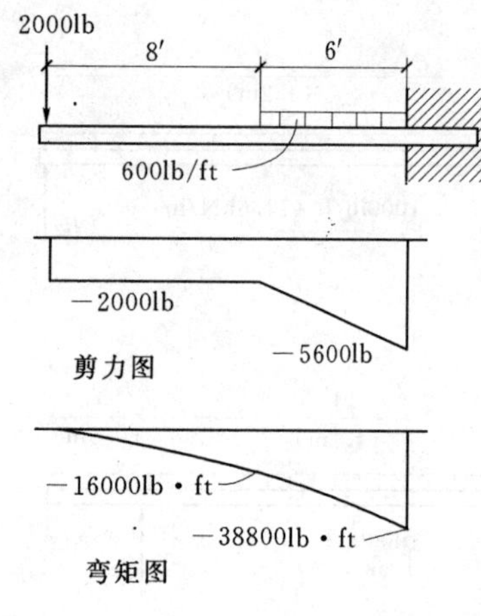

图4.17　例题4.10

之间的剪力图面积。

【例题4.10】　图4.17所示的悬臂梁承受一个大小为2000 lb的集中荷载，并且在图中所示位置还承受大小为600lb/ft的均匀分布荷载，画出剪力图和弯矩图，并求出最大剪力值和最大弯矩值。

解：实际上反力就是最大剪力和最大弯矩。可以直接根据外力进行计算：

$$V = 2000 + 600 \times 6 = 5600\text{lb}$$

$$M = -2000 \times 14 - 600 \times 6 \times \frac{6}{2} = -38800\text{lb} \cdot \text{ft}$$

图形也可以很容易画出。为了画弯矩图而必须知道的另一个弯矩，可以通过求集中荷载对该点产生的力矩，或者在剪力图中求矩形面积，从而求出：

$$M = 2000 \times 8 = 16000\text{lb} \cdot \text{ft}$$

注意：弯矩曲线从自由端起至分布荷载开始作用点为一直线，而从该分布荷载作用点至支撑点为一曲线。

建议大家可以把例题4.10的图形进行修改，将图4.17左右倒置。修改后，所有计算数值仍然保持不变，但是剪力图沿梁全长都为正值。

习题4.6A～D　画出图4.18中梁的剪力图和弯矩图，并标出所有关键的剪力值和弯矩值，以及所有重要的尺寸。

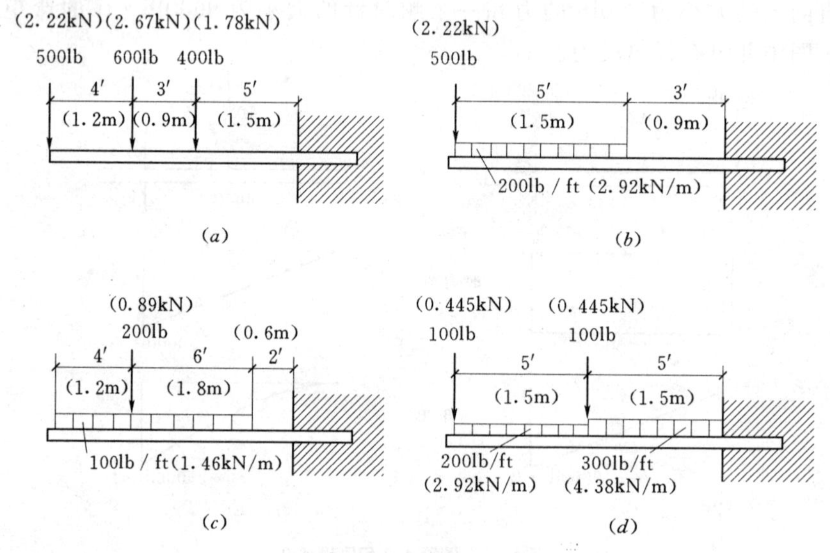

图4.18　习题4.6A～D

4.7　梁的性能列表

1. 弯矩公式

根据本章到现在为止所阐述的计算梁的反力、剪力、弯矩的方法，可以求出不同荷载条件下，设计所需要的一些关键的值。然而，经常出现这种情况：直接用给出的公式求最大值是很方便的。结构设计手册中有许多这样的公式，其中有两个公式运用最为广泛。我们将在下面的例子中推导出这两个公式。

2. 跨中受集中荷载作用的简支梁

实际情况中，简支梁经常在跨中承受集中荷载作用，称此荷载为 P，梁跨长为 L。如图 4.19（a）荷载图所示。对于这种对称荷载，梁的每个反力为 $P/2$，而且很明显在距 R_1 端 $L/2$ 处剪力为零，因此最大弯矩发生在跨中（集中荷载作用点），计算此截面上的弯矩值：

$$M=\frac{P}{2}\times\frac{L}{2}=\frac{PL}{4}$$

【例题 4.11】　一长度为 20ft 的简支梁，在跨中承受一个大小为 8000lb 的集中荷载作用，计算最大弯矩值。

解：由刚才推导的最大弯矩的计算公式 $M=PL/4$ 得

$$M=\frac{PL}{4}=\frac{8000\times 20}{4}=40000\text{lb}\cdot\text{ft}$$

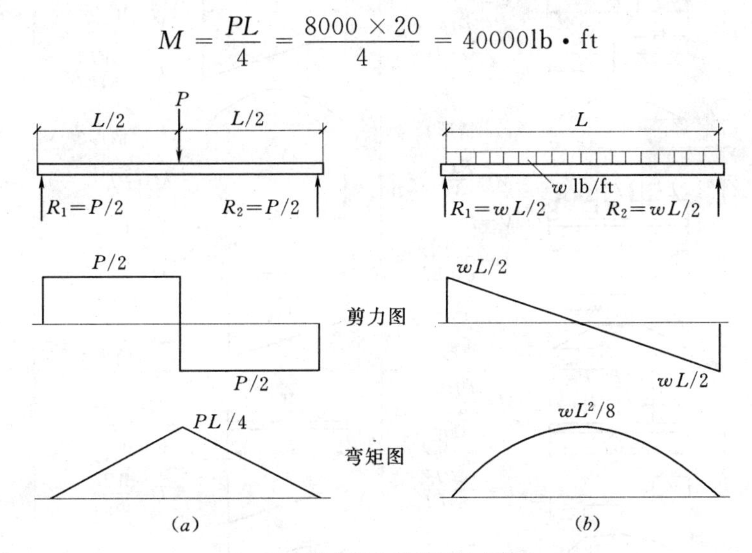

图 4.19　简支梁的荷载图和内力图

3. 受均匀分布荷载的简支梁

这种荷载可能是梁承受的最一般的荷载，它反复出现。对于任意一个梁，它的自重通常就是这种形式的荷载。我们称跨长为 L，单位荷载为 w，如图 4.19（b）所示。梁上承受的总荷载为 $W=wL$，因此，梁两端反力均为 $W/2$ 或 $wL/2$。最大弯矩发生在跨中（距 R_1 端 $L/2$ 处），求出这个截面的弯矩：

$$M=+\frac{wL}{2}\times\frac{L}{2}-w\times\frac{L}{2}\times\frac{L}{4}=\frac{wL^2}{8}\text{或}\frac{WL}{8}$$

注意：公式中单位荷载 w 和总荷载 W 的交替运用。在各种参考书中，都可以看到这两种形式，运用时，对这两个字母进行仔细的识别是很重要的。

【例题 4.12】　一个跨长为 14ft 的简支梁，承受大小为 800lb/ft 的均匀分布荷载，计算最大弯矩值。

解：由刚才推导的计算受均匀分布荷载的简支梁的最大弯矩的公式：$M=\frac{wL^2}{8}$，并

代入数值得

$$M=\frac{wL^2}{8}=\frac{800\times 14^2}{8}=19600\text{lb}\cdot\text{ft}$$

或者，采用总荷载 800×14=11200lb，则

$$M=WL/8=\frac{11200\times 14}{8}=19600\text{lb}\cdot\text{ft}$$

4. 梁的性能表的运用

图 4.20 给出了梁上常见的几种荷载形式，并且还给出了反力（R）公式、最大剪力（V）公式、最大弯矩（M）公式，以及挠度（D 或Δ）的计算公式。本章没有讨论挠度公式，这方面内容将在第 11 章阐述。

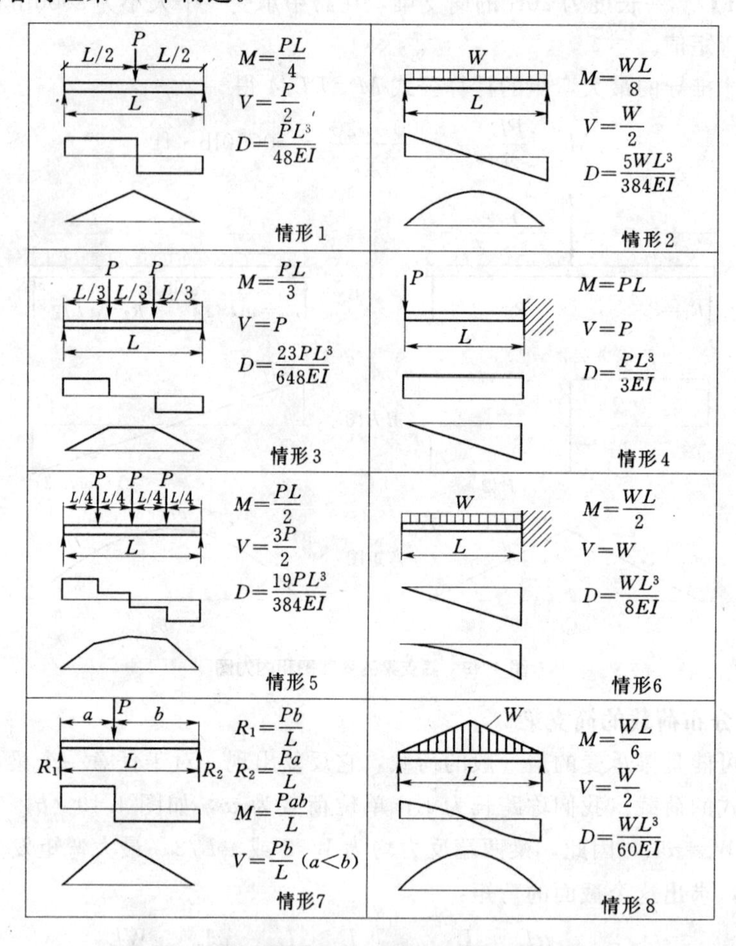

图 4.20 典型荷载作用下一般梁的各值及相应的图形

图 4.20 中，如果荷载 P 和 W 的单位采用 lb 或 kip，则垂直剪力单位也采用 lb 或 kip。当荷载单位采用 lb 或 kip，跨度单位采用 ft 时，弯矩 M 的单位将采用 lb·ft 或者 kip·ft。

习题 4.7A 一个简支梁，跨长为 24ft（7.32m），在梁上两个三分点处均作用大小为 4kip（17.8kN）的集中荷载，求梁中最大弯矩。

习题 4.7B 一个简支梁，跨长为 18ft（5.49m），在其上作用大小为 2.5kip/ft（36.5kN/m）的均布荷载，求梁中最大弯矩。

习题 4.7C 一个简支梁，跨长为 32ft（9.745m），距梁一端 12ft（3.66m）处作用一个大小为 12kip（53.4kN）的集中荷载，求梁中最大弯矩。

习题 4.7D 一个简支梁，跨长为 36ft（10.97m），其上作用分布荷载，且分布荷载在梁两端大小为零，在其跨中取最大值，大小为 1000lb/ft（14.59kN/m），如图 4.20 中情形 8 所示，求梁的最大弯矩值。

第5章

连续梁和约束梁

在古代，梁和竖向的柱组合连接，形成了早期的框架结构，这种结构一直到今天仍被采用；然而，在一些现代建筑中，一个新的变化是采用了连续杆件，构成多跨梁和多层柱(见图 5.1)。在这些结构形式中，梁在相邻跨上连续，而且有时由于柱的刚性连接，梁的端部被固定，本章将讨论连续梁和约束梁的一些基本内容。

5.1 连续梁的弯矩

本书没有对连续杆件的弯曲问题进行详细的讨论，但本节所阐述的内容可以作为这方面内容的入门知识。连续梁是指支撑数量多于两个的梁，它主要用于现浇混凝土结构中，而很少在木结构和钢结构中采用。

图 5.2 表示了连续梁的支承以及弯曲。图 5.2 (*a*) 表示一个简支梁有三个支撑，而且在其两个跨的跨中承受相同的荷载。如果沿中间支撑把该梁切开，如图 5.2 (*b*) 所示，则变成了两个简支梁，每个简支梁的弯曲如图所示。然而，当梁在中间支撑处连续时，它的弯曲形式如图 5.2 (*a*) 所示。

显然，图 5.2 (*b*) 所示梁的中间支撑处没有弯矩作用，而图 5.2 (*a*) 所示梁的中间支撑处必须有一个弯矩作用。两种情况下，各跨跨中的弯矩均为正值，也就是说，在这些位置处梁底部受拉，顶部受压。然而，在连续梁中，中间支撑处存在一个负弯矩作用，也就是，梁顶部受拉，底部受压。中间支撑处存在负弯矩的作用降低了各跨中的最大弯矩以及最大挠度，这也是连续梁最主要的优点。

只用静力平衡方程，无法求出连续梁的反力值和弯矩值。例如，图 5.2 (*a*) 所示梁中有三个未知反力，这三个力与荷载组成了一个平行力系。这种情况下只有两个平衡方程，也就是说只有两个独立可用的方程求解三个未知数，在代数中称为无确定解；在结构中，这种情况称为超静定。

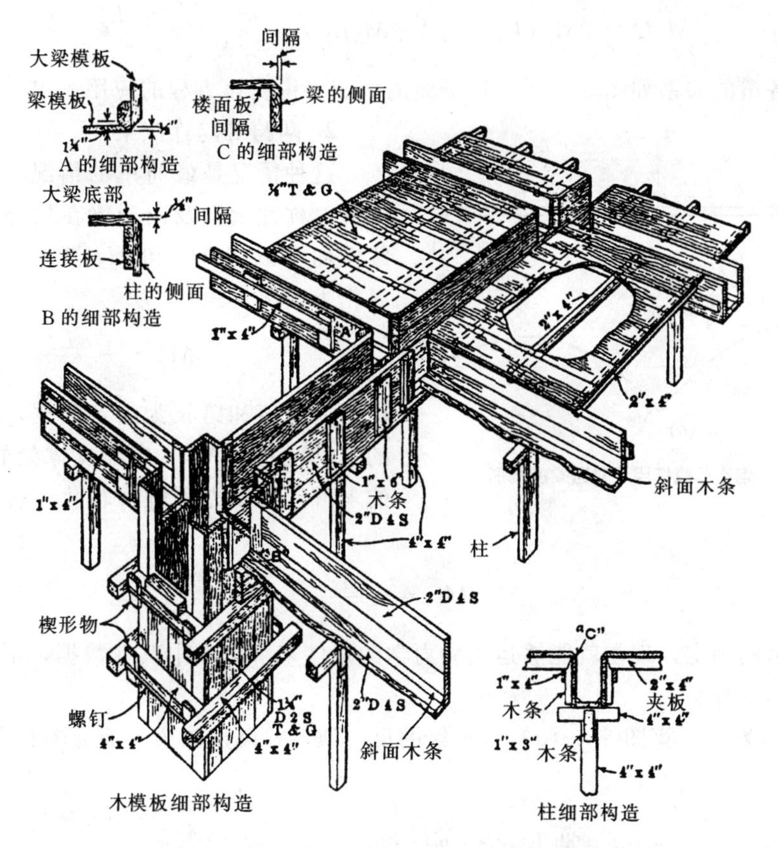

图 5.1 由混凝土柱支撑的现浇混凝土梁板结构组成的精加工木结构

摘自《建筑师和建造师手册》，作者 H. Parker，F. Kidder，1931；版权所有者：John Wiley&Sons，纽约。连续浇筑的混凝土使结构具有整体性，而不同于以往采用的钢结构和木结构，这就要求设计时对其结构性能进行更深入的研究

超静定结构的计算还需要其他条件来补充那些从简单静力学中得到的方程。这些补充条件可以从结构的变形和应力作用机制中推导出来。目前已经形成了多种研究超静定结构的方法，其中人们现在特别感兴趣的是计算机辅助计算的应用。通过简单适用的程序，可以研究出任何结构，无论它具有多少次超静定。

对于多次超静定结构来说，一个程序性的问题是在进行研究计算之前，必须确定出结构的超静定次数。这样做的目的就是通过一个简捷有用的方法，不用精密计算便可以对结果进行合理估计。

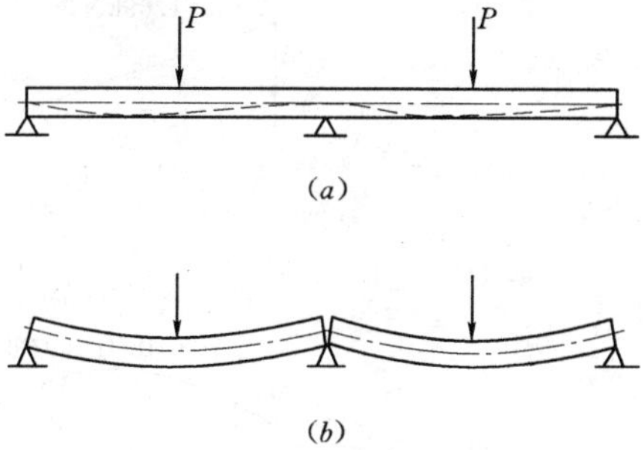

P P

(*a*)

(*b*)

图 5.2 双跨梁的变形形式

(*a*) 单根双跨梁；(*b*) 两根独立的梁

1. 三弯矩准则

连续梁中，求反力以及作剪力图、弯矩图的一个方法是基于三弯矩准则。该准则是根据连续梁中任意三个连续支撑处弯矩的关系，形成一个方程，称为三弯矩方程。对于一个承受均布荷载以及转动惯量为常数的两跨连续梁，其三弯矩方程为

$$M_1L_1 + 2M_2(L_1 + L_2) + M_3L_2 = -\frac{w_1L_1^3}{4} - \frac{w_2L_2^3}{4}$$

该式中各量的关系如图5.3所示，下面的例子将说明该方程的应用。

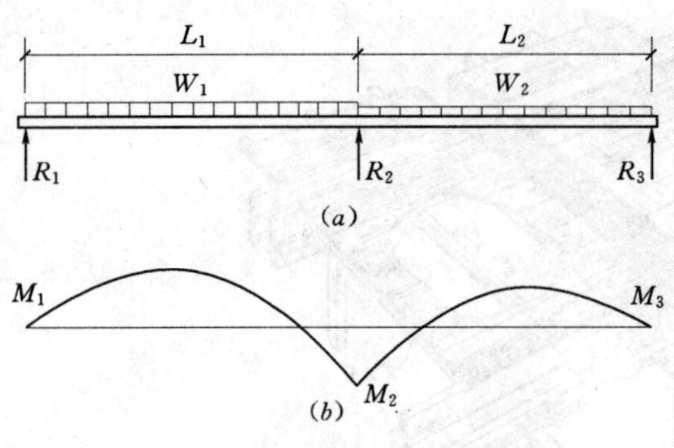

图5.3 均布荷载作用下双跨梁的图形

2. 两跨等跨连续梁

这种情况是最简单的情况。此时，由于梁的对称性，以及由于梁在最外端处的不连续性而可以将 M_1 和 M_2 消去，则该公式被简化为

$$4M_2 = -\frac{wL^3}{2}$$

由于荷载值和跨长为给定数据，这种情况下的求解就变成 M_2（中间支撑处的负弯矩值）的求解。对该方程进行转化，直接求出未知力矩，即

$$M_2 = -\frac{wL^2}{8}$$

随着该弯矩值的确定，现在就能够运用静力学的条件来解出梁中其他数据，下面的例子将阐述这个求解过程。

【例题5.1】 计算图5.4（*a*）所示梁的反力值，并画出该梁的剪力图和弯矩图。

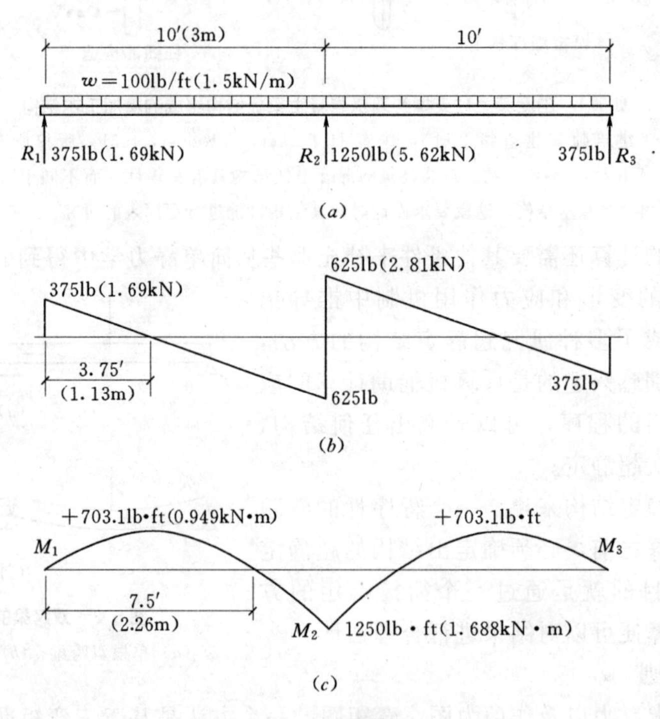

图5.4 例题5.1

解：只用静力学中平行力系的两个条件，是不可能直接求出三个未知反力的，然而，中间支撑处的弯矩方程提供了一个条件，如下所示：

$$M_2 = -\frac{wL^2}{8} = -\frac{100 \times 10^2}{8} = -1250\text{lb} \cdot \text{ft}$$

下一步，距左支撑右端 10ft 处的弯矩方程可以照例写出来，且弯矩大小等于现在已知的值 1250lb・ft，则

$$M_{(x=10)} = R_1 \times 10 - 100 \times 10 \times 5 = -1250\text{lb} \cdot \text{ft}$$

从中解得

$$10R_1 = 3750$$

$$R_1 = 375\text{lb}$$

根据对称性，R_3 的值亦为 375lb，那么 R_2 的值就可以通过竖向力的叠加求得，即

$$\sum F_v = 0 = 375 + 375 + R_2 - 100 \times 20$$

故

$$R_2 = 1250\text{lb}$$

现在已经有足够的数据画出全部剪力图，如图 5.4（b）所示，可以通过方程确定零剪力值的位置。假定其与左支撑的距离为 x，则

$$375 - 100 \times x = 0, x = 3.75\text{ft}$$

此位置处的弯矩为最大正弯矩，可以通过弯矩叠加或者求剪力图中梁端到剪力值通过零的点之间的区域面积来确定最大正弯矩值。

$$M = \frac{375 \times 3.75}{2} = 703.125\text{lb} \cdot \text{ft}$$

由于对称性，故零弯矩点距左支撑的距离为零剪力点到左支撑的距离的 2 倍。现在也有足够的数据画出弯矩图，如图 5.4（c）所示。

习题 5.1A、B　利用三弯矩方程，求出下表中梁的弯矩和反力，并画出剪力图和弯矩图。图中的梁均为等跨连续梁（两跨），且承受均匀分布荷载。

梁	跨长（ft）	荷载（1b/ft）
A	16	200
B	24	350

3. 非等跨连续梁

下面的例子将讨论稍微复杂些的非等跨梁的问题。

【例题 5.2】　画出图 5.5（a）所示梁的剪力图和弯矩图。

解：本例中，外端支撑上的弯矩值为零，所以我们只需要求解一个未知量。把数据代入到三弯矩方程中：

$$2M_2 \times (14 + 10) = -\frac{1000 \times 14^3}{4} - \frac{1000 \times 10^3}{4}$$

故

$$M_2 = -19500\text{lb} \cdot \text{ft}$$

在距左支撑右端 14ft 的点处，采用该点左侧的力，写出弯矩叠加方程：

$$14R_1 - 1000 \times 14 \times 7 = -19500$$

故

$$R_1 = 5607\text{lb}$$

在距右支撑左端 10ft 的点处，采用该点右侧的力，写出弯矩叠加方程：

$$10R_3 - 1000 \times 10 \times 5 = -19500$$

故

$$R_3 = 3050\text{lb}$$

根据竖向力的叠加，可以求出 $R_2 = 15343\text{lb}$，由于三个反力已确定，故各截面剪力值可以确定，从而可以画出剪力图。如练习 1 所述，可以求出零剪力点、零弯矩点和两跨中

的正弯矩值，剪力图和弯矩图如图 5.5 (*b*)、(*c*) 所示。

梁	第一跨 (ft)	第二跨 (ft)	荷载 (1b/ft)
C	12	16	2000
D	16	20	1200

习题 5.1C、D 求出下列所示承受均布荷载不等跨梁的反力，并画出整个梁的剪力图和弯矩图。

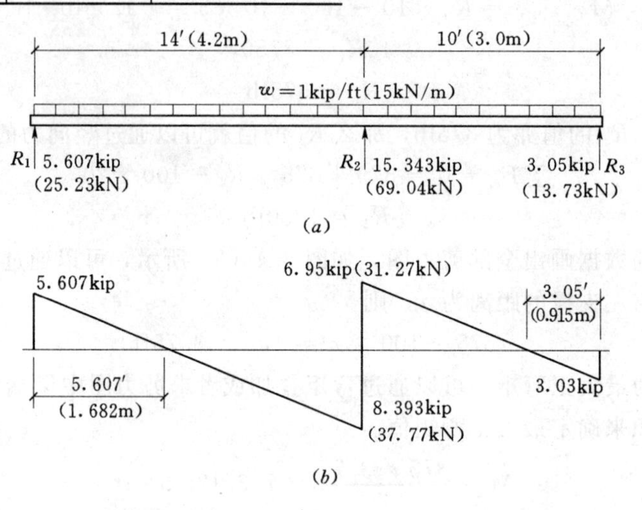

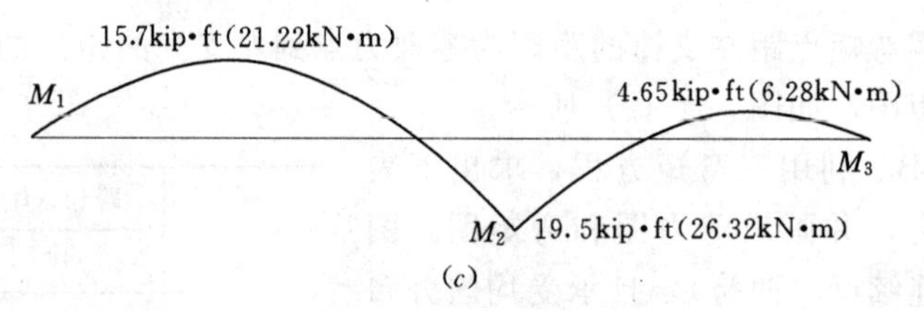

图 5.5 例题 5.2

4. 承受集中荷载的连续梁

前面例子中，荷载为均匀分布，图 5.6 (*a*) 表示一个两跨梁，在其每跨内承受一个集中荷载。设梁弯矩图如图 5.6 (*b*) 所示，对于这种情况三弯矩方程为

$$M_1L_1 + 2M_2(L_1+L_2) + M_3L_2$$
$$= -P_1L_1^2[n_1(1-n_1)(1+n_1)]$$
$$-P_2L_2^2[n_2(1-n_2)(2-n_2)]$$

其中各量关系如图 5.6 所示。

图 5.6 集中荷载作用下双跨梁的图形

【例题 5.3】 计算图 5.7 (*a*) 所示梁的反力，并画出该梁的剪力图和弯矩图。

解：本例中，注意到 $L_1=L_2$，$P_1=P_2$，$M_1=M_2=0$ 且 $n_1=n_2=0.5$，把这些数据代入到方程中，得

$$2M_2(20+20) = -4000\times20^2\times(0.5\times0.5\times1.5) - 4000\times20^2\times(0.5\times0.5\times1.5)$$

从中解得

$$M_2 = 15000\text{lb}\cdot\text{ft}$$

如同前面的例子，可利用中间支撑处的弯矩值，求出两端反力，且反力大小为 1250lb。接着对竖向力进行叠加，可以确定 $R_2=5500$lb，这些数据足够画出剪力图。注意：零剪力点在图中一目了然。

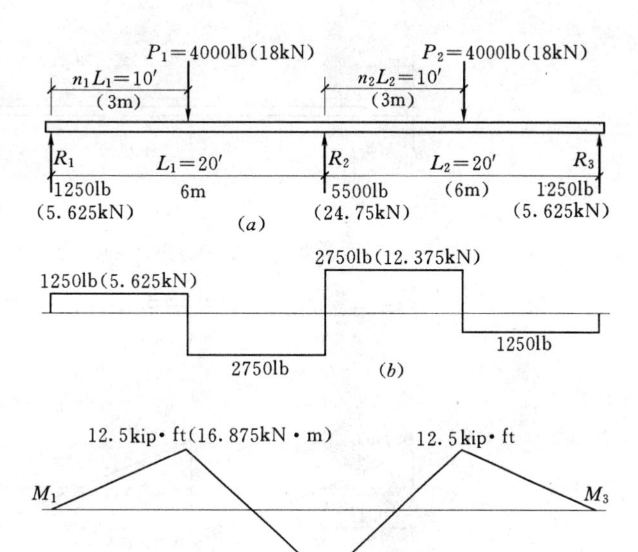

图 5.7 例题 5.3

通过弯矩叠加，或者求剪力图中矩形面积，都可以确定最大正弯矩值。由于弯矩图是由直线组成，故可以通过简单的比例计算，确定零弯矩点的位置。

习题 5.1E、F 求下图中各梁的反力，并且画出整个梁的剪力图和弯矩图。图中各梁均为等跨连续梁（两跨），且在各跨跨中承受集中荷载作用。

梁	跨长（ft）	荷载（kip）
E	24	3.0
F	32	2.4

5. 三跨连续梁

下面的例子说明在连续梁研究中，最关键的计算是求支撑处负弯矩的值。在两跨梁中采用了三弯矩方程来确定此值，但是这种方法可能还适合于多跨梁中任意的两个相邻跨。例如，在图 5.8（*a*）所示的三跨梁中应用此方程时，首先在左跨和中间跨上应用，接着在中间跨和右跨上应用。这就会产生两个方程且包含两个未知量：两个内支撑处的负弯矩值。在这个例子中，由于梁的对称性，可以简化计算过程，但是此方法是一个普遍适用的方法，它适用于任意跨和荷载任意布置情况。

和简支梁、悬臂梁一样，可以研究跨度和荷载布置的一般情况下梁中各值的计算公式，从而在接下来的更为简单的研究过程中应用。因此，图 5.8 梁中所示的反力值、剪力值，以及弯矩值可以被应用于这种形式的任何支撑和荷载条件下。各种参考书中都有这种一般情况下的列表值。

【例题 5.4】 一个三跨连续梁，各跨跨长均为 20ft（6m），而且沿梁的全长承受大小为 800lb/ft（12kN/m）的均匀分布荷载。计算最大弯矩值和最大剪力值。

解：参照图 5.8（*d*），最大正弯矩（$0.08wL^2$）发生在每端跨的跨中附近，最大负弯矩（$0.10wL^2$）发生在每个内支撑处。取较大的值，则梁中最大弯矩为

$$M=-0.10wL^2=-0.10\times800\times20\times20=-32000\text{lb}\cdot\text{ft}(43.2\text{kN}\cdot\text{m})$$

图 5.8（*c*）表示最大剪力值发生在第一个内支撑处，则

$$V=0.6wL=0.6\times800\times20=9600\text{lb}(43.2\text{kN})$$

如果手头资料证明这些图以及图上数值是正确的，采用这种方法，就能够求出反力值，并画出整个梁的剪力图和弯矩图。

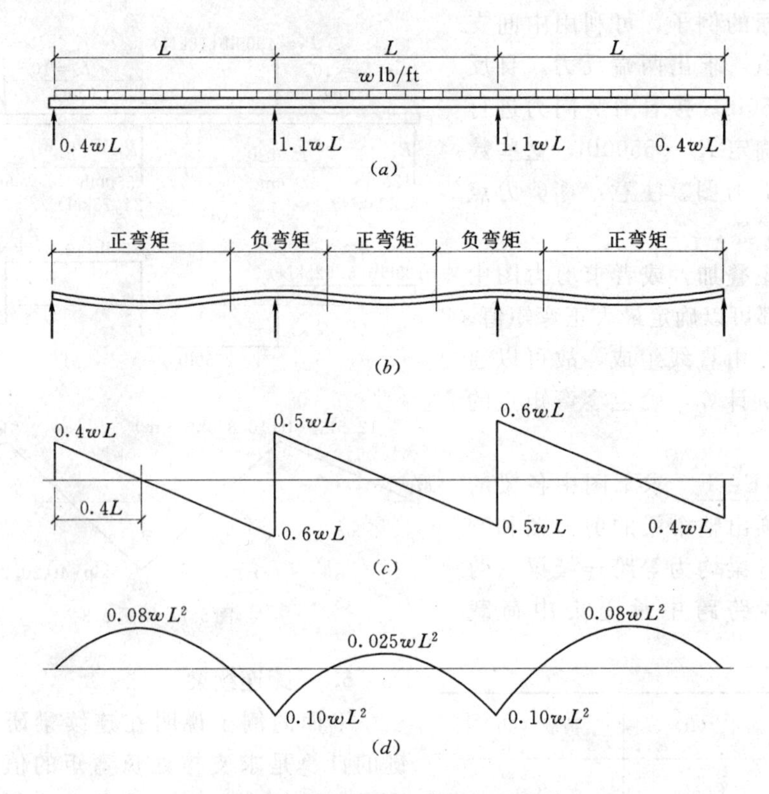

图 5.8 均布荷载作用下三跨梁的图形和数值

梁	跨长（ft）	荷载（lb/ft）
G	24	1000
H	32	1600

习题 5.1G、H 求出下图中各梁的反力，并画出整个梁的剪力图和弯矩图。图中各梁均为三等跨、连续且承受均布荷载。

5.2 约束梁

前面讨论的简支梁，是指梁的两端各布置一个支撑，而且支撑处不能约束弯矩，端部为简单支撑。简支梁受向下荷载作用时，它的弯曲趋势如图 5.9（*a*）所示。图 5.9（*b*）表示一个梁，它的左端被约束或者被固定，这意味着该梁左端的自由转动受到约束。图 5.9（*c*）表示一个梁，它的两端都被约束。其每端约束产生的作用与连续梁内支撑产生的作用类似：在梁中产生负弯矩。因此，图 5.9（*b*）所示的梁中存在一个反弯点，这表示在梁的跨长内弯矩符号发生改变。该跨内的反应与两跨梁中任一跨内的反应相类似。

两端固定的梁中存在两个反弯点，在梁端附近弯矩变为负值。虽然这种梁内的数值稍微有点不同，但其总体弯曲形状与三跨梁内的中间跨的弯曲形状相类似（见图 5.8）。

尽管图 5.9（*b*）、（*c*）中的梁都只有一跨，但它们都是超静定结构。对一端固定梁的研究，主要是计算三个未知力：两个反力和固定端的约束弯矩；对于图 5.9（*c*）所示的梁，存在四个未知量。然而，我们只需要几个一般的例子，就可以推导出大多数的情况，而且还可以很容易地从参考书中得到这些一般例子的列表公式。图 5.10 给出了一端固定或两端固定的梁在承受均布荷载或者只在跨中承受集中荷载时梁的内力值。其他荷载作用下，梁的内力值也可以从有关的参考书中获得。

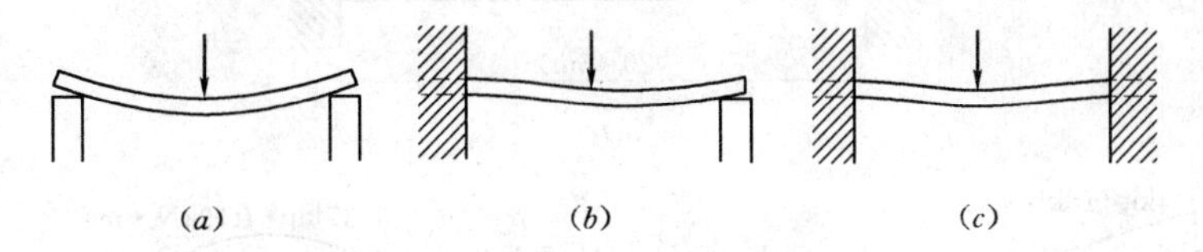

图 5.9 单跨梁的变形形式

(*a*) 简支梁；(*b*) 一端固定梁；(*c*) 两端固定梁

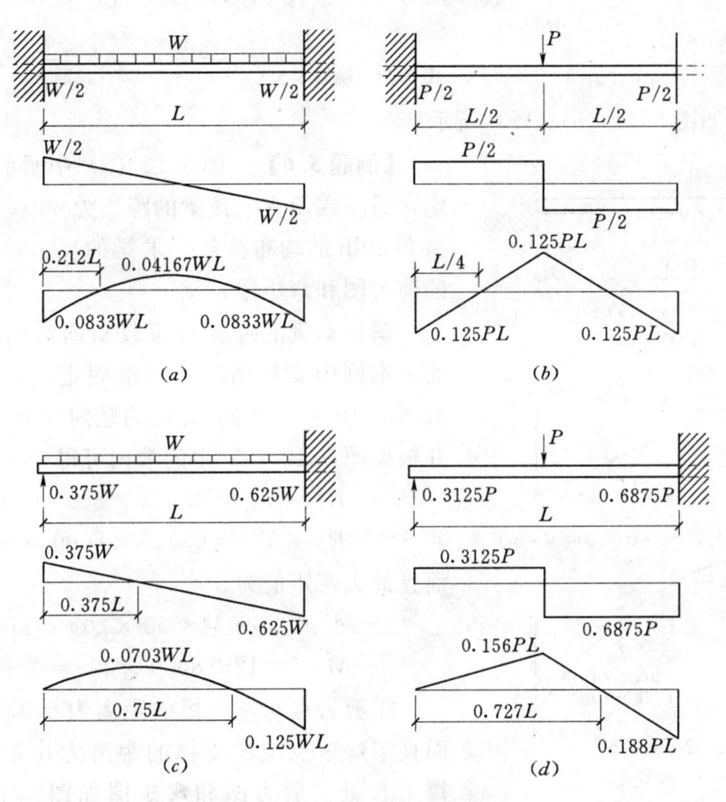

图 5.10 单跨固定梁的图形和数值

【例题 5.5】 图 5.11 (*a*) 表示了一个两端固定、跨长为 20ft 的梁，其上作用总荷载为 8kip 的均布荷载，求梁的反力，并画出整个梁的剪力图和弯矩图。

解： 尽管该梁为两次超静定（四个未知数，只有两个静力平衡方程），但由于其对称性，使得一些计算数据一目了然。即可以看出梁的两个竖向反力（也等于梁端附近的剪力值）相等，都等于总荷载的一半（4000lb）。对称性还表明了零剪力点所在的位置，也就是最大正弯矩点所在的位置，该点位于跨中。而且两端弯矩虽然还没确定，但知道它们相等，也就是只需要确定一个未知量。

从图 5.10 (*a*) 中知：每端负弯矩大小为 $0.0833WL$（实际上为 $WL/12$）$=(8000\times 20)/12=13333$lb · ft。最大正弯矩大小为 $0.04167WL$（实际上为 $WL/24$）$=(8000\times 20)/24=6667$lb · ft。零弯矩点位于距梁端 $0.212L=0.212\times 20=4.24$ft 处。整个梁的剪

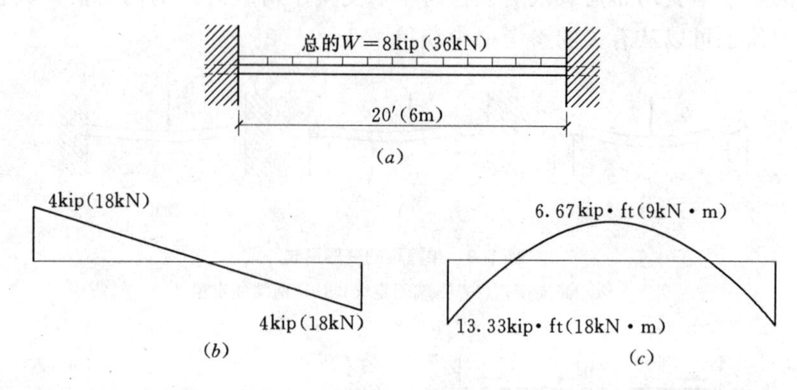

图5.11 例题5.5

力图和弯矩图如图5.11（b）、（c）所示。

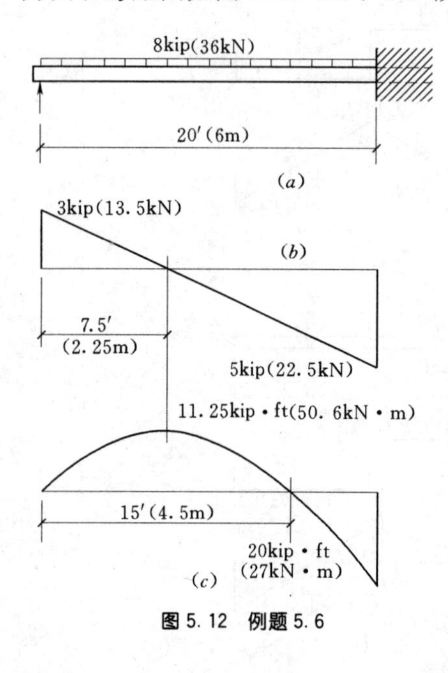

图5.12 例题5.6

【例题5.6】 图5.12（a）中所示的梁，一端固定，另一端简支。该梁的跨长为20ft，且承受总荷载为8000lb的均布荷载，求梁的反力，并画出整个梁的剪力图和弯矩图。

解： 本例的跨度与荷载和前面的例子相同，然而，本例中支撑情况为一端固定，一端简支［情况与图5.10（c）相同］。梁的竖向反力等于梁端剪力，并根据图5.10（c）中的数据可得

$$R_1 = V_1 = 0.375 \times 8000 = 3000\text{lb}$$

$$R_2 = V_2 = 0.625 \times 8000 = 5000\text{lb}$$

而且最大弯矩值为

$$+M = 0.0703(8000 \times 20) = 11248\text{lb} \cdot \text{ft}$$

$$-M = 0.125(8000 \times 20) = 20000\text{lb} \cdot \text{ft}$$

零剪力点与左支撑的距离为0.375×20=7.5ft，而且零弯矩点与左支撑的距离为其2倍，即距左支撑15ft处。剪力图和弯矩图如图5.12（b）、（c）所示。

习题5.2A 一个两端固定，跨长为22ft（6.71m）的梁，在跨中承受一个大小为16kip（71.2kN）的集中荷载，求梁的反力，并画出整个梁剪力图和弯矩图。

习题5.2B 一个一端固定，另一端简支的梁，跨长为16ft（4.88m），并在其跨中作用一个大小为9600lb（42.7kN）的集中荷载，求竖向反力值，并画出整个梁的剪力图和弯矩图。

5.3 内部铰接的梁

在许多结构中，支撑或者结构内部条件的变化会改变结构的性能，可能会消去一些作用力的分量。目前在大多数结构中，支撑为固定支撑还是铰支撑（无转动约束）已经成为一种条件。我们现在考虑一些会改变结构性能的结构内部条件。

1. 内部铰

在结构内部，杆件可以通过多种方式连接。如果一个结构节点为铰结点，则认为它只能传递剪力、拉力或压力。这种节点一般用在木结构和钢框架结构中。有时，人们故意采用铰结点来消除在该节点中传递弯矩的可能性。下面的例子就是这样一种情况。

2. 内部铰接的连续梁

图 5.13（*a*）所示的最典型的连续梁是超静定结构，这种情况下反力的数目（三个）超过平行力系的平衡条件（两个）。这种连续梁的弯曲形状以及弯矩变化如图 5.13（*a*）所示。如果梁在中间支撑处不连续，如图 5.13（*b*）所示，这两个跨各自独自呈现出简支梁性质，其弯曲形状以及弯矩变化如图所示。

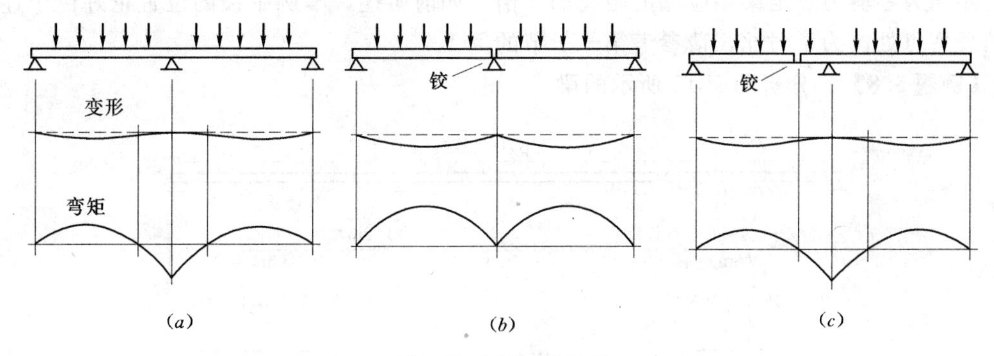

图 5.13 双跨梁的性质

（*a*）连续梁；（*b*）各跨独立的梁；（*c*）某跨内有内部铰的梁

如果一个多跨梁在支撑外的一些点处不连续，它的性质却可能类似于一个真正的连续梁。对于图 5.13（*c*）所示的梁，其内部铰位于反弯点处。由于反弯点表示该点弯矩为零，因此，该铰实际上并不改变结构的连续性质。故图 5.13（*c*）所示梁的弯曲形状和弯矩变化与图 5.13（*a*）所示梁相同。当然，这种情况仅发生在铰结点位于反弯点处。

下面的第一个例子中，故意在连续梁的反弯点处设置内部铰；第二个例子中，铰被设置在距支撑很近处，而不是反弯点处。这种变化导致外跨内正弯矩略微增加，而支撑处负弯矩减小。因此，正负最大弯矩值就越为接近。如果希望沿全长采用单一尺寸的梁，那么例题 5.8 中的变化就说明了设计时较小杆件的选择问题。

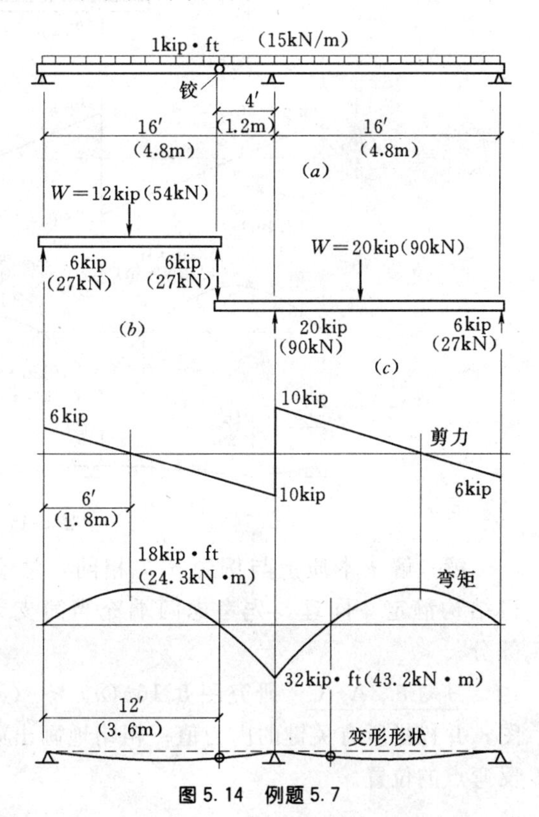

图 5.14 例题 5.7

【例题 5.7】 分析图 5.14（*a*）所示的梁，求出反力，画出剪力图和弯矩图，并粗略地画出弯曲形状图。

解：由于内部铰的存在，从左端点起12ft跨长的梁成为简支梁。因此，它的两个反力相等，都等于总荷载的一半。它的剪力图、弯矩图和弯曲形状图，就是一个承受均布荷载的简支梁所对应的图（见图4.20中的情形2），如图5.14（*b*）、（*c*）所示。该简支梁右端（距左端12ft处）的反力变成作用在剩下的梁的左端，大小为6kip的集中荷载，并把这个梁［见图5.14（*c*）］作为在其悬臂端作用集中荷载且均布荷载总量为20kip的一端外伸的梁进行研究。（注意：图中用一个作用力表示总均布荷载的合力。）梁的第二部分是静定的，可以通过静力学方程确定出它的反力。

已知反力以后，就可以完成剪力图的绘制。注意跨中零剪力点与最大正弯矩点的关系。本例中这种荷载情况下，正弯矩曲线对称，因此，存在两个零弯矩点，且其到梁相应端的距离为零剪力点至梁相应端的距离的2倍。如前所述，本例中铰的位置正好位于连续梁的反弯点处。为了对比，请参考第5.1节的例1。

【例题5.8】 分析图5.15所示的梁。

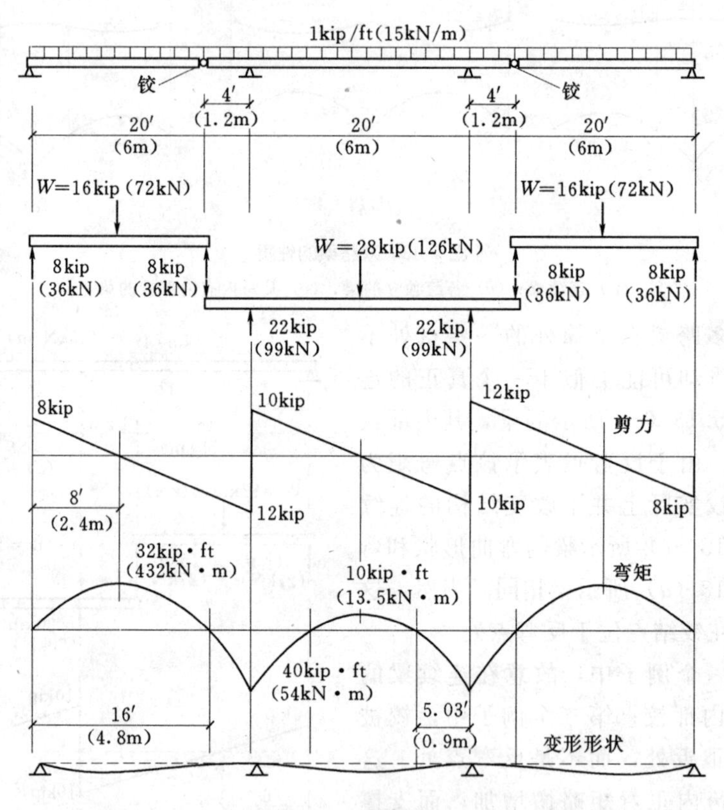

图5.15 例题5.8

解：解法本质上与例题5.7相同，注意此梁具有四个支撑，需要两个内部铰来使得结构静定。同理，先考虑两端充当简支梁的部分，然后考虑中间充当两端外伸梁的部分。

<u>习题5.3A～C</u> 研究图5.16（*a*）～（*c*）所示的梁，求出反力；画出剪力图和弯矩图，并标出所有关键的内力值；粗略地画出梁的弯曲形状图，以及确定出和内部铰无关的反弯点的位置。

第6章

挡土墙

严格地说，任何一个承受有效侧向土压力的墙都是挡土墙。按照这种定义，地下室外墙也是挡土墙。但是挡土墙一般用于建筑外部的场地结构中（见图6.1）。对于这种场地挡土墙，一个最主要的考虑就是墙两侧地面的高差。这种高差越大，施加在墙上的侧向土压力就越大，并会使墙产生向较矮一侧土体倒塌的趋势。本章讨论如图6.1中左图所示的悬

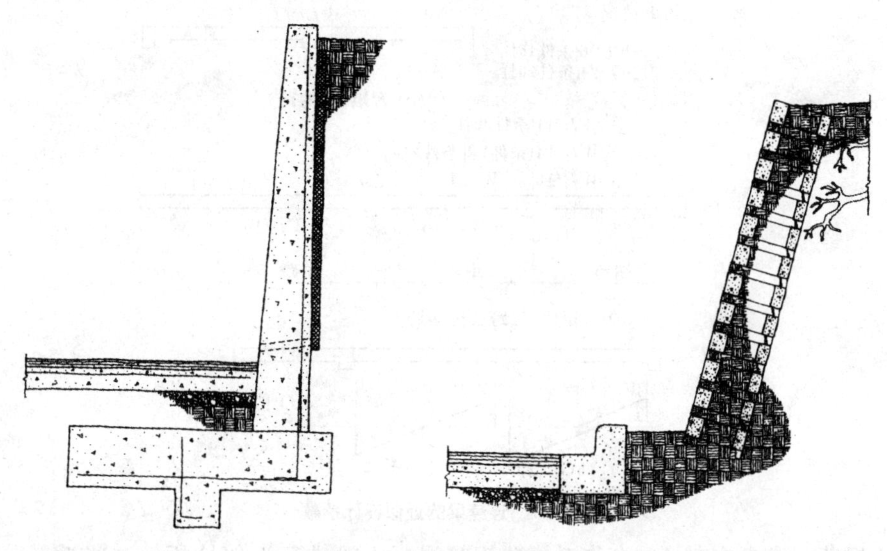

图6.1　挡土墙的应用

过去人们已采用了各种方法解决地表高度的急剧变化问题，这里所示的是目前常用的两种形式，其取决于各种各样的要求。下图所示的半开放联锁单元允许墙后土体有简单的排水区，使空气进入墙后植物的根部，但一般解决高度急剧变化的方法是采用钢筋混凝土悬臂结构或砌体悬臂结构，如左图所示

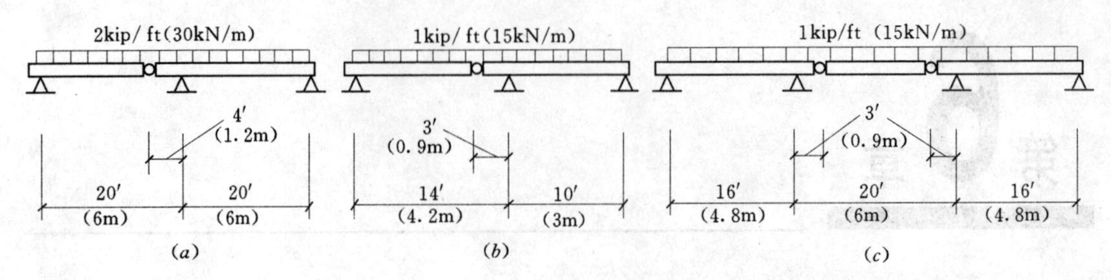

图 5.16 习题 5.3A~C

提示 习题 5.3B 中跨和荷载形式与第 5.1 节例题 5.2 相同。

5.4 连续梁的近似分析

在一些情况下，为了实现设计目的，只需要对连续梁进行近似分析。这种做法可能对于有些实际结构是足够的，也可能只是一个多阶段设计过程中的第一步。在对结构进行确切分析之前，通过近似分析可以先确定出结构的一些性质。

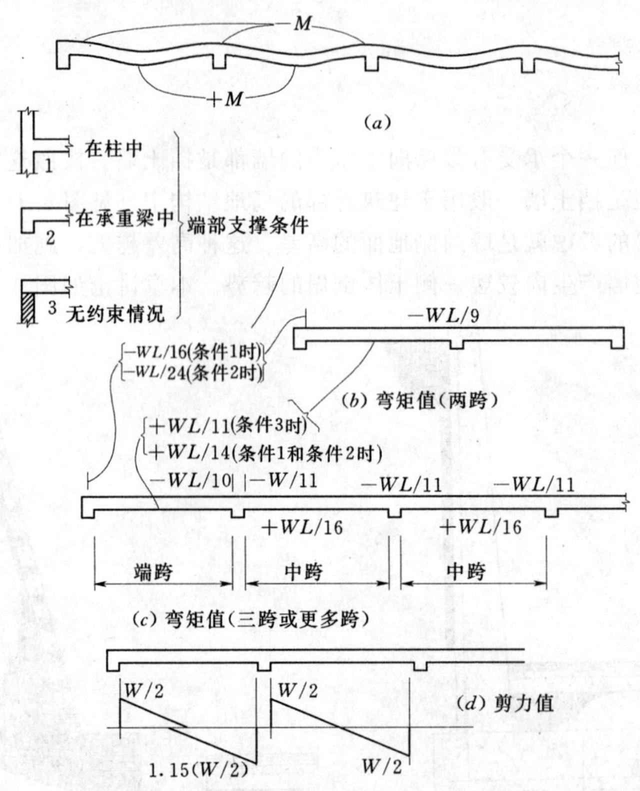

图 5.17 连续梁的近似设计系数

ACI 规范（参考文献 4）允许对一些钢筋混凝土梁进行近似分析。这些近似分析方法的使用受到一些条件的限制，包括只承受均布荷载；恒载相对于活载较高；以及梁跨长近似相等。图 5.17 总结了这些限制因素，此时采用这种近似方法可以得到设计弯矩和设计剪力，图中所给的值可以与图 4.20、图 5.8 和图 5.10 中各种荷载、跨度、支撑条件情况下的计算值相比较。

臂挡土墙的一些结构性能。对于这种结构，最主要的三个考虑是：抗滑移稳定性、抗倾覆稳定性，以及在基础底部形成的最大土压力。这里我们将讨论后面两个影响。

6.1 水平土压力

水平土压力有主动和被动之分。被动土压力是指土体抵抗施加在其上的推压作用而产生的力。例如，作用在建筑地下结构侧面上的被动土压力，一般就是抵抗作用在建筑上的全部风压的力。

主动土压力是指土体作用在一些约束结构（例如地下室外墙或挡土墙）上的力。这里将讨论这种形式的土压力。我们通过考虑如图 6.2（*a*）所示的土体垂直切开的情形，揭示主动土压力的本质。在大多数土壤中，这样一种切开形式不会维持很久。在多种力的作用下——主要是重力作用，土体会发生如图 6.2（*b*）所示的运动。

使土体发生这种运动的原因，主要是两个力的作用。第一个是由切面顶部的土向下作用的压力；第二个与上面土的向下的压力相对应，是切面底部的土向外的水平压力。实际土运动的最一般形式，就是土沿着图 6.2（*c*）所示的滑移曲面发生滑动，图中滑移面用虚线表示。

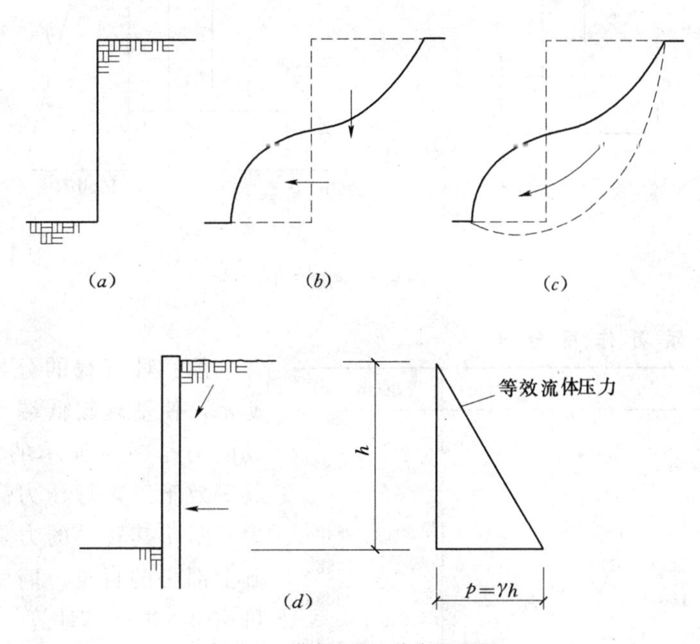

图 6.2 横向土压力的发展情况

（*a*）自由垂直切割；（*b*）垂直切面的一般破坏形式；（*c*）旋转滑动所引起的一般破坏形式；（*d*）支撑结构切割面处土的最终作用，以及按照等效流体方法假定的水平土压力的表示形式

如果在切割面处放置一个约束结构，那么使无约束土体发生滑动的力又会施加到约束结构上，如图 6.2（*d*）所示。这种作用最主要的部分就是水平压力；因此，一般设计时，假设土的作用等效于液体作用，即压力随高度变化而呈正比例变化，如同水池中的水对水池产生的压力。这种压力变化如图 6.2（*d*）所示，最大压力作用在墙的底部，且等于墙高度与一常数的乘积。对于无杂质的液体，此常数取液体的单位密度（单位重量）；对于

土壤，此常数取土重量的几分之一，一般取1/3。

6.2 挡土墙的稳定性

对挡土墙的稳定性，主要考虑两个方面：它的倾倒（滑动）和它沿土壤切面水平方向发生滑动。对挡土墙倾倒（通常称为倾覆），常用的研究方法是把作用在墙上所有的力对较矮一端的基础的底端点求矩并求和。下面的这个例子将阐述这一分析方法。

【例题6.1】 分析图6.3（*a*）所示的混凝土挡土墙关于其基础底端转动的安全性。采用下列数据计算：侧向土压力＝30psf（沿高度）；土的重量＝100pcf；混凝土重量＝150pcf。

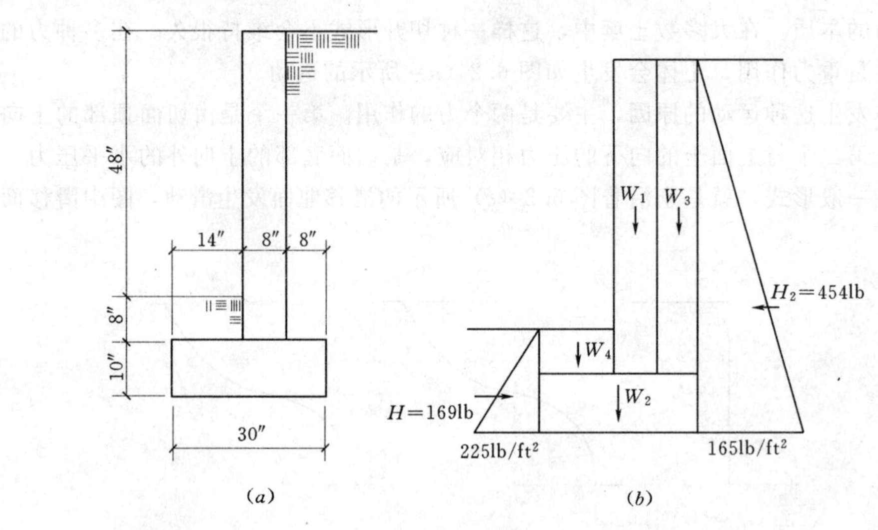

图6.3 例题6.1

表6.1 倾覆作用分析

力(lb)	力臂(in)	弯矩(lb·in)
倾覆		
$H=\frac{1}{2}\times 5.5\times 165=454$	22	$M_1=-9988$
抗倾覆		
$w_1=0.667\times 4.667\times 150=467$	18	8406
$w_2=(10/12)\times 2.5\times 150=312$	15	4680
$w_3=0.667\times 4.667\times 100=311$	26	8086
$w_4=(14/12)\times 0.667\times 100=78$	7	546
$\Sigma W=1168$		$M_2=+21718$

解： 对荷载的分析如图6.3（*b*）所示，使基础较低端（左端）产生转动的力是一个简单的水平方向的力，其等效于三角形压力高度1/3处的合力。阻止其转动的力是墙的自重和基础上部土的自重。墙后土的作用至少可用W_3来代替计算，W_3是基础上方土的重量。表6.1给出了各力以及它们的力矩的计算和叠加。

安全性用抵抗弯矩与倾覆弯矩的比值衡量，该计算值通常称为安全系数。本例中，抗倾覆安全系数为

$$SF=\text{抵抗弯矩}/\text{倾覆弯矩}=\frac{21700}{9988}=2.17$$

对设计者来说，需要判断这种安全性是否足够。多数情况下，建设法规给这种情况规定了一个最小安全系数1.5。本例中，此挡土墙足够安全。

习题 6.2A、B 研究图 6.4 所示的混凝土挡土墙关于倾覆的稳定性，采用例题 6.1 中的数据。

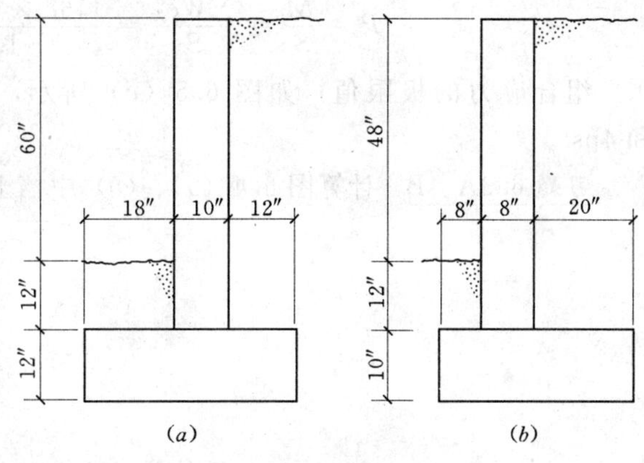

图 6.4 习题 6.2A、B

6.3 垂直土压力

悬臂挡土墙的稳定性部分取决于墙基础以下支撑土壤的阻力。如果是高压缩性土，基础沉降可能会很大。由于我们期望垂直沉降幅度较小一些，所以就得关注基础底部非均匀分布压力的影响。一个主要承受水平压力的挡土墙就是这种例子；因此，经常要对实际的垂直压力进行研究。

除非竖向荷载正好施加在基础中心，并且抵抗弯矩正好等于倾覆弯矩，否则有可能最终在基础底部存在弯矩。一般我们对由竖向力产生的垂直压力组合进行研究，并且把由对基础中心形成的弯矩产生的任意垂直压力加入其中。这种分析的一般形式将在第 13.2 节例 1 中阐述，下面的这个例子将采用这种方法。

【例题 6.2】 分析例题 6.1 中挡土墙（见图 6.3）在其基础底部的最大垂直土压力。

解： 基础底部的垂直土压力是由竖向荷载与关于基础中心的净弯矩组合形成的。真正的荷载情形是如图 6.5（a）表示的合力，作为图 6.3 所示竖向荷载和水平荷载的合力。该合力相对于基础底部的偏心距可以由竖向荷载的求和以及作用在底端的弯矩计算而得。表 6.1 给出了该计算所需要的数据，因此，求出偏心距 e_1 得

$$e_1 = \frac{M_2 - M_1}{\sum W} = \frac{21718 - 9988}{1168} = 10.04\text{in}$$

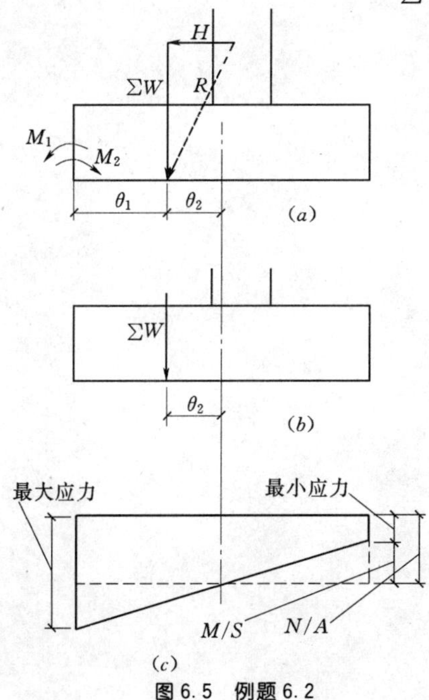

图 6.5 例题 6.2

参照图 6.5（a），由于已确定了 e_1 的值，e_2 表示的距离可以通过从基础宽度的一半尺寸中扣除 e_1 得到，即 $e_2 = 15 - 10.04 = 4.96\text{in}$。该偏心距同基础垂直土压力的组合应力分析有关。

首先，根据相对于基础中心的偏心距确定出该点，见第 13.2 节的讨论。本例中，偏心极限取基础宽度的 1/6，即 5in，因此，计算得到的偏心距在此范围内，考虑图 13.5 所示情形 1 的研究。这种分析如图 6.5（b）所示，而且应力的计算如图 6.5（c）所示。这两个分量计算如下：

（1）正压应力：

$$p = \frac{N}{A} = \frac{\sum W}{A} = \frac{1168}{1 \times 2.5} = 467\text{psf}$$

（2）弯曲应力：

$$S = \frac{bd^2}{6} = \frac{1 \times 2.5^2}{6} = 1.042\text{ft}^3$$

$$P = \frac{M}{S} = \frac{\sum We_2}{S} = \frac{1168 \times (4.96/12)}{1.042} = 463\text{psf}$$

组合应力的极限值，如图 6.5（*c*）所示，即最大应力和最小应力分别为 930psf 和 4psf。

习题 6.3A、B 计算图 6.4（*a*）、（*b*）中挡土墙的垂直土压力。

第7章

刚 性 框 架

若组成框架的两个或多个构件的端部都可以传递弯矩，则称这种框架为刚性框架。用于这种框架中的连接称为弯矩连接或抗弯连接。大部分刚性框架结构都是超静定的，不能仅采用静定平衡方程进行分析，刚性框架结构经常作为多层、多跨排架，构成多层房屋结构的组成部分（见图7.1)。这种框架，多数情况下被用作横向支撑构件，尽管它一旦作为抗弯结构，就会对所有荷载的作用产生反应。本章计算时所列举的例子都是一些静定的刚性框架，从而可以用本书介绍的方法进行研究。

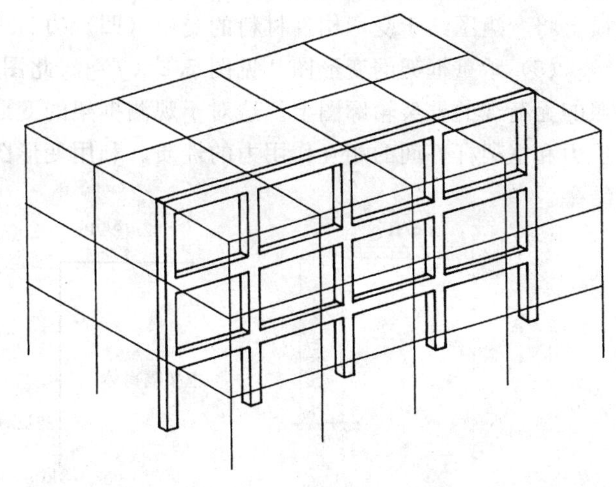

图 7.1 刚性结构

刚性框架的名称来自于杆件结点的性质——这种结点在各杆端发生转动时能够保持刚性。实际工程中的混凝土框架都被制作成这种性质的框架，钢框架则通过特殊的连接方法形成刚性结点。图中所示各排梁和柱组成的即为平面刚框架

7.1 悬臂框架

考虑图7.2（a）所示的框架，它由两根杆件组成，且杆件节点为刚性节点。竖向构件固定于基础，为框架稳定提供所必需的支撑条件；水平构件承受均布荷载，其作用相当于一个悬臂梁。由于该框架一端固定，故可称该框架为悬臂框架。图7.2（b）～（f）所示的五幅图是该框架性能分析的有用的五个部分，如下：

(1) 整个框架的隔离体示意图，表示了荷载和反力的作用［见图7.2（b)］。该图有助

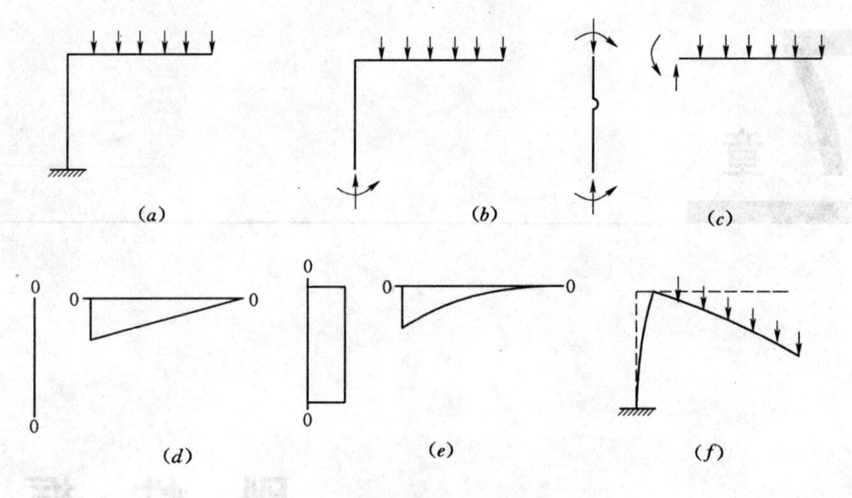

图 7.2 刚性框架的分析计算图

于分析反力的性质以及确定保证整个框架稳定所必需的条件。

(2) 单个杆件的隔离体示意图［见图 7.2 (c)］，这对于揭示框架杆件节点处的相互作用非常有用，也可用于框架内力计算。

(3) 单个杆件的剪力图［见图 7.2 (d)］，该图可用于观察，或者实际计算单个杆件的弯矩变化。除非与弯矩符号一致，否则符号没有特别规定。

(4) 单个杆件的弯矩图［见图 7.2 (e)］，该图非常有用，特别是计算框架变形时。习惯上将弯矩图绘于受弯构件材料的受压（凹）边。

(5) 承重框架的变形图［见图 7.2 (f)］。此图为框架放大的弯曲图，一般绘于相参照的无荷载的框架轮廓图上。这对于观测框架的变形性能非常有用，特别可以用于确定外反力和框架杆件间的相互作用力的性质。利用变形图与弯矩图间的相互关系可以检验计算结果。

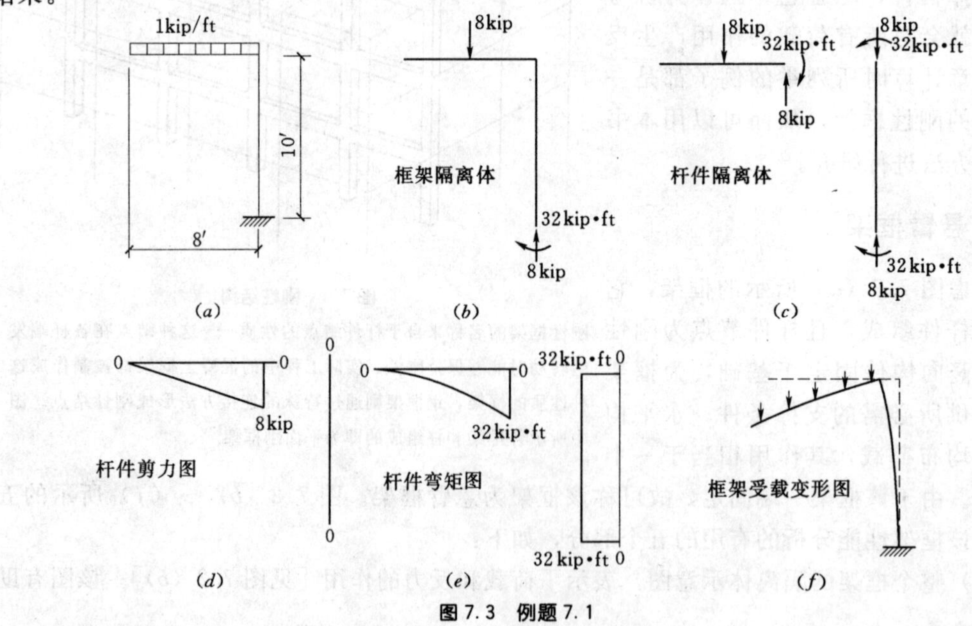

图 7.3 例题 7.1

通常分析计算时，不是按照上述顺序。实际上，一般建议大家先画出结构变形草图，利用它与其他因素的关系进行检验。下面的例子介绍了简单悬臂框架的分析过程。

【例题 7.1】 计算图 7.3（*a*）所示框架的反力，并画出其隔离体图、剪力图、弯矩图，以及框架变形图。

解：首先计算反力，考虑整个框架的隔离体图［见图 7.3（*b*）］，则

$$\sum F = 0 = +8 - R_v$$

故 $$R_v = 8\text{kip(向上)}$$

并且取支撑为力矩中心：

$$\sum M = 0 = M_R - 8 \times 4$$

故 $$M_R = 32\text{kip} \cdot \text{ft(顺时针)}$$

注意隔离体图中反力的方向和符号。

考虑单个杆件的隔离体图，它给出了杆件节点处传递的力和弯矩的作用。这些力的作用可以通过对框架任意一根杆件应用平衡条件求出。注意，在两根杆件上的力以及弯矩的方向是相反的，这表明一根杆件对另一根杆件的作用，与另一根杆件对它的作用是相反的。

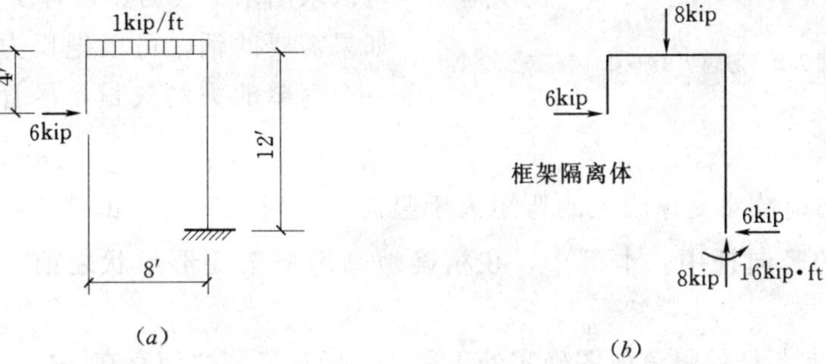

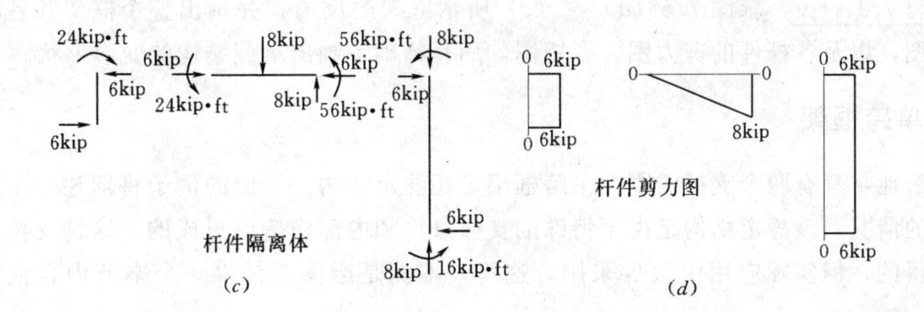

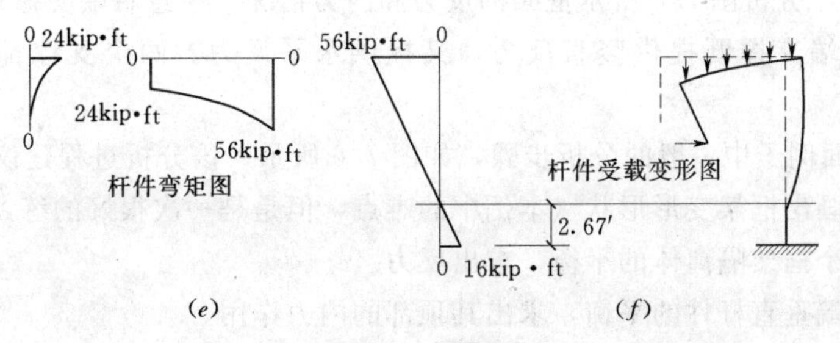

图 7.4 例题 7.2

本例中，竖直杆件内部无剪力。因此，该杆件内从顶端到底部无弯矩变化，该杆件的隔离体图、剪力图、弯矩图以及变形图都应该证实这个结论。水平杆件的剪力图和弯矩图与相对应的悬臂梁的图形相同。

根据这个例子，以及类似一些简单的框架，我们可以不需要依靠任何数学计算，就能揭示出变形图的本质。在研究分析中，应以此作为第一步，并且根据变形图的性质不断检验计算过程，这样做是明智的。

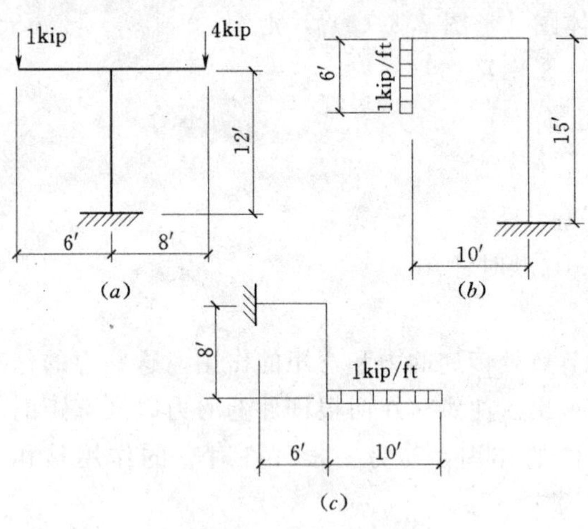

图7.5 习题7.1A~C

【例题7.2】 求图7.4（*a*）框架的反力，并画出剪力图、弯矩图，以及此框架的变形形状。

解：该框架中，由于荷载与反力构成一个一般平面力系，框架需要三个反力保持稳定。根据整个框架的隔离体图［见图7.4（*b*）］，利用平面力系的三个平衡条件可以求出水平反力、竖直反力，以及弯矩。如果需要的话，可以把反力的分量合成为一个简单的力的矢量，尽管在设计过程中很少有这种做法。

提示 由于水平荷载对支撑产生的弯矩大于竖向荷载对支撑产生的弯矩，故反弯点出现在较长的竖向杆中。本例中，在精确地画出框架变形形状之前，必须进行这些计算。

读者可以证实各杆件隔离体图确实处于平衡，而且各图之间存在一定的关系。

<u>习题7.1A~C</u> 求图7.5（*a*）～（*c*）所示框架的反力，并画出整个框架和各杆件的隔离体图，以及各杆件的剪力图、弯矩图，而且精确地画出承载结构的变形形状。

7.2 单跨框架

一般地，具有两个支撑的刚性单跨框架是超静定结构。下面的例子将阐述一个单跨静定结构的情况。该静定结构是由于特殊的支撑条件和内部构造而形成的。这种支撑条件是可以获得的，但实际应用中很少采用。这里，本例是给读者提供一个本节内容范围内的练习。

【例题7.3】 分析图7.6所示框架的反力和内力情况。注意右端支撑只提供一个竖直向上的力，而左端支撑既提供竖直反力，又提供水平反力。两个支撑都不提供弯矩抵抗力。

解：采用前面例子中一般的分析步骤，如图7.6所示。该分析过程建议如下：

（1）粗略地画出框架变形形状（本例中的难点，但是是一次很好的练习）。

（2）考虑整个框架隔离体的平衡，求出反力。

（3）考虑左端垂直杆件的平衡，求出其顶部的内力作用。

（4）接着分析水平杆件的平衡。

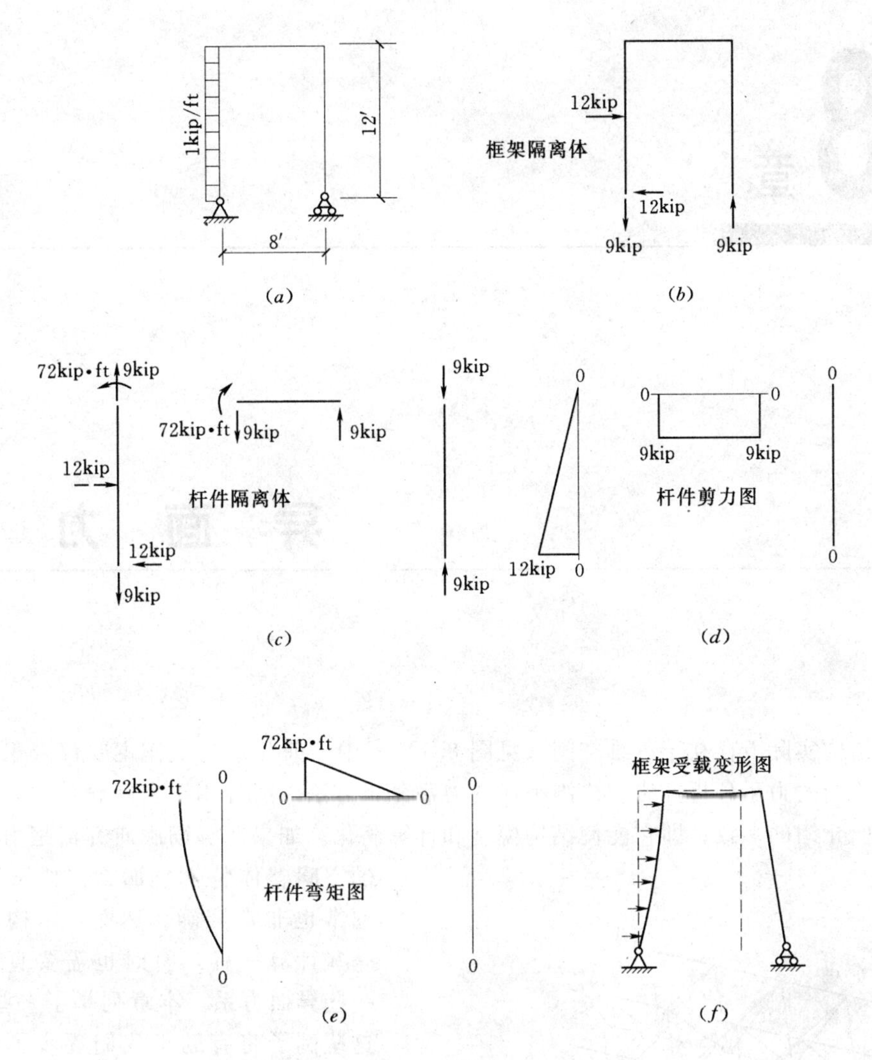

图 7.6 例题 7.3

(5) 最后考虑右端垂直杆件的平衡。

(6) 画出剪力图、弯矩图，并对所有的计算进行检查。

在做练习题之前，建议读者独自完成图 7.6 所示结果的推导。

习题 7.2A、B 分析图 7.7 (*a*)、(*b*) 所示框架，利用上例中采用的步骤，求框架的反力和内力情况。

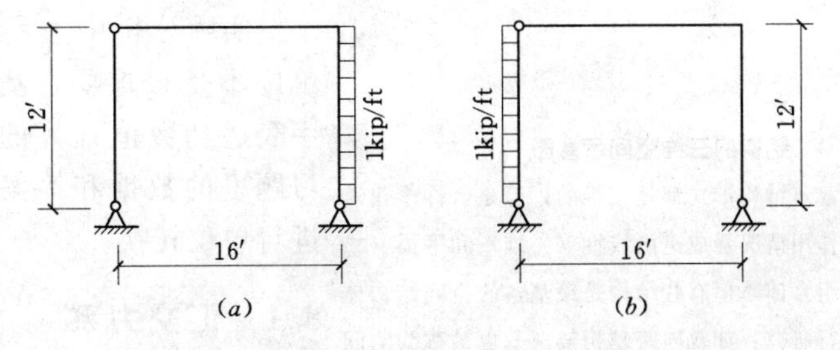

图 7.7 习题 7.2A、B

第8章

异面力系

力和结构实际上存在于三维空间（见图8.1）当中。前几章的工作主要仅限于介绍作用于二维平面的力系分析方法，二维平面的力系分析方法一般运用于实际设计中，其主要原因与我们介绍的一致，即它能使结构模型和计算简化。如果能够彻底研究清楚力和结构的空间整体特性，那么二维分析方法通常也非常准确。然而，结构模型同一些计算一样，有时也需要直接处理一些异面力系。本章列举了一些例子，这些例子将有助于我们逐步了解异面力系的处理方法。

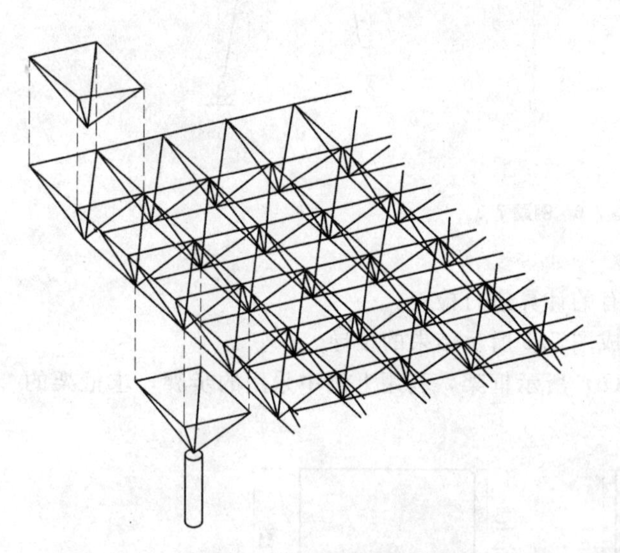

图8.1　结构的三维空间示意图

一般情况下，所有的建筑结构形式都是三维的，但是，许多建筑结构可以根据其实际作用情况看成是由线性（一维）和平面（二维）构件共同构成的组合体。但有些结构是最基本的空间结构体系，必须作为整体进行研究：如双向跨越桁架——也被称为空间框架，就是这样一种结构体系

异面情况的文字表述、模型描述，以及所有的数值计算都较为复杂。下面主要通过一些例子来说明基本概念和计算分析过程，而例子中采用的直角坐标系 xyz 能简化模型和计算。

实际分析中力和结构尺寸的计算单位不是很重要，基于此，也由于文字表述和数值计算的复杂性，除了练习题里的数据和答案，其他的可以不进行单位转换。

8.1　汇交力系

图8.2给出了具有三维空间分量

的单个力的作用情况，即该力具有 x、y、z 三个方向的分力。如果该力代表着一个力系共同作用的合力，那么该力可用下式表示：

其大小为

$$R=\sqrt{(\sum F_x)^2+(\sum F_y)^2+(\sum F_z)^2}$$

其方向为

$$\cos\theta_x=\frac{\sum F_x}{R},\ \cos\theta_y=\frac{\sum F_y}{R},\ \cos\theta_z=\frac{\sum F_z}{R}$$

可以利用下面的平衡条件建立该系统的平衡方程：

$$\sum F_x=0,\ \sum F_y=0,\ \sum F_z=0$$

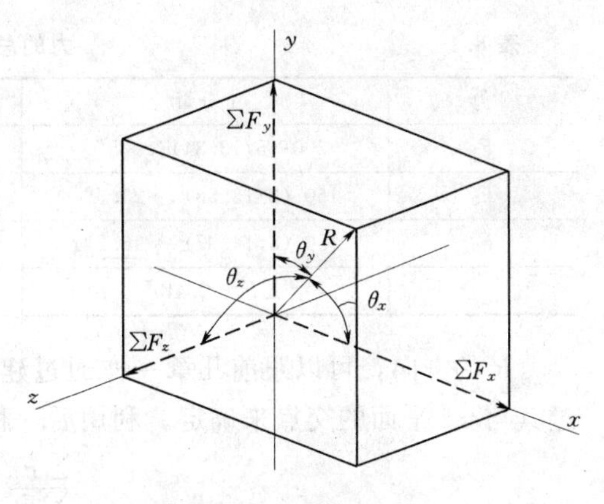

图 8.2 异面力系各分量

【例题 8.1】 求出如图 8.3 (a) 所示的三个力的合力。

解： 这里我们可以采用多种不同的方法，如使用三角学的方法，极坐标法等。本例我们采用的方法是首先寻找三个力的力作用线，那么接着就可以在力的作用线上依据一定的比例表示出这三个力及它们沿 x、y、z 三个方向的分力的矢量。计算结果参看图 8.3 (a)。

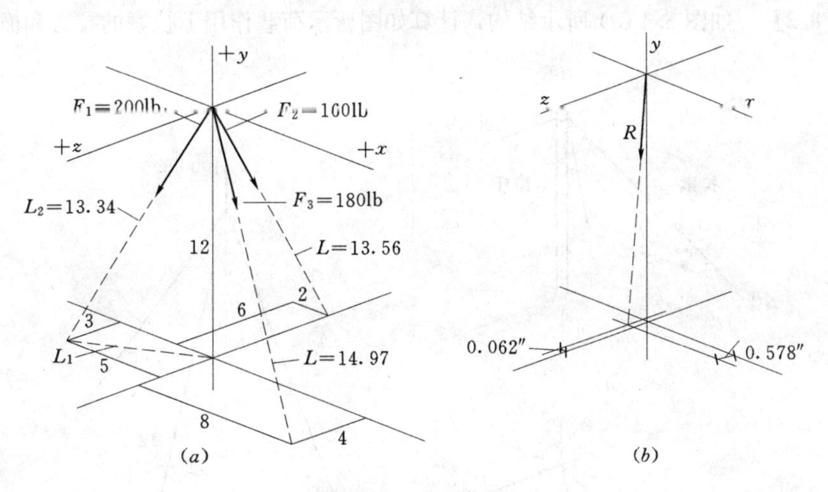

图 8.3 例题 8.1

根据图 8.3 (a) 所示线段长度，可得

$$L_1=\sqrt{5^2+3^2}=\sqrt{34}=5.83$$

$$L_2=\sqrt{12^2+34}=\sqrt{178}=13.34$$

注意： 再强调一下，尺寸的计算单位与计算结果无关，故可以忽略。

同理，可以计算出其他力作用线的长度，它们的值如图中所示。计算的力的分量及它们之和的值见表 8.1，其中分力方向的确定考虑了三坐标轴正向的影响，如图 8.3 (a) 所示。为便于观察，表 8.1 用箭头而非正负号表示力的方向。

根据表格中三坐标轴的力的分量之和可得，所求结果的大小为

$$R=\sqrt{2.4^2+466.1^2+22.4^2}=\sqrt{217757}=466.7$$

表 8.1　　力的总和（例题 8.1）

力	x 分量	y 分量	z 分量
F_1	200（5/13.34）=75↖	200（12/13.34）=180↓	200（3/13.34）=45↙
F_2	160（2/13.56）=23.6↖	160（12/13.56）=141.7↓	160（6/13.56）=70.8↗
F_3	180（8/14.97）=96.2↘	180（12/14.97）=144.4↓	180（4/14.97）=48.2
	$\sum F_x$=2.4lb↖	$\sum F_y$=466.1lb↓↙	$\sum F_z$=22.4lb↙

R 的方向，可以跟前几章一样通过建立余弦方程来确定，或者如图 8.3（b）所示，通过其与 xz 平面的交点来确定。利用后一种方法，设 x 分量到 z 轴的距离为 L_3，则

$$\frac{\sum F_x}{\sum F_y}=\frac{L_3}{12}=\frac{2.4}{466.1}$$

则有

$$L_3=\frac{2.4}{466.1}\times 12=0.062$$

同理，设 z 分量到 x 轴的距离为 L_4，则

$$L_4=\frac{22.4}{466.1}\times 12=0.578$$

【例题 8.2】　如图 8.4（a）所示结构，计算如图所示荷载作用下拉索的拉力和桅杆的压力。

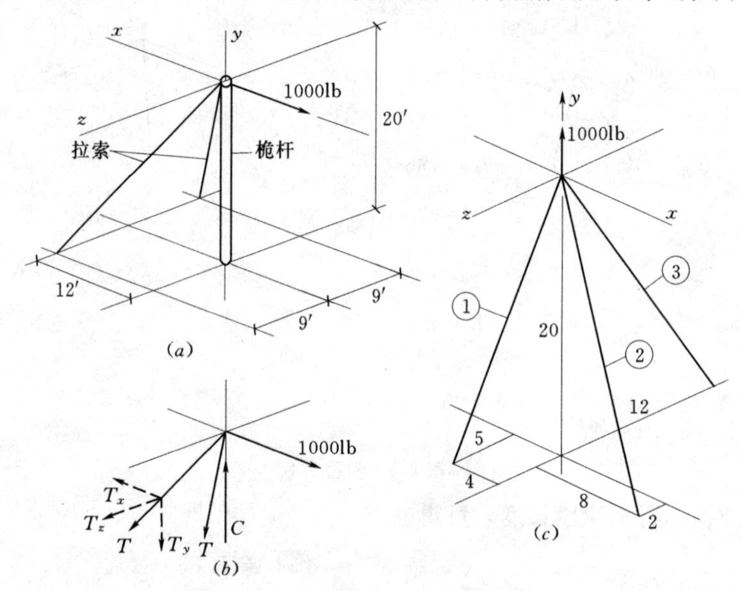

图 8.4　例题 8.2 和例题 8.3

解：本例的主要问题是求解杆顶的集中力系。如例题 8.1，首先建立拉索的几何方程，可得

$$L=\sqrt{9^2+12^2+20^2}=\sqrt{625}=25$$

计算杆顶集中力，在 x 方向建立平衡方程为

$$\sum F_x=0=+100-2T_x,\ T_x=500\text{lb}$$

再由拉索的几何方程，得

$$\frac{T}{T_x}=\frac{25}{12}$$

$$T=\frac{25}{12}T_x=\frac{25}{12}\times 500=1041.67\text{lb}$$

根据 y 方向的平衡方程，求解杆端压力得

$$\sum F_y=0=+C-2T_y,\ C=2T_y$$

其中

$$\frac{T_y}{T_x}=\frac{20}{12}$$

$$T_y=\frac{20}{12}T_x=\frac{20}{12}\times 500$$

解得

$$C=2T_y=2\times\frac{20}{12}\times 500=1666.67\text{lb}$$

【例题 8.3】 由图 8.4 (c)，计算在所给力作用下三根绳索各自的拉力。

解：同上例，首先计算三根绳索的长度，分别为

$$L_1=\sqrt{5^2+4^2+20^2}=\sqrt{441}=21$$

$$L_2=\sqrt{2^2+8^2+20^2}=\sqrt{468}=21.63$$

$$L_3=\sqrt{12^2+20^2}=\sqrt{544}=23.32$$

集中力系的三个静力平衡方程为

$$\sum F_x=0=+\frac{4}{21}\times T_1-\frac{8}{21.63}\times T_2$$

$$\sum F_y=0=+\frac{20}{21}\times T_1+\frac{20}{21.63}\times T_2+\frac{20}{23.32}\times T_3-1000$$

$$\sum F_z=0=+\frac{5}{21}\times T_1-\frac{2}{21.63}\times T_2-\frac{12}{23.32}\times T_3$$

解上述含有三个未知量的方程组，得

$$T_1=525\text{lb},T_2=271\text{lb},T_3=290\text{lb}$$

<u>习题 8.1A~C</u> 求解图 8.5 (a) 所示三个力的合力。通过合力与 xz 平面的交点坐标确定合力的方向。

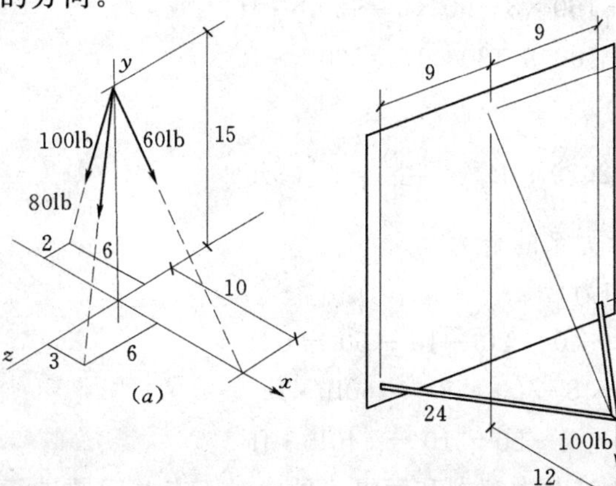

图 8.5 习题 8.1A~C

习题 8.1B 求解图 8.5 (*b*) 所示图中支柱的压力和绳索的拉力。

习题 8.1C 求解图 8.5 (*c*) 所示图中每条绳索的拉力。

8.2 平行力系

参看图 8.6 所示力系，设所有力的方向均平行于 *y* 轴，则其合力可以表示为

$$R = \sum F_y$$

其在 *xz* 平面内的位置可以由以下两个力矩方程确定，关于 *x* 轴和 *z* 轴的力矩方程为

$$L_x = \frac{\sum M_z}{R} \text{和} L_z = \frac{\sum M_x}{R}$$

可以利用下面的平衡条件建立该系统的平衡方程：

$$\sum F_x = 0,\ \sum M_x = 0,\ \sum M_z = 0$$

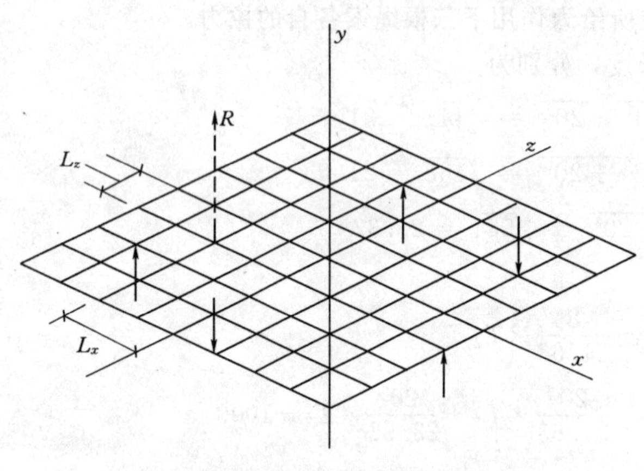

图 8.6 异面平行力系作用图

同平面平行力系一样，解得的结果可能是一个力偶，也就是说力的总和可能为零，但可能最终绕 *x* 轴和（或）*z* 轴存在转动作用。如果是这种情况，可将作为结果的力偶看成是由相关的两个力偶组成，一个作用于 *xy* 平面内（对于 $\sum M_z$），一个作用于 *zy* 平面内（对于 $\sum M_x$），参看接下来的例题 8.5。

【例题 8.4】 求解图 8.7 (*a*) 所示系统。

解：通过对力系进行简单代数求和，可以计算出合力的大小。则

$$R = \sum F = 50 + 60 + 160 + 80 = 350\text{lb}$$

且其在 *xz* 平面内的位置为

$$\sum M_x = +160 \times 8 - 60 \times 6 = 920\text{lb} \cdot \text{ft}$$

$$\sum M_z = +50 \times 8 - 80 \times 15 = 800\text{lb} \cdot \text{ft}$$

距离坐标轴的距离为

$$L_x = \frac{800}{350} = 2.29\text{ft}, L_z = \frac{920}{350} = 2.63\text{ft}$$

【例题 8.5】 求出图 8.7 (*b*) 所示力系的合力。

解：依据前面的例子求得三个总和为

$$\sum F = R = +40 + 20 - 10 - 50 = 0$$

$$\sum M_x = +40 \times 8 - 20 \times 8 = 160\text{lb} \cdot \text{ft}$$

$$\sum M_z = +10 \times 6 - 50 \times 10 = 440\text{lb} \cdot \text{ft}$$

合力可以看作是一力偶，其值可通过对力矩求和而得。虽然对于有些问题进行分量计算就能解决，但是如果有必要，可以把这两个分量合成为一个与 *x* 轴或 *z* 轴成一定夹角的力偶。

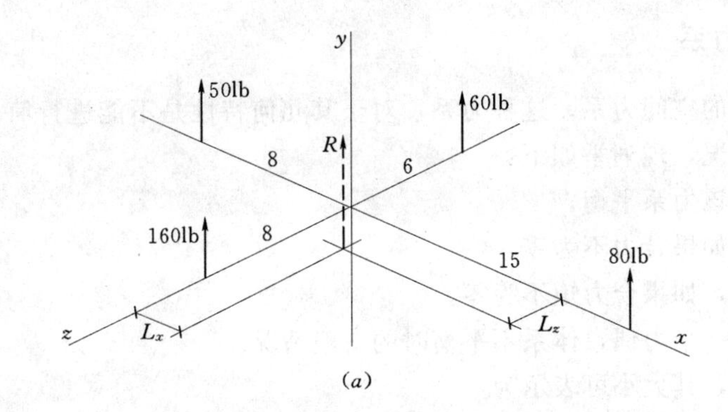

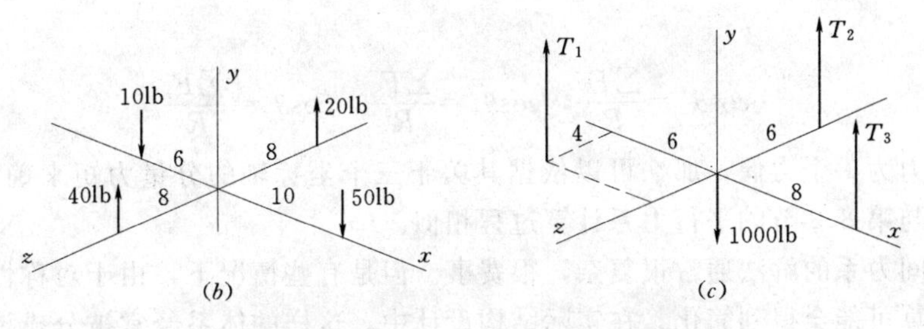

图 8.7 例题 8.4、例题 8.5 和例题 8.6

【例题 8.6】 计算图 8.7 (*c*) 所示系统中三根绳索的拉力。

解：利用三个平衡方程建立等式：

$$\sum F = 0 = T_1 + T_2 + T_3 - 1000$$

$$\sum M_x = 0 = 4T_1 - 6T_2$$

$$\sum M_z = 0 = 6T_1 - 8T_3$$

求解这三个方程可得

$$T_1 = 414\text{lb}, T_2 = 276\text{lb}, T_3 = 310\text{lb}$$

习题 8.2A 求解图 8.8 (*a*) 所示力系关于 x 轴和 z 轴合力的大小及位置。

习题 8.2B 计算图 8.8 (*b*) 所示系统中三根绳索的拉力。

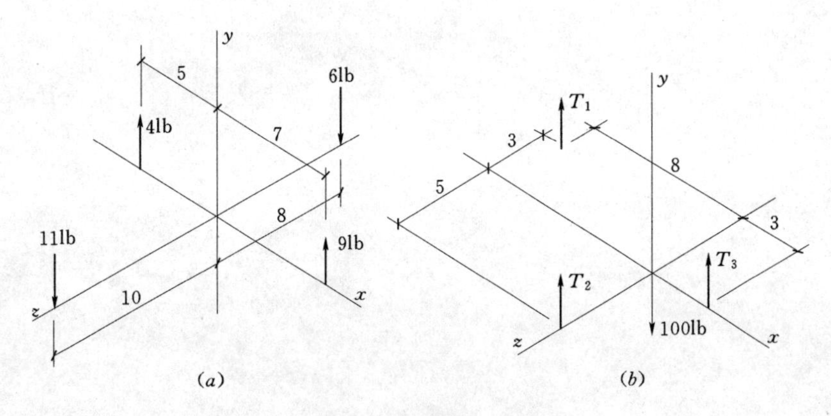

图 8.8 习题 8.2A、B

8.3 一般异面力系

本节介绍一般的空间力系。这种力系，对于其几何特性是不能进行简化的。该力系的合力可能有四种情况，现列举如下：

（1）零，如果该力系平衡。

（2）单个力，如果合力不为零。

（3）一个力偶，如果合力矩不为零。

（4）单个力加一个力偶，体系不平衡时的一般情况。

如果合力是单个力，其大小可表示为

$$R=\sqrt{(\sum F_x)^2+(\sum F_y)^2+(\sum F_z)^2}$$

其方向为

$$\cos\theta_x=\frac{\sum F_x}{R},\ \cos\theta_y=\frac{\sum F_y}{R},\ \cos\theta_z=\frac{\sum F_z}{R}$$

如果合力为一个力偶，那么可以依据其关于三个坐标轴的分量力矩来确定出该力偶，其计算过程与第8.2节的平行力系计算过程相似。

一般空间力系的解法通常很复杂，很费事。但是有些情况下，由于对称性或其他的一些特性，计算可能会得到简化。在实际结构设计中，这样的体系经常被分成许多简单的组成部分以便于进行分析和设计。

第9章

截面特性

本章介绍平面（二维平面）图形的各种几何特性，这里的图形是指结构构件的横截面。几何特性经常用于分析应力、变形以及结构构件的设计中。建筑结构中许多构件的横截面都是标准形式的，它们主要是工业产品。图 9.1 最上面一行所示的四个截面是一般的标准形式，均为钢结构构件，且一般用作建筑物的柱：圆管、正方形或矩形管，以及 I 形或 H 形型钢（实际上称为 W 型钢）。而且，这些构件有时与其他的构件一起构成组合截面，如图 9.1 中间一行和最后一行所示的图形。标准横截面的几何特性都以表格的形式列于工业出版文献中，但是，由标准形截面截取或组合成的特殊截面的截面特性必须通过计算确定。本章列举了一些基本结构的几何特性和它们的计算过程。

9.1 形心

物体的重心是一个假想的点，假定物体的总重集中在该点或物体的总重的作用线通过该点。由于二维平面图形没有重量，所以它也没有重心。平面图形中确定的具有该性质的点叫做该截面的形心，该形心和这一平面图形形状、面积均一致的薄板的重心相一致。对于平面图形的各种几何特性来讲，形心都是一个非常有用的参考点。

例如，若梁受到能够产生弯曲的力的作用，那么，梁中在一定截面以上的纤维受压，而其在该截面以下的纤维受拉，这样的截面被称为中性应力面，也可以简单地称为中性面（见 11.1 节）。对于一个梁截面，其中性面与其横截面交于一条线；这条线通过截面形心，此线被称为梁的中性轴；中性轴对于梁的弯曲应力的研究非常重要。

对称图形形心的位置一般很容易确定。如果截面有一条对称线（轴），那么其形心必定在该对称线上；如果有两条截然不同的对称线，则形心必定在两对称线交点处。如图 9.2（a）所示的矩形截面，显然，它的形心为其几何中心，其形心可以通过距离的量测（宽的一半和高的一半）来确定或根据矩形两对角线的几何交点确定。

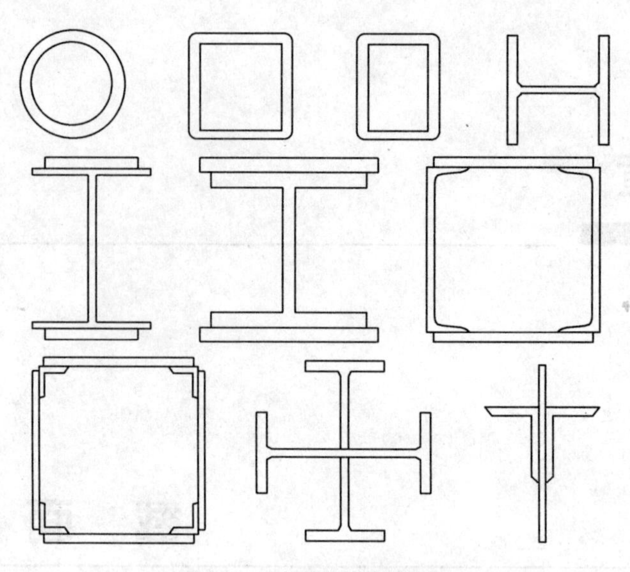

图 9.1 受压钢结构的横截面

最上面一行为一般的单体截面：圆管、方形管，以及Ⅰ形型钢（又称为W形）。其他截面是由各种单个构件组成的组合截面。结构构件在外荷载作用下产生应力和应变，这些截面的几何特性可根据对该应力和应变的研究分析得到

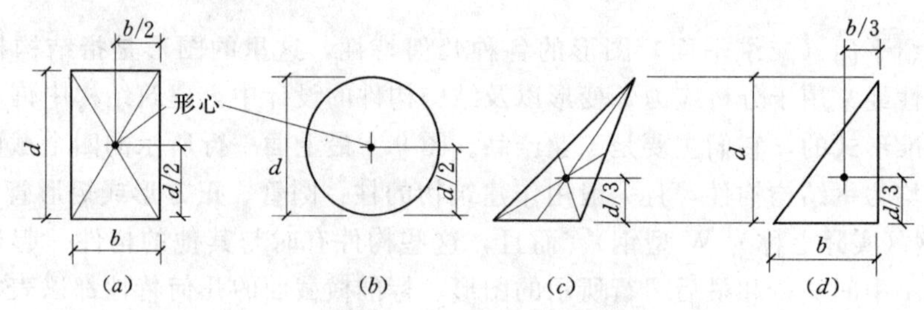

图 9.2 各种平面图形的形心

提示 以下讨论中所需的表 9.3～9.7 及图 9.12 附于本章末。

对于较复杂的形状，例如型钢构件（又称型钢截面），形心同样位于对称轴上。因此，对于 W 型钢（实际是I形或 H 形型钢），可以通过两个等分主轴的交点确定（见表 9.3 中的参考图形）；对于槽形截面（实际为U形截面），仅有一个对称轴（在表 9.4 中用参考图形的 *X-X* 轴表示），因此想要确定它的形心，就必须通过计算。若槽形截面的尺寸给定，则就可以直接计算出它的形心，其结果列于表 9.4 中。

对于许多结构构件，它们的横截面有两个对称轴，如正方形、矩形、圆形、中空圆柱（管）等，一些参考文献中列举了它们的特性，如《钢结构手册》（参考文献 3），我们可以从其中找到型钢的特性。对于由多个构件组成的组合截面有时也需要确定它们的一些几何特性，如截面的形心。形心的确定要用到静力矩，静力矩等于图形面积与平面图形的形心到参考轴距离的乘积。如果图形可以分为几个简单的组成部分，那么它的总静力矩可以通过各个组成部分的力矩总和求出。因此，该力矩和等于总面积乘以它的形心到参考轴的距离，形心到参考轴的距离可以用整个截面的力矩总和除以总面积的方法求解。由于采用了许多几何假定，所以文字表述比计算稍复杂一些。下面我们举一些例子简单介绍一下。

【例题 9.1】 图 9.3 所示为一梁的横截面，此横截面关于水平轴［图 9.3（*c*）中的

X-X 轴］位置不对称，求解该图形水平中心轴的位置。

解： 解这种问题的一般步骤是首先把图形分解为一些面积和形心都很容易确定的单元体，如图 9.3（b）所示，本例分解为两部分用 1 和 2 表示。

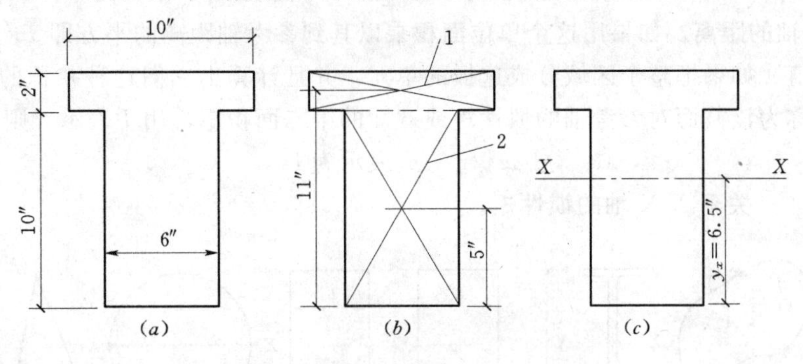

图 9.3 例题 9.1

其次，选定一任意参考轴，要求由关于此参考轴确定的静矩和截面形心易于计算。本例的参考轴可以取在图形的顶部或底部，现假定取在图形的底部，各组成部分的形心到该参考轴的距离如图 9.3（b）所示。

表 9.1 形心的计算（例题 9.1）

构件	面积 (in^2)	y (in)	$A\times y$ (in^3)
1	2×10=20	11	220
2	6×10=60	5	300
Σ	80		520

注 $y_x=520/80=6.5$in。

下一步是计算单元面积及单元静矩，计算结果见表 9.1，由表格可知总面积为 80in^2，总静矩为 520in^3。力矩除以面积得 6.5in，这个值即为整个截面的形心到参考轴的距离，如图 9.3（c）所示。

<u>习题 9.1A～F</u> 求解如图 9.4（a）～（f）所示横截面图形的形心。利用参考轴，并计算参考轴到形心的距离 c_x 和 c_y，如图 9.4（b）所示。

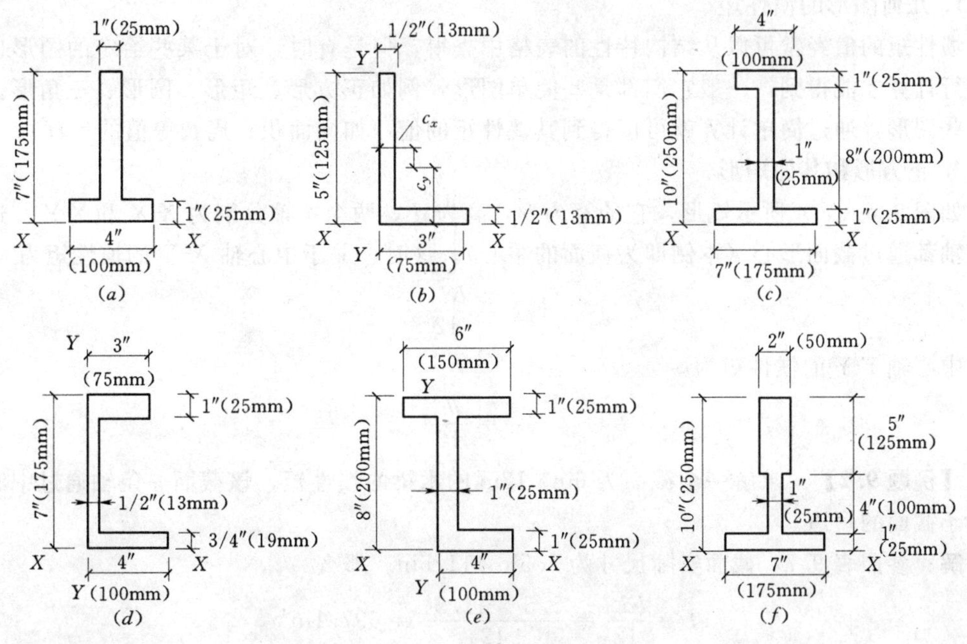

图 9.4 习题 9.1A～F

9.2 惯性矩

参看图9.5（a）所示的不规则图形。该图中，A代表该图形，a为单位面积，z为单位面积到X-X轴的距离。如果用这个单位面积乘以其到参考轴距离的平方即az^2，可以确定出该乘积数值。如果把整个区域分成这样的单元，并且计算出它们这种乘积的总和，那么这个结果就称为该截面对参考轴的惯性矩或截面的第二面积矩，用I表示，则有

$$\sum az^2 = I \text{ 或表示为 } I_{X\text{-}X}$$

式中 $I_{X\text{-}X}$——关于X-X轴的惯性矩。

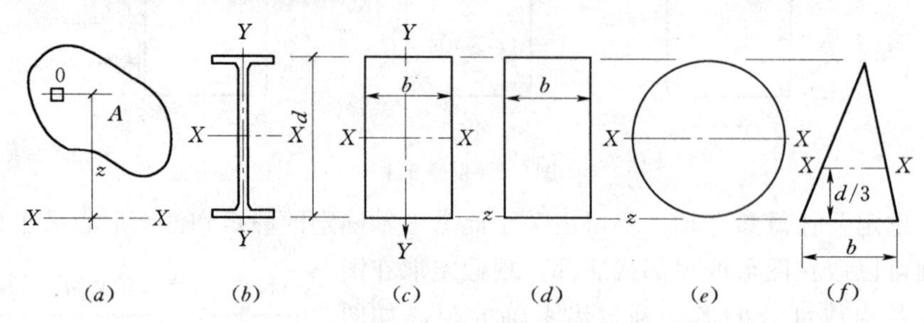

图9.5 各种横截面图形惯性矩的参考轴

惯性矩是一个较复杂的概念，掌握惯性矩的概念比理解面积、重量、重心的概念要困难一些。但它是一个真实的几何特性，在分析结构构件的应力和变形时，它是一个非常重要的影响因素。其中最重要的是关于中心轴的惯性矩，特别是关于截面主轴的惯性矩。图9.5（b）、（c）、（e）和（f）分别给出了各种截面的主轴位置。

表9.3～表9.7给出了各种图形关于其截面主轴的惯性矩的特性，可以利用表格给出的数据进行本书的各种计算。

1. 几何图形的惯性矩

惯性矩的值经常可以从结构特性的表格中查得，但是有时，对于某些给定的图形也需要进行计算才能得到，一般它们都是些简单图形，例如正方形、矩形、圆形、三角形。对于这些图形，通过简单计算就可以得到其惯性矩的值（如同面积、周长等值的计算）。

2. 正方形和其他矩形

如图9.5（c）所示矩形，它的宽为b，高为d，两个主轴分别为X-X和Y-Y，这两个主轴都通过截面形心（本例即为截面的中心）。这时，关于中心轴X-X的惯性矩为

$$I_{X\text{-}X} = \frac{bd^3}{12}$$

关于中心轴Y-Y的惯性矩为

$$I_{Y\text{-}Y} = \frac{db^3}{12}$$

【例题9.2】 求解一个截面为6in×12in的木梁的惯性矩，该截面一条轴通过中心且平行于截面的短边。

解： 参照表9.7，截面实际尺寸为5.5in×11.5in。那么

$$I = \frac{bd^3}{12} = \frac{5.5 \times 11.5^3}{12} = 697.1\text{in}^4$$

该计算结果与表中的$I_{X\text{-}X}$一致。

3. 圆形

图 9.5（e）所示一直径为 d 的圆面，轴 X-X 通过其中心，则该圆面的惯性矩为

$$I=\frac{\pi d^4}{64}$$

【例题 9.3】 计算圆形横截面的惯性矩，其直径为 10in，一条轴通过形心。

解：关于圆截面的任意一条通过中心的轴的惯性矩为

$$I=\frac{\pi d^4}{64}=\frac{3.1416\times10^4}{64}=490.9\text{in}^4$$

4. 三角形

图 9.5（f）所示三角形高为 d，底边为 b，关于平行于底边的中心轴的惯性矩为

$$I=\frac{bd^3}{36}$$

【例题 9.4】 假定图 9.5（f）所示三角形底边为 12in，高为 10in，计算平行于底边的中心惯性矩。

解：根据所给公式，得

$$I=\frac{bd^3}{36}=\frac{12\times10^3}{36}=333.3\text{in}^4$$

5. 开口和空心图形

开口或空心图形截面的惯性矩有时需要根据减法计算得到。图形区域的惯性矩的计算包括——图形的外边缘所围图形——减去空心部分。下面的例子介绍了其计算过程，需要注意的是它仅适用于对称图形。

【例题 9.5】 计算图 9.6（a）所示水平轴通过形心且平行于短边的中空箱形截面惯性矩。

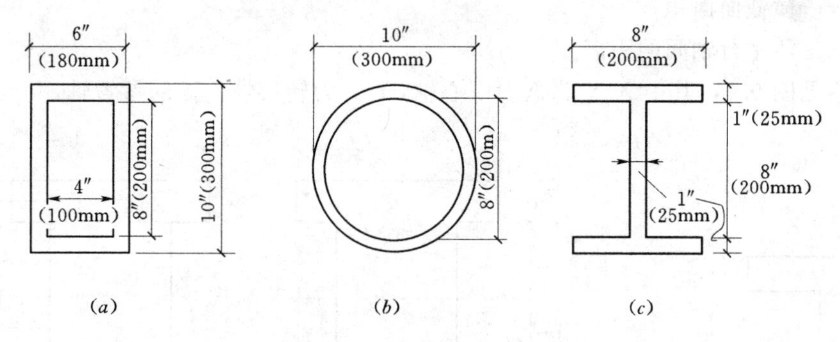

图 9.6 例题 9.5、9.6、9.7

解：首先计算箱形截面外边缘所围图形的惯性矩：

$$I=\frac{bd^3}{12}=\frac{6\times10^3}{12}=500\text{in}^4$$

然后计算中空部分的惯性矩：

$$I=\frac{4\times8^3}{12}=170.7\text{in}^4$$

空心截面的惯性矩就可以据此得出：

$$I = 500 - 170.7 = 329.3\text{in}^4$$

【例题 9.6】 计算如图 9.6（*b*）所示一条轴通过形心的管道横截面的惯性矩，管壁厚为 1in。

解：如前面例题，计算两个惯性矩并相减。另外，可以采用如下的单一计算：

$$I = \left(\frac{\pi}{64}\right)(d_o{}^4 - d_i{}^4)$$

$$= \left(\frac{3.1416}{64}\right)(10^4 - 8^4) = 491 - 201 = 290\text{in}^4$$

【例题 9.7】 如图 9.6（*c*）所示，计算 I 形截面关于通过形心并平行于翼缘的水平轴的惯性矩。

解：本例的计算与例题 9.5 非常相似。两端空心部分可合为宽为 7in 的一部分，则

$$I = \frac{8 \times 10^3}{12} - \frac{7 \times 8^3}{12} = 667 - 299 = 368\text{in}^4$$

注意：本方法只能用于外围图形中心与内空图形中心相一致的情况。例如，它不能用于计算图 9.6（*c*）所示 I 形截面关于竖向中心轴的惯性矩的计算，图 9.6（*c*）所示图形的计算方法在接下来的截面计算中讨论。

9.3 惯性矩的转换

非对称图形和复杂图形惯性矩的计算不能采用以上例子的简单计算方法，必须要增加一些步骤，包括关于其他轴的惯性矩的转换，转换公式如下所示：

$$I = I_o + Az^2$$

式中 I——关于所求参考轴的截面惯性矩；

I_o——关于平行于参考轴的中心轴的截面惯性矩；

A——横截面面积；

z——两平行轴间的距离。

它们的关系见图 9.7，其中 *X-X* 为截面中心轴，*Y-Y* 为转换惯性矩的参考轴。

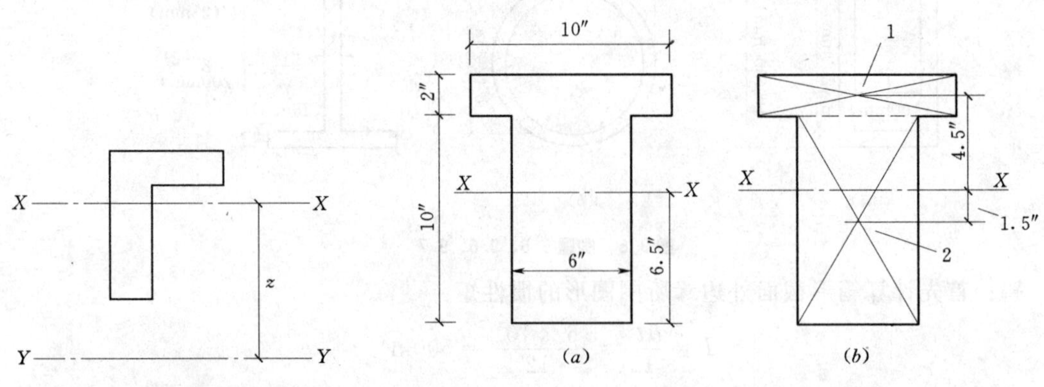

图 9.7 关于水平轴的惯性矩转换

图 9.8 例题 9.8

下面的例子中将运用这种方法。

【例题 9.8】 计算图 9.8 所示 T 形截面关于水平中心轴（*X-X*）的惯性矩。（注意：该截面形心的位置见第 9.1 节例题 9.1。）

解：如果图形不对称，解这类问题需要首先找出形心的位置。本例中，T形截面关于竖向轴对称，但关于水平轴不对称。第9.1节例题9.1已经解出了其水平中心轴的位置。

下一步是把复杂的图形分解为形心、面积、中心惯性矩都容易确定的多个组成部分，如同例题9.1的解法，本例分为矩形翼缘和矩形腹板两部分。

这里采用的参考轴为水平中心轴，表9.2给出了平行轴惯性矩转换过程所需的计算数值，所求的关于水平中心轴的I值为1046.7in^4。

表9.2 **惯性矩计算（例题9.9）**

部分	面积 (in^2)	y (in)	I_o (in^4)	$A\times y^2$ (in^4)	I_z (in^4)
1	20	4.5	$(10\times2^3)/12=6.7$	$20\times4.5^2=405$	411.7
2	60	1.5	$(6\times10^3)/12=500$	$60\times1.5^2=135$	635
Σ					1046.7

需要解决惯性矩转换的一般情况是因为结构构件由不同部分组成而引起的。图9.9所示即为这种情况，图中箱形截面由两块板和两个槽形截面连接组成，该组合截面实际上关于它的两个主轴对称，其坐标轴的位置很容易确定，关于两坐标轴的惯性矩必须通过平行轴转换确定。下面的例子给出了其计算过程。

【例题9.9】 计算图9.9所示组合截面关于中心轴（X-X）的惯性矩。

解：对于这种情况，两个槽钢的位置须使其形心与参考轴相一致，因此，槽钢I_o的值也是它们关于所求参考轴的实际惯性矩，它们的作用效果是表9.4给出的单个槽钢关于其X-X轴的惯性矩乘以2，即$2\times162=324$in^2。

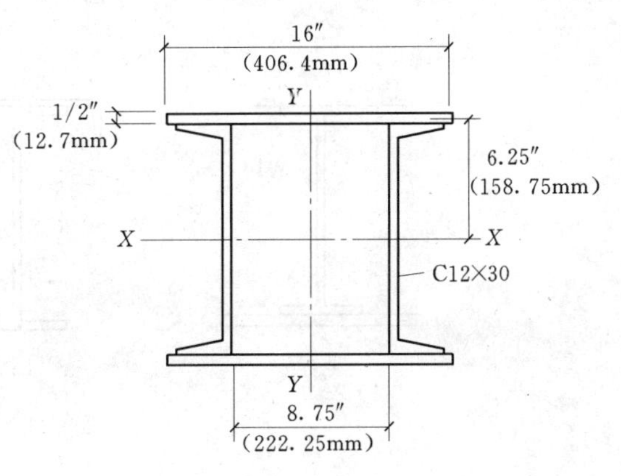

图9.9 例题9.9

板为简单矩形截面，一块板的中心惯性矩可根据下式计算：

$$I_o=\frac{bd^3}{12}=\frac{16\times0.5^3}{12}=0.1667\text{in}^4$$

板的形心到参考轴X-X的距离为6.25in，一块板的面积为8in^2，因此一块板关于参考轴的惯性矩为

$$I_o+Az^2=0.1667+8\times6.25^2=312.7\text{in}^4$$

那么，两块板的惯性矩就为它的2倍，即625.4in^4。

将各部分的结果相加，总和为324+625.4=949.4in^4。

<u>习题9.3A～F</u> 计算如图9.10所示横截面关于给定的中心轴的惯性矩。

<u>习题9.3G～I</u> 计算如图9.11所示组合截面关于X-X轴的惯性矩。利用型钢特性表中相应的数据进行计算。

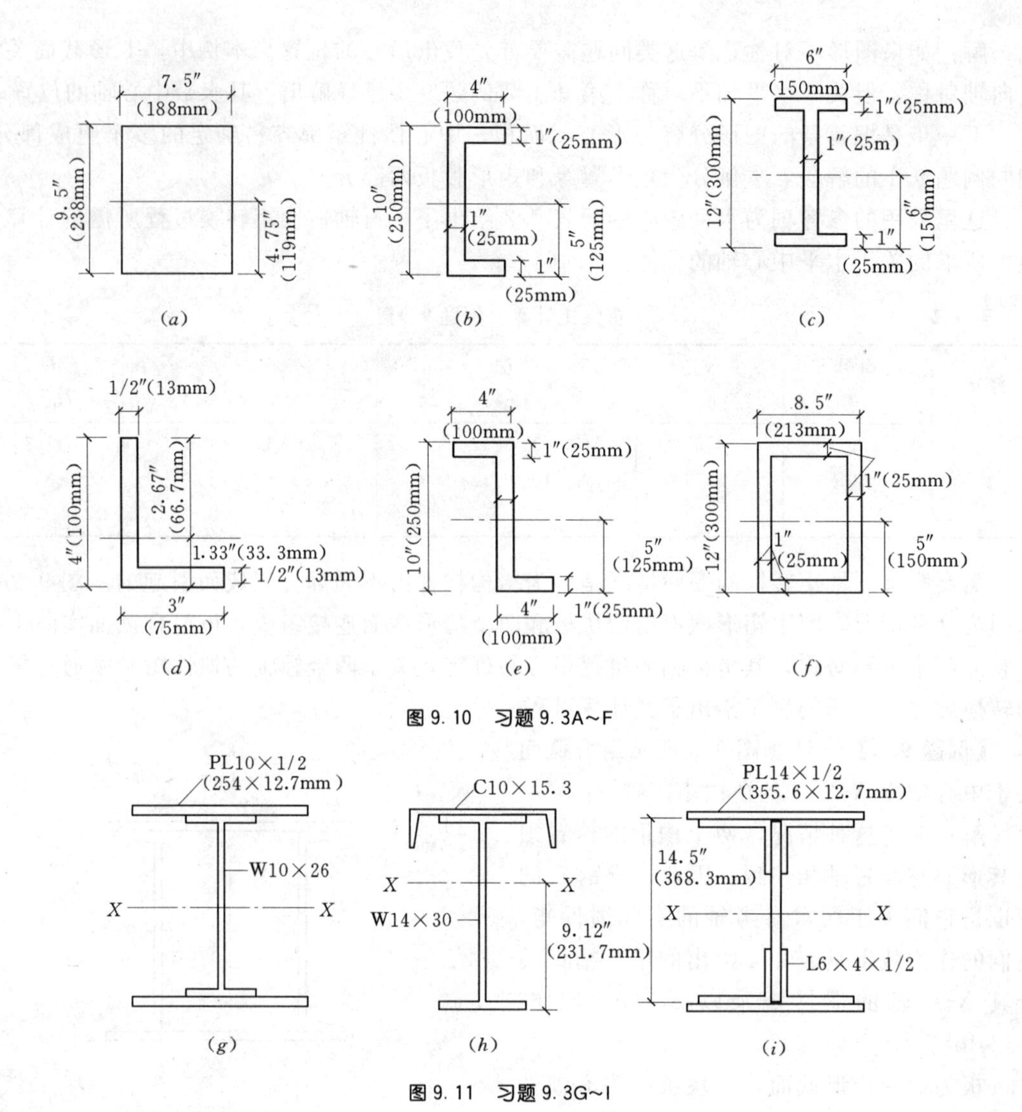

图 9.10 习题 9.3A~F

图 9.11 习题 9.3G~I

9.4 其他截面特性

1. 截面模量

如同第 11.2 节一样，弯曲应力计算公式中的 I/c 称为截面模量（或 S）。截面模量的使用使得弯曲应力或构件弯矩承载力的计算变得更加简便，然而，其实际值是对构件的相对弯曲强度的度量。截面模量是一个几何特性，它是度量一个给定构件的横截面弯曲强度的直接指标，各种横截面构件都可能根据其弯曲强度（严格地基于它们的 S 值的弯曲强度）来确定它的级别。由于它的应用广泛，S 的值和其他重要的特性一起被列于钢木结构表格中。

对于标准形式的构件（结构木材和型钢），S 的值可以从附于本章末的表格中近似取得；对于非标准形的复杂形式，必须通过计算得到 S 的值，一旦中心轴的位置和关于中心轴的惯性矩确定，S 的值就很容易计算。

【例题 9.10】 验证表格中截面为 6×12 的木梁关于平行于短边的中心轴的截面模量。

解：从表 9.7 可知，该构件的实际尺寸为 5.5in×11.5in，惯性矩的值为 697.068in^4。则

$$S=\frac{I}{c}=\frac{697.068}{5.75}=121.229$$

此值与表 9.7 中的值一致。

2. 惯性半径

对于细长受压构件的设计，一个非常重要的几何性质是惯性半径，可用下式表示为

$$r=\sqrt{\frac{I}{A}}$$

跟惯性矩和截面模量一样，惯性半径对应于构件平截面特定的轴。因此，如果上述公式中的 I 是对 X-X 轴而言的，那么 r 也是对 X-X 轴而言的。

有特殊意义的 r 的值是计算得到的最小惯性半径，因为这个值与截面 I 的最小值有关系，也因为 I 是影响构件弯曲刚度的一个指标，所以 r 的最小值表示构件的弯曲反应效应为最小，它与细长受压构件屈曲抵抗力有关。屈曲是弯曲变形的一种重要方式，屈曲最可能发生在 I 或 r 值最小的轴上。我们将在第 12 章讨论柱中这种关系的应用。

9.5 截面特性列表

图 9.12 举出了各种简单平截面的几何特性计算公式，它们可以用于单独结构构件或组合而成的复杂构件。

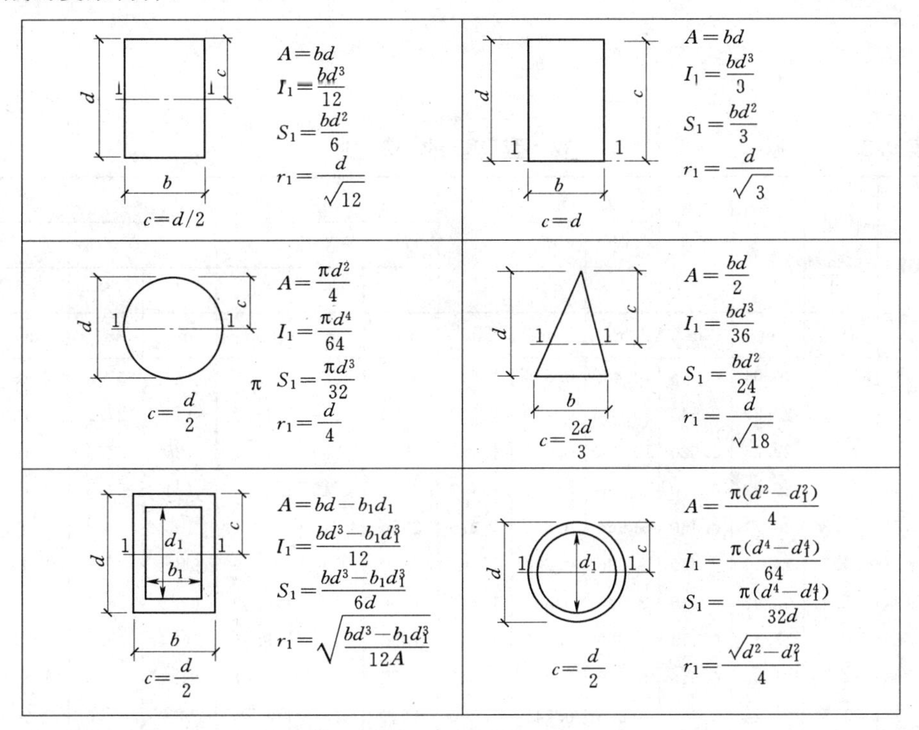

图 9.12 各种几何图形的横截面特性

A—面积；I—惯性矩；S—截面模量 $=\frac{I}{c}$；r—惯性半径 $=\sqrt{\frac{I}{A}}$

表 9.3～表 9.7 举出了各种简单平截面的特性，它们是工业生产的标准的钢木截面。标准化意味着截面的形状和尺寸是固定的，每种特殊截面都可以通过某种方式确定。

结构构件可能用于各种不同的用途，为了实现一些结构功能，可以对它们进行不同的调整。

提示 对于所有的平截面两个主轴是相互垂直的，对于截面中心轴，将各自为最大轴和最小轴。如果截面有一个对称轴，那么该对称轴将是主轴——要么最大，要么最小。

有两垂直轴的对称截面（矩形、H形、I形等），其中一条为最大轴，另一条为最小轴。特性表中列举的 I、S 和 r 的值都是根据一个特定的轴确定的，图形的参考轴也已经在表中给出。

表中给出的其他值为重要的尺寸、毛截面面积、构件1ft长单元的重量。表中木结构的重量是给定的，其中假定软木结构平均密度为$35lb/ft^3$。钢结构的重量为 W，型钢和槽钢可作为钢结构的一部分，因此，一个 W8×67 型钢重为67lb/ft；角钢和钢管的重量表中已经给出，其中计算采用的钢材密度为 $490lb/ft^3$。

一些构件的设计尺寸即为它们的真实尺寸，例如，一个10in的槽钢和一个6in的角钢的实际尺寸分别为10in和6in；对于W型钢、钢管以及结构木材，设计尺寸是标准的，其实际尺寸必须从表中获取。

表 9.3 **W 型钢的特性**

形状	面积 A	高度 d	腹板厚度 t_w	翼缘		k	弹性特征						塑性模量 Z_x
				宽	厚		X-X 轴			Y-Y 轴			
				b_f	t_f		I	S	r	I	S	r	
	in^2	in	in	in	in	in	in^4	in^3	in	in^4	in^3	in	in^3
W30×116	34.2	30.01	0.565	10.495	0.850	1.625	4930.0	329	12.0	164	31.3	2.19	378
×108	31.7	29.83	0.545	10.475	0.760	1.562	4470	299	11.9	146	27.9	2.15	346
×99	29.1	29.65	0.520	10.450	0.670	1.437	3990	269	11.7	128	24.5	2.10	312
W27×94	27.7	26.92	0.490	9.990	0.745	1.437	3270	243	10.9	124	24.8	2.12	278
×84	24.8	26.71	0.460	9.960	0.640	1.375	2850	213	10.7	106	21.2	2.07	244
W24×84	24.7	24.10	0.470	9.020	0.770	1.562	2370	196	9.79	94.4	20.9	1.95	224
×76	22.4	23.92	0.440	8.990	0.680	1.437	2100	176	9.69	82.5	18.4	1.92	200
×68	20.1	23.73	0.415	8.965	0.585	1.375	1830	154	9.55	70.4	15.7	1.87	177
W21×83	24.3	21.43	0.515	8.355	0.835	1.562	1830	171	8.67	81.4	19.5	1.83	196
×73	21.5	21.24	0.455	8.295	0.740	1.500	1600	151	8.64	70.6	17.0	1.81	172
×57	16.7	21.06	0.405	6.555	0.650	1.375	1170	111	8.36	30.6	9.35	1.35	129
×50	14.7	20.83	0.380	6.530	0.535	1.312	984	94.5	8.18	24.9	7.64	1.30	110
W18×86	25.3	18.39	0.480	11.090	0.770	1.437	1530	166	7.77	175	31.6	2.63	186
×76	22.3	18.21	0.425	11.035	0.680	1.375	1330	146	7.73	152	27.6	2.61	163
×60	17.6	18.24	0.415	7.555	0.695	1.375	984	108	7.47	50.1	13.3	1.69	123

续表

形状	面积 A	高度 d	腹板厚度 t_w	翼缘		k	弹性特征						塑性模量 Z_x
				宽	厚		X-X 轴			Y-Y 轴			
				b_f	t_f		I	S	r	I	S	r	
	in^2	in	in	in	in	in	in^4	in^3	in	in^4	in^3	in	in^3
×55	16.2	18.11	0.390	7.530	0.630	1.312	890	98.3	7.41	44.9	11.9	1.67	112
×50	14.7	17.99	0.355	7.495	0.570	1.250	800	88.9	7.38	40.1	10.7	1.65	101
×46	13.5	18.06	0.360	6.060	0.605	1.250	712	78.8	7.25	22.5	7.43	1.29	90.7
×40	11.8	17.90	0.315	6.015	0.525	1.187	612	68.4	7.21	19.1	6.35	1.27	78.4
W16×50	14.7	16.26	0.380	7.070	0.630	1.312	699	81.0	6.68	37.2	10.5	1.59	92.0
×45	13.3	16.13	0.345	7.035	0.565	1.250	586	72.7	6.65	32.8	9.34	1.57	82.3
×40	11.8	16.01	0.305	6.995	0.505	1.187	518	64.7	6.63	28.9	8.25	1.57	72.9
×36	10.6	15.86	0.295	6.985	0.430	1.125	448	56.5	6.51	24.5	7.00	1.52	64.0
W14×216	62.0	15.72	0.980	15.800	1.560	2.250	2660	338	6.55	1030	130	4.07	390
×176	51.8	15.22	0.830	15.650	1.310	2.000	2140	281	6.43	838	107	4.02	320
×132	38.8	14.66	0.645	14.725	1.030	1.687	1530	209	6.28	548	74.5	3.76	234
×120	35.3	14.48	0.590	14.670	0.940	1.625	1380	190	6.24	495	67.5	3.74	212
×74	21.8	14.17	0.450	10.070	0.785	1.562	796	112	6.04	134	26.6	2.48	126
×68	20.0	14.04	0.415	10.035	0.720	1.500	723	103	6.01	121	24.2	2.46	115
×48	14.1	13.79	0.340	8.030	0.595	1.375	485	70.3	5.85	51.4	12.8	1.91	78.4
×43	12.6	13.66	0.305	7.995	0.530	1.312	428	62.7	5.82	45.2	11.3	1.89	69.6
×34	10.0	13.98	0.285	6.745	0.455	1.000	340	48.6	5.83	23.3	6.91	1.53	54.6
×30	8.85	13.84	0.270	6.730	0.385	0.937	291	42.0	5.73	19.6	5.82	1.49	47.3
W12×136	39.9	13.41	0.790	12.400	1.250	1.937	1260	186	5.58	398	64.2	3.16	214
×120	35.3	13.12	0.710	12.320	1.105	1.812	1070	163	5.51	345	56.0	3.13	186
×72	21.1	12.25	0.430	12.040	0.670	1.375	597	97.4	5.31	195	32.4	3.04	108
×65	19.1	12.12	0.390	12.000	0.605	1.312	533	87.9	5.28	174	29.1	3.02	96.8
×53	15.6	12.06	0.345	9.995	0.575	1.250	425	70.6	5.23	95.8	19.2	2.48	77.9
×45	13.2	12.06	0.335	8.045	0.575	1.250	350	58.1	5.15	50.0	12.4	1.94	64.7
×40	11.8	11.94	0.295	8.005	0.515	1.250	310	51.9	5.13	44.1	11.0	1.93	57.5
×30	8.79	12.34	0.260	6.520	0.440	0.937	238	38.6	5.21	20.3	6.24	1.52	43.1
×26	7.65	12.22	0.230	6.490	0.380	0.875	204	33.4	5.17	17.3	5.34	1.51	37.2
W10×88	25.9	10.84	0.605	10.265	0.990	1.625	534	98.5	4.54	179	34.8	2.63	113
×77	22.6	10.60	0.530	10.190	0.870	1.500	455	85.9	4.49	154	30.1	2.60	97.6
×49	14.4	9.98	0.340	10.000	0.560	1.312	272	54.6	4.35	93.4	18.7	2.54	60.4
×39	11.5	9.92	0.315	7.985	0.530	1.125	209	42.1	4.27	45.0	11.3	1.98	46.8
×33	9.71	9.73	0.290	7.960	0.435	1.062	170	35.0	4.19	36.6	9.20	1.94	38.8
×19	5.62	10.24	0.250	4.020	0.395	0.812	96.3	18.8	4.14	4.29	2.14	0.874	21.6
×17	4.99	10.11	0.240	4.010	0.330	0.750	81.9	16.2	4.05	3.56	1.78	0.844	18.7

资料来源：摘自《钢结构手册》(第 8 版)，版权所有，美国钢结构协会，芝加哥，IL。

该表为参考文献中的一系列表格中的一个样本。

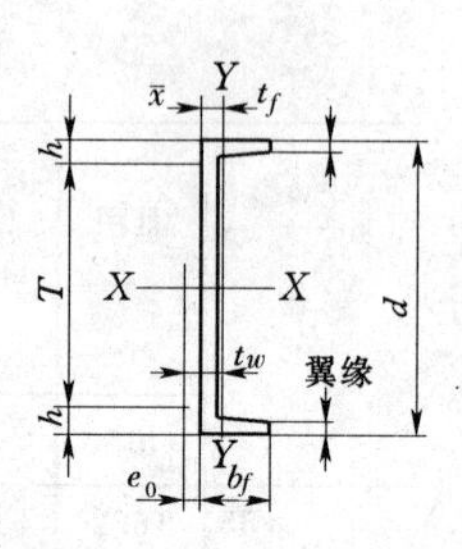

表 9.4 **美式标准槽钢的特性**

形状	面积 A	深度 d	膜板厚度 t_w	翼缘		k	弹性特征							
				宽	厚		X-X 轴			Y-Y 轴				
				b_f	t_f		I	S	r	I	S	r	x①	$e_0$②
	in^2	in	in	in	in	in	in^4	in^3	in	in^4	in^3	in	in	in
C 15×50	14.7	15.0	0.716	3.716	0.650	1.44	404	53.8	5.24	11.0	3.78	0.867	0.798	0.583
×40	11.8	15.0	0.520	3.520	0.650	1.44	349	46.5	5.44	9.23	3.37	0.886	0.777	0.767
×33.9	9.96	15.0	0.400	3.400	0.650	1.44	315	42.0	5.62	8.13	3.11	0.904	0.787	0.896
C 12×30	8.82	12.0	0.510	3.170	0.501	1.13	162	27.0	4.29	5.14	2.06	0.763	0.674	0.618
×25	7.35	12.0	0.387	3.047	0.501	1.13	144	24.1	4.43	4.47	1.88	0.780	0.674	0.746
×20.7	6.09	12.0	0.282	2.942	0.501	1.13	129	21.5	4.61	3.88	1.73	0.799	0.698	0.870
C 10×30	8.82	10.0	0.673	3.033	0.436	1.00	103	20.7	3.42	3.94	1.65	0.669	0.649	0.369
×25	7.35	10.0	0.526	2.886	0.436	1.00	91.2	18.2	3.52	3.36	1.48	0.676	0.617	0.494
×20	5.88	10.0	0.379	2.739	0.436	1.00	78.9	15.8	3.66	2.81	1.32	0.692	0.606	0.637
×15.3	4.49	10.0	0.240	2.600	0.436	1.00	67.4	13.5	3.87	2.28	1.16	0.713	0.634	0.796
C 9×20	5.88	9.0	0.448	2.648	0.413	0.94	60.9	13.5	3.22	2.42	1.17	0.642	0.583	0.515
×15	4.41	9.0	0.285	2.485	0.413	0.94	51.0	11.3	3.40	1.93	1.01	0.661	0.586	0.682
×13.4	3.94	9.0	0.233	2.433	0.413	0.94	47.9	10.6	3.48	1.76	0.962	0.669	0.601	0.743
C 8×18.75	5.51	8.0	0.487	2.527	0.390	0.94	44.0	11.0	2.82	1.98	1.01	0.599	0.565	0.431
×13.75	4.04	8.0	0.303	2.343	0.390	0.94	36.1	9.03	2.99	1.53	0.854	0.615	0.553	0.604
×11.5	3.38	8.0	0.220	2.260	0.390	0.94	32.6	8.14	3.11	1.32	0.781	0.625	0.571	0.697
C 7×14.75	4.33	7.0	0.419	2.299	0.366	0.88	27.2	7.78	2.51	1.38	0.779	0.564	0.532	0.441
×12.25	3.60	7.0	0.314	2.194	0.366	0.88	24.2	6.93	2.60	1.17	0.703	0.571	0.525	0.538
×9.8	2.87	7.0	0.210	2.090	0.366	0.88	21.3	6.08	2.72	0.968	0.625	0.581	0.540	0.647
C 6×13	3.83	6.0	0.437	2.157	0.343	0.81	17.4	5.80	2.13	1.05	0.642	0.525	0.514	0.380
×10.5	3.09	6.0	0.314	2.034	0.343	0.81	15.2	5.06	2.22	0.866	0.564	0.529	0.499	0.486
×8.2	2.40	6.0	0.200	1.920	0.343	0.81	13.1	4.38	2.34	0.693	0.492	0.537	0.511	0.599

资料来源： 摘自《钢结构手册》（第8版），版权所有，美国钢结构协会，芝加哥，IL。该表为参考文献中的一系列表格中的一个样本。

① 到截面形心的距离。

② 到截面剪力中心的距离。

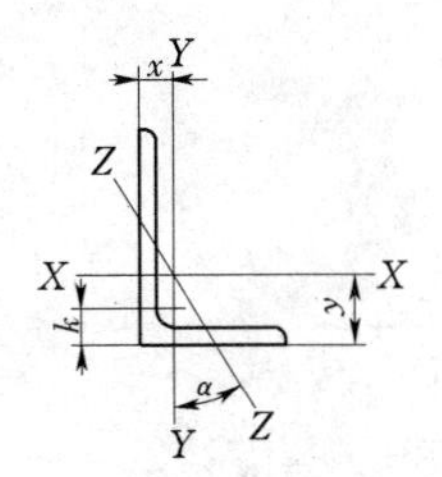

表 9.5 **单角钢特性**

尺寸 厚度 (in)	k (in)	重量 单位 h (lb/ft)	面积 A (in^2)	X-X 轴 I (in^4)	X-X 轴 S (in^3)	X-X 轴 r (in)	X-X 轴 y (in)	Y-Y 轴 I (in^4)	Y-Y 轴 S (in^3)	Y-Y 轴 r (in)	Y-Y 轴 x (in)	Z-Z 轴 r (in)	Z-Z 轴 tanα
8×8×1 1/6	1.75	56.9	16.7	98.0	17.5	2.42	2.41	98.0	17.5	2.42	2.41	1.56	1.000
×1	1.62	51.0	15.0	89.0	15.8	2.44	2.37	89.0	15.8	2.44	2.37	1.56	1.000
8×6×3/4	1.25	33.8	9.94	63.4	11.7	2.53	2.56	30.7	6.92	1.76	1.56	1.29	0.551
×1/1	1.00	23.0	6.75	44.3	8.02	2.56	2.47	21.7	4.79	1.79	1.47	1.30	0.558
6×6×5/8	1.12	24.2	7.11	24.2	5.66	1.84	1.73	24.2	5.66	1.84	1.73	1.18	1.000
×1/1	1.00	19.6	5.75	19.9	4.61	1.86	1.68	19.9	4.61	1.86	1.68	1.18	1.000
5×3 1/2×1/2	1.12	20.0	5.86	21.1	5.31	1.90	2.03	7.52	2.54	1.13	1.03	0.864	0.435
×1/2	1.00	16.2	4.75	17.4	4.33	1.91	1.99	6.27	2.08	1.15	0.987	0.870	0.440
×3/8	0.87	12.3	3.61	13.5	3.32	1.93	1.94	4.90	1.60	1.17	0.941	0.877	0.446
5×3 1/2×1/2	1.00	13.6	4.00	9.99	2.99	1.58	1.66	4.05	1.56	1.01	0.906	0.755	0.479
×3/8	0.87	10.4	3.05	7.78	2.29	1.60	1.61	3.18	1.21	1.02	0.851	0.762	0.486
5×3×1/2	1.00	12.8	3.75	9.45	2.91	1.59	1.75	2.58	1.15	0.829	0.750	0.648	0.357
×3/8	0.87	9.8	2.86	7.37	2.24	1.61	1.70	2.04	0.888	0.845	0.704	0.654	0.364
4×4×1/2	0.87	12.8	3.75	5.56	1.97	1.22	1.18	5.56	1.97	1.22	1.18	0.782	1.000
×3/8	0.75	9.8	2.86	4.36	1.52	1.23	1.14	4.36	1.52	1.23	1.14	0.788	1.000
4×3×1/2	0.94	11.1	3.25	5.05	1.89	1.25	1.33	2.42	1.12	0.864	0.827	0.639	0.543
×3/8	0.81	8.5	2.48	3.96	1.46	1.26	1.28	1.92	0.866	0.879	0.782	0.644	0.551
×5/16	0.75	7.2	2.09	3.33	1.23	1.27	1.26	1.65	0.734	0.887	0.759	0.647	0.554
3 1/2×3 1/2×3/8	0.75	8.5	2.48	2.87	1.15	1.07	1.01	2.87	1.15	1.07	1.01	0.687	1.000
×5/16	0.69	7.2	2.09	2.45	0.976	1.08	0.990	2.45	0.976	1.04	0.990	0.690	1.000
3 1/2×2 1/2×3/8	0.81	7.2	2.11	2.56	1.09	1.10	1.16	1.09	0.592	0.719	0.650	0.537	0.496
×5/16	0.75	6.1	1.78	2.19	0.927	1.11	1.14	0.939	0.504	0.727	0.637	0.540	0.501
3×3×3/8	0.69	7.2	2.11	1.76	0.833	0.913	0.888	1.76	0.833	0.913	0.888	0.587	1.000
×5/16	0.62	6.1	1.78	1.51	0.707	0.922	0.865	1.51	0.707	0.922	0.865	0.589	1.000
3×2 1/2×3/8	0.75	6.6	1.92	1.66	0.810	0.928	0.956	1.04	0.581	0.736	0.706	0.522	0.676
×5/16	0.69	5.6	1.62	1.42	0.648	0.937	0.933	0.898	0.494	0.744	0.683	0.525	0.680
3×2×3/8	0.69	5.9	1.73	1.53	0.761	0.940	1.04	0.543	0.371	0.599	0.539	0.430	0.428
×5/16	0.62	5.0	1.46	1.32	0.664	0.948	1.02	0.470	0.317	0.567	0.516	0.432	0.435
2 1/2×2 1/2×3/8	0.69	5.9	1.73	0.984	0.566	0.753	0.762	0.984	0.566	0.753	0.762	0.487	1.000
×5/16	0.62	5.0	1.46	0.849	0.482	0.761	0.740	0.849	0.482	0.761	0.740	0.489	1.000
2 1/2×2×3/8	0.69	5.3	1.55	0.912	0.547	0.768	0.831	0.514	0.363	0.577	0.581	0.420	0.614
×5/16	0.62	4.5	1.31	0.788	0.466	0.776	0.809	0.446	0.310	0.584	0.559	0.422	0.620

资料来源：摘自《钢结构手册》（第 8 版），版权所有，美国钢结构协会，芝加哥，IL。该表为参考文献中的一系列表格中的一个样本。

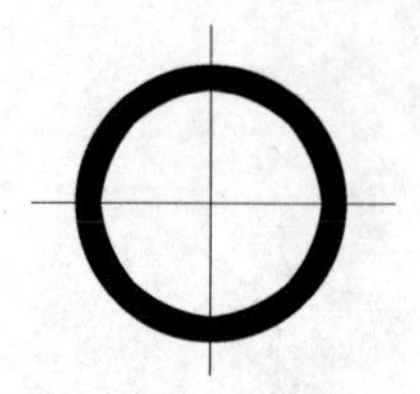

表 9.6 标准重度钢管特性

尺寸				单位重量 (lb)	特性			
名义直径 (in)	外径 (in)	内径 (in)	壁厚 (in)		A (in²)	I (in⁴)	S (in³)	r (in)
½	0.840	0.622	0.109	0.85	0.250	0.017	0.041	0.261
¾	1.050	0.842	0.113	1.13	0.333	0.037	0.071	0.334
1	1.315	1.049	0.133	1.68	0.494	0.087	0.133	0.421
1¼	1.660	1.380	0.140	2.27	0.669	0.195	0.235	0.540
1½	1.900	1.610	0.145	2.72	0.799	0.310	0.326	0.623
2	2.375	2.067	0.154	3.65	1.07	0.666	0.561	0.787
2½	2.875	2.469	0.203	5.79	1.70	1.53	1.06	0.947
3	3.500	3.068	0.216	7.58	2.23	3.02	1.72	1.16
3½	4.000	3.548	0.226	9.11	2.68	4.79	2.39	1.34
4	4.500	4.026	0.237	10.79	3.17	7.23	3.21	1.51
5	5.563	5.047	0.258	14.62	4.30	15.2	5.45	1.88
6	6.625	6.065	0.280	18.97	5.58	28.1	8.50	2.25
8	8.625	7.981	0.322	28.55	8.40	72.5	16.8	2.94
10	10.750	10.020	0.365	40.48	11.9	161	29.9	3.67
12	12.750	12.000	0.375	49.56	14.6	279	43.8	4.38

资料来源：摘自《钢铁结构手册》(第8版)，版权所有，美国钢结构协会，芝加哥，IL。该表为参考文献中的一系列表格中的一个样本。

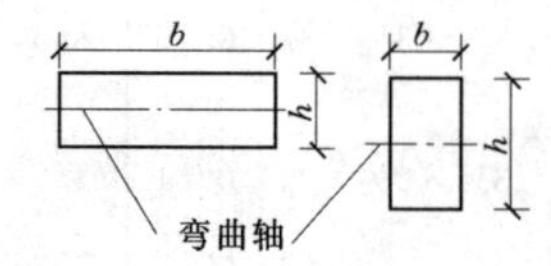

表 9.7 结构木材的特性

尺寸 (in)		面积	截面模量	惯性矩	重量①
名义 $b\times h$	实际 $b\times h$	A (in²)	S (in³)	I (in⁴)	(lb/ft)
2×3	1.5×2.5	3.75	1.563	1.953	0.9
2×4	1.5×3.5	5.25	3.063	5.359	1.3
2×6	1.5×5.5	8.25	7.563	20.797	2.0
2×8	1.5×7.25	10.875	13.141	47.653	2.6
2×10	1.5×9.25	13.875	21.391	98.932	3.4
2×12	1.5×11.25	16.875	31.641	177.979	4.1
2×14	1.5×13.25	19.875	43.891	290.775	4.8

续表

尺寸 (in)		面 积	截面模量	惯性矩	
名义 $b\times h$	实际 $b\times h$	A (in^2)	S (in^3)	I (in^4)	重 量[①] (lb/ft)
3×2	2.5×1.5	3.75	0.938	0.703	0.9
3×4	2.5×3.5	8.75	5.104	8.932	2.1
3×6	2.5×5.5	13.75	12.604	34.661	3.3
3×8	2.5×7.25	78.125	21.901	79.391	4.4
3×10	2.5×9.25	23.125	35.651	164.886	5.6
3×12	2.5×11.25	28.125	52.734	296.631	6.8
3×14	2.5×13.25	33.125	73.151	484.625	8.1
3×16	2.5×15.25	38.125	96.901	738.870	9.3
4×2	3.5×1.5	5.25	1.313	0.984	1.3
4×3	3.5×2.5	8.75	3.646	4.557	2.1
4×4	3.5×3.5	12.25	7.146	12.505	3.0
4×6	3.5×5.5	19.25	17.646	48.526	4.7
4×8	3.5×7.25	25.375	30.661	111.148	6.2
4×10	3.5×9.25	32.375	49.911	230.840	7.9
4×12	3.5×11.25	39.375	73.828	415.283	9.6
4×14	3.5×13.25	46.375	102.411	678.475	11.3
4×16	3.5×15.25	53.375	135.661	1034.418	13.0
6×2	5.5×1.5	8.25	2.063	1.547	2.0
6×3	5.5×2.5	13.75	5.729	7.161	3.3
6×4	5.5×3.5	19.25	11.229	19.651	4.7
6×6	5.5×5.5	30.25	27.729	76.255	7.4
6×10	5.5×9.5	52.25	82.729	392.963	12.7
6×12	5.5×11.5	63.25	121.229	697.068	15.4
6×14	5.5×13.5	74.25	167.063	1127.672	18.0
6×16	5.5×15.5	85.25	220.229	1706.776	20.7
8×2	7.25×1.5	10.875	2.719	2.039	2.6
8×3	7.25×2.5	18.125	7.552	9.440	4.4
8×4	7.25×3.5	25.375	14.802	25.904	6.2
8×6	7.5×5.5	41.25	37.813	103.984	10.0
8×8	7.5×7.5	56.25	70.313	263.672	13.7
8×10	7.5×9.5	71.25	112.813	535.859	17.3
8×12	7.5×11.5	86.25	165.313	950.547	21.0
8×14	7.5×13.5	101.25	227.813	1537.734	24.6
8×16	7.5×15.5	116.25	300.313	2327.422	28.3
8×18	7.5×17.5	131.25	382.813	3349.609	31.9
8×20	7.5×19.5	146.25	475.313	4634.297	35.5
10×10	9.5×9.5	90.25	142.896	678.755	21.9
10×12	9.5×11.5	109.25	209.396	1204.026	26.6
10×14	9.5×13.5	128.25	288.563	1947.797	31.2
10×16	9.5×15.5	147.25	380.396	2948.068	35.8
10×18	9.5×17.5	166.25	484.896	4242.836	40.4
10×20	9.5×19.5	185.25	602.063	5870.109	45.0
12×12	11.5×11.5	132.25	253.479	1457.505	32.1
12×14	11.5×13.5	155.25	349.313	2357.859	37.7
12×16	11.5×15.5	178.25	460.479	3568.713	43.3

续表

尺寸 (in)		面　积	截面模量	惯性矩	
名义 $b \times h$	实际 $b \times h$	A (in^2)	S (in^3)	I (in^4)	重　量[①] (lb/ft)
12×18	11.5×17.5	201.25	586.979	5136.066	48.9
12×20	11.5×19.5	224.25	728.813	7105.922	54.5
12×22	11.5×21.5	247.25	885.979	9524.273	60.1
12×24	11.5×23.5	270.25	1058.479	12437.129	65.7
14×14	13.5×13.5	182.25	410.063	2767.922	44.3
16×16	15.5×15.5	240.25	620.646	4810.004	58.4

资料来源：摘自《国家木结构设计规范》，1982年版，版权所有，国家森林资源协会，华盛顿，DC。

① 假定平均密度为35psf。

第10章

应力和变形

结构的作用是使结构材料内产生了应力及相应的形状改变或变形（见图 10.1）。单一的压力和拉力产生相应的受压或受拉的正应力，以及相应的形状改变，缩短或伸长；剪力产生了剪切应力和角度变化；其他力的作用和这些作用的组合产生了压应力、拉应力和剪应力这三种基本应力形式的一些组合情况。例如，弯矩在相应的结构构件上产生了相对的压力和拉力的组合作用，构件长度方向弯矩的增加导致构件的进一步弯曲。

本章列举了结构材料性能的一些基本问题。

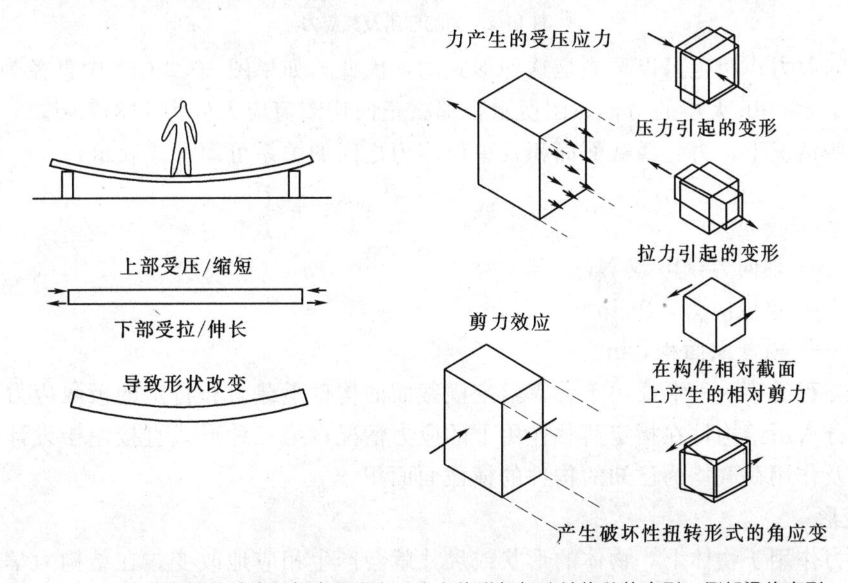

图 10.1　力的作用使结构材料产生应力，应力的增加加速结构整体变形，例如梁的变形

10.1 材料的力学性能

应力可以看作是单位应力，并以单位面积上的力的大小进行度量。单位面积一般是结构构件横截面面积的增量，力是作用在横截面上力。因此，图 10.2（*a*）中，6400lb 的力在柱 $64in^2$ 的横截面上产生了 100psi 的单位应力；同理，可以计算出图 10.2(*c*) 中，1500lb 的拉力在直径为 1/2in 杆中产生了 7653psi 的单位拉应力。

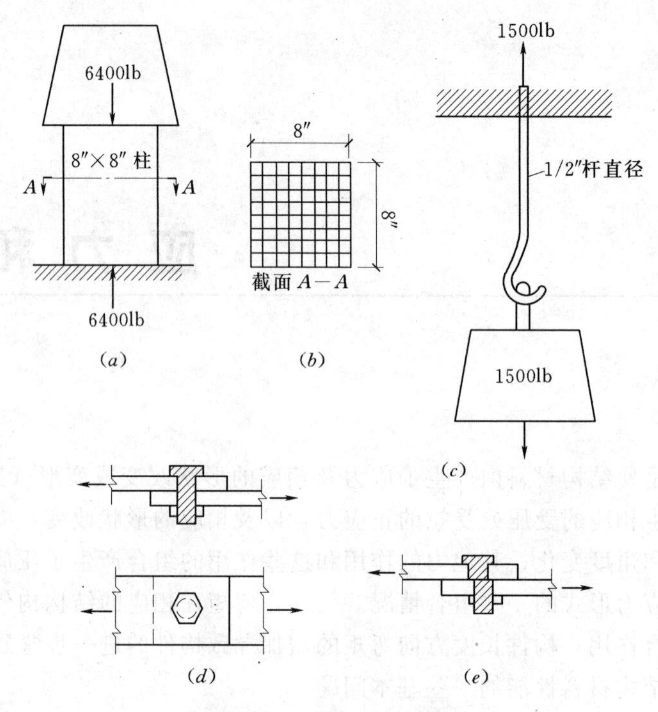

图 10.2 力的作用及其应力

直接的剪力作用也可以看成是这种形式的，因此，如果图 10.2（*d*）中直径为 3/4in 的螺栓屈服于 5000lb 大小的力，如图所示，那么正向切割剪应力应为 11317psi。

在这些情况下，力、横截面面积及单位应力之间的关系可用下式表示：

$$P = fA \text{ 或 } f = \frac{P}{A} \text{ 或 } A = \frac{P}{f}$$

式中 P——轴向力，lb 或 N；

f——单位应力，lb/in^2 (psi)；

A——横截面面积，in^2。

应力方程的第一种形式用于计算给定横截面的构件承载力和特定的极限应力；第二种形式用于分析所给构件在指定荷载作用下的应力情况；第三种形式直接用于设计中，计算极限应力及作用荷载均为已知的构件的横截面面积。

1. 变形

只要力作用于物体上，物体的形状或尺寸就会产生相应地改变。在结构力学上，这种改变称为变形。即使力的大小可以忽略，变形有时会小到即使用最精密的仪器都无法测量，但是变形也是同样会出现的。结构设计中，构件的变形情况通常是必须要弄清楚的。

例如，楼板，它可以足够大，以至能安全地承受给定的荷载，但是它可能会出现转动（这种变形由弯矩引起），变形可能一直发展到石骨天花板以下产生开裂，或地板在正常使用时其弹性变形过大。对于这些经常出现的情况，我们能很容易确定其变形情况，这样的变形是我们将要具体讨论的问题。

2. 强度

材料或结构构件的强度决定了其抵抗外力的能力。材料强度可以根据其对三种基本应力（压应力、拉应力和剪应力）的抗力来表示。结构构件的强度可以根据其抵抗特定的结构作用能力表示，例如，正压力、正拉力和弯矩等。

10.2　正应力在设计中的应用

在求解正应力方程的例题和习题时可以发现，求解构件在给定荷载作用下产生的单位应力（$f = P/A$）及利用允许单位应力求解在给定荷载作用下的构件尺寸（$A = P/f$）的计算是不同的。当然，后一种方程形式经常用于设计中，由于材料和工业规范描述的不同，确定受拉、受压、受剪及弯曲产生的容许应力的过程也不相同，从参考文献中获得的数据列于表 10.1 中。

实际设计中，特殊地点建筑结构的建筑管理规范必须与特殊的细节要求相一致，许多地方性条例要经常不断地进行修订，可以与工业生产推荐的容许应力不一致。

除了剪应力，我们所讨论的其他应力必须是正应力或轴向应力，这意味着它们可以被假定为均匀分布于横截面上。所举的例题和习题均为下面三种情况：①结构构件设计（$A = P/f$）；②安全荷载计算（$P = fA$）；③结构安全性的验算（$f = P/A$）。下面的例子将逐一说明以上三种情况。

表 10.1　普通结构材料特性值

材料及其特性	特性值	
	psi	kPa
结构用钢		
屈服强度	36000	248220
容许拉力	22000	151690
弹性模量 E	29000000	200000000
混凝土		
f'_c（指定抗压强度）	3000	20685
容许压力	900	6206
弹性模量 E	3100000	21374500
结构用木材		
容许压力，沿顺纹方向	1150	7929
弹性模量 E	1600000	11032000

【例题 10.1】　设计（确定尺寸）一个正方形截面的花旗松木短柱，确定结构的等级，已知该柱受一大小为 30000lb（133440N）的荷载。

解： 参考表 10.1，木结构平行于纹理方向的容许单位压应力为 1150psi（7929kPa），则所需的柱截面面积为

$$A = \frac{P}{f} = \frac{30000}{1150} = 26.09\text{in}^2(16829\text{mm}^2)$$

由表 9.7 知，可以选择面积为 30.25in^2（19517mm^2）的木柱，大小为 6in×6in，实际尺寸为 5½in×5½in。

【例题 10.2】　计算边长为 2ft（0.6096m）的正方形混凝土短支座的安全轴向受压荷载。

解：支座的面积为 $4ft^2$ 或 $576in^2$（$0.3716m^2$），表10.1给出混凝土的容许单位压应力为900psi（6206kPa），因此，支座的安全荷载为

$$P = fA = 900 \times 576 = 528400\text{lb}(206\text{kN})$$

【例题10.3】 健身房器械用钢杆吊于其屋面桁架上，每根钢杆承受的拉力荷载为11200lb（49818N）。钢杆直径为7/8in（22.23mm），杆端经过锻造，使其能充分利用杆截面面积（$0.601in^2$）（$388mm^2$），否则，螺纹的切割将降低杆的横截面面积。计算分析该设计是否安全。

解：由于吊杆整个横截面面积都有效，单位应力可计算为

$$f = \frac{P}{A} = \frac{11200}{0.601} = 18636\text{psi}(128397\text{kPa})$$

表10.1给出钢材的容许单位拉应力为22000psi（151690kPa），这一值大于计算结果，故该设计安全。

当然，上述正应力计算公式也可以作为剪应力计算公式 $f_v = P/A$，但必须清楚剪应力是横向作用于截面的——与作用面夹角不是直角。而且剪应力公式可以直接用于图10.2（*d*）和图10.2（*e*）的情况，但当剪应力公式用于计算梁的截面时，就需要进行修正。后一种情况将在第11.5节中详细讨论。

习题10.2A 钢杆承受26kip（115648kN）轴向荷载时，计算所需的最小横截面面积？

习题10.2B 一方形截面花旗松木短柱，承受61kip（271.3kN）轴向荷载，选择结构的等级，计算其名义尺寸的值为多少？

习题10.2C 一钢杆，直径为1.25in（31.75mm），杆端经过锻造，计算它所能承受的安全荷载。

习题10.2D 一花旗松木短柱，截面为12in×12in（实际为292.1mm），选择结构的等级，计算该柱所能承受的安全荷载。

习题10.2E 一花旗松木短柱，其名义尺寸为6in×8in（实际为139.7mm×190.5mm），承受50kip（222.4kN）轴向荷载，选择结构的等级，计算该结构是否安全。

习题10.2F 一混凝土短支座，截面为1.5ft（457.2mm）的正方形截面，如果承受150kip（667.2kN）的轴向荷载，校核该结构是否安全。

10.3 变形和应力：联系与要点

应力是一个关键的问题，主要用于计算结构强度，由应力引起的结构变形也与之有关。应力与应变的关系是必须要进行定量计算的。本节将讨论它们之间的联系与要点。

1. 虎克定律

根据对钟表上的弹簧试验的结果，17世纪的数学家、物理学家虎克，提出了“变形和应力成正比”的理论。换言之，如果一个力产生了一定的变形，那么2倍的力将产生2倍的变形。虽然这个物理定律在结构工程中非常重要，但我们会发现，虎克定律只有在一定的极限范围内才成立。

2. 弹性极限和屈服点

用一根横截面面积为 $1in^2$ 的结构钢杆进行拉伸试验，精确测量其长度，然后施加一

个大小为 5000lb 的力，该力将在钢杆上产生大小为 5000psi 的单位拉应力，重新测量其长度，我们会发现杆有了一定的伸长量，假定为 $x$in；再多加 5000lb 的力，这时的伸长量为 $2x$，即第一次所加荷载 5000lb 时伸长量的 2 倍。继续测验，我们会发现每增加 5000lb 的荷载，钢杆就会多产生同最初施加 5000lb 荷载时一样的伸长量；也就是说，变形（长度的改变）正比于应力。至此，虎克定律是成立的。但是，如果单位应力达到 36000psi，那么每增加 5000lb 荷载，长度的增量将大于 x，这个单位应力称为弹性极限或屈服应力，超过这个应力极限，虎克定律就不再成立。

分析中另一种现象也必须注意。在上述试验中，若所加荷载产生的应力低于弹性极限，那么将该荷载卸掉后，杆能恢复到原长；否则，杆不能恢复到原长，这种不可恢复的变形称为永久变形。这一现象提供了定义弹性极限的另一种方法：若单位应力超过弹性极限，则卸掉荷载后试件不能恢复其原长。

如果在超出弹性极限后继续进行试验，就会出现即使荷载不变，变形也将继续增加的情况。发生这种变形时的单位应力称为屈服点，它仅比弹性极限值稍高一点。屈服点有时也称为屈服应力，通过试验可以比弹性极限更精确地测出。屈服点是一个非常重要的单位应力值。非延性材料，例如木材和铸铁，没有弹性极限和屈服点。

3. 极限强度

在上述试验中，超过屈服点后，随着荷载增加，钢杆产生进一步的抗力，当荷载值达到足够大时，结构会断裂。临断裂前钢杆的单位应力称为极限强度。对于试验中给定等级的钢材，其极限强度为 80000psi。

虽然弹性极限和极限强度之间还有一定的差值，但是结构构件的设计应使其正常使用状态下的应力不超过弹性极限。超过弹性极限后，应力产生的变形是永久变形，因此，结构形状的改变也是不可恢复的。

4. 安全系数

由于结构的实际荷载和材质的均匀性中存在有不确定因素，因此设计中需要有强度的储备值。强度储备的程度称为安全系数。关于安全系数没有统一的定义，下面的讨论有助于理解这一概念。

假定钢结构单位拉应力极限值为 58000psi，屈服应力为 36000psi，容许应力为 22000psi。如果安全系数定义为极限应力与容许应力的比，则其值为 58000/22000，或 2.64；另外，如果安全系数定义为屈服应力与容许应力的比，则其值为 36000/22000，或 1.64。这是一个明显的变化，由于当结构构件产生的应力超过弹性极限时，会出现变形破坏，因此较大的值可能会产生误导。因此，“安全系数”一词现今并没被普遍采用，建筑规范一般规定的是设计中不同等级钢材的容许单位应力。

如果需要判断一个构件的安全性，那么问题本身的解决就需要考虑其各个结构构件，计算它们在现有荷载情况下的实际单位应力，并将这些值与当地建筑规范规定的容许应力进行比较，这一过程称为结构分析。

5. 弹性模量

在材料的弹性极限范围内，变形正比于应力。变形的大小可以根据弹性模量这一数值（比值）进行计算，弹性模量表示材料的刚度等级。

如果单位应力较大，而对应的变形较小，就称该材料为刚性材料。例如，横截面面积

为 $1in^2$，长为 10ft 的钢杆，在 2000lb 拉力的作用下会伸长约 0.008in；但同样尺寸的木材，在相同荷载作用下将会伸长 0.24in。因为相同单位应力作用下钢材的变形小，因此，就可以认为钢材的刚度比木材大。

弹性模量定义为单位应力除以单位变形，单位变形指变形的百分比，一般称为应变。因为它是一个比值，所以，它是一个无量纲的量，表示如下：

$$s = \frac{e}{L}$$

式中 s——应变，或单位变形；

e——实际尺寸的变化；

L——构件原长度。

正应力弹性模量用 E 表示，单位为 lb/in^2。对于大部分结构构件，其受拉受压的 E 值相同。用 f 表示单位应力，s 表示应变，则 E 表示为

$$E = \frac{f}{s}$$

由第 10.1 节 $f = P/A$，可知，如果用 L 表示构件长度，e 表示总变形，则单位长度的变形一定等于总变形除以长度，或 $s = e/L$。现在可以用方程表示定义的 E 值：

$$E = \frac{f}{s} = \frac{P/A}{e/L} = \frac{PL}{Ae}$$

也可以写成下列的形式：

$$e = \frac{PL}{AE}$$

式中 e——总变形，in；

P——力，lb；

L——长度，in；

A——横截面面积，in^2；

E——弹性模量，lb/in^2。

注意：E 和 f 的单位相同，这是因为方程 $E = f/s$ 中，s 为无量纲的值。对于钢材，E=29000000psi（200000000kPa）；对于木材，E 的大小从 1000000psi（6895000kPa）到 1900000psi（13100000kPa）不等；对于一般结构等级的混凝土，E 的取值范围为 2000000psi（13790000kPa）～5000000psi（34475000kPa）。

【例题 10.4】 一直径为 2in（50.8mm），长为 10ft（3.05m）的钢杆在拉力为 60kip（26688kN）时屈服，则它的伸长量为多少？

解：直径 2in（50.8mm）钢杆的面积为 $3.1416in^2$（$2027mm^2$）。检验杆的应力是否在弹性范围内，我们会发现

$$f = \frac{P}{A} = \frac{60}{3.1416} = 19.1\text{ksi}(131663\text{kPa})$$

即在普通钢结构弹性极限（36ksi）范围内，因此变形计算公式可用。所给数据有 P=60kip，L=120in，A=3.1416 及 $E = 29000000$。利用这些数据，我们可以计算出杆的总长度为

$$e = \frac{PL}{AE} = \frac{60000 \times 120}{3.1416 \times 29000000} = 0.079\text{in}(2.0\text{mm})$$

习题 10.3A 一根钢杆，截面为正方形，边长 1in（25.1mm），杆的长度为 2ft（610mm），要使其伸长 0.016in（0.4046mm），需施加多大的力？

习题 10.3B 一根名义尺寸为 8in×8in（实际为 190.5mm），长为 12ft（3.658m）的花旗松木柱，在 45kip（200kN）大小的轴向荷载作用下缩短多少？

习题 10.3C 一根钢杆，截面为正方形，边长 1in（25.1mm），杆的长度为 16in（406mm），对该杆进行试验。试验数据表明，当杆承受 20.5kip（91.184kN）的拉力时伸长了 0.0111in（0.282mm），计算钢材的弹性模量。

习题 10.3D 一根直径为 1/2in（12.7mm），长度为 40ft（12.19m）的圆钢管，承受大小为 4kip（17.79kN）的力。它的伸长量为多少？

10.4 非弹性和非线性分析

本书所讨论的大部分的应力和应变问题，都与理想化的传统结构分析理论有关，该理论认为应力和应变的关系是线弹性的。对于简单的定义及根据应力和应变计算得到的基本关系，这种假定是有用的。但是，普通结构材料的实际问题有别于理想状况。

图 10.3 重复了图 1.37，最初用图 1.37 定义一些基本概念和关系。线性应力-应变关系在图中用曲线 1 和 2 表示，非线性应力-应变关系在图中用曲线 3 表示。曲线 1 和 2 表示的材料的弹性模量 E 为一定值，而曲线 3 表示的 E 值和它们不同。金属和陶瓷一般是曲线 1 和曲线 2 描述的情况，因此，这些材料的 E 值可以在相当大的应力值范围内都运用；木材和混凝土的反应形式较接近曲线 3，因此，当其应力-应变的改变程度超过了一定范围时就必须进行一些判断。

还有一个考虑因素与材料的相对弹性有关，它一般是指卸掉材料的应力后，其变形的恢复程度，例如，一根好的橡皮带可以被拉的相当长，且松手后能完全恢复到原长，结构材料在一定的范围内也是如此变化的。如图 10.3 所示曲线 4，它描述了一般的延性材料的应力/应变反应特性，例如，普通的结构用钢即具有该特性。最初材料表现出线性的应力/应变反应；然而，当应力大小达到屈服点时，即使应力不变，应变也会有相当大的增加，达到屈服点时，应变是可以恢复的（材料仍为弹性的）；但超过该极限的变形将不能恢复。图 10.4 列举了这种情况。图中，箭头指向朝下的部分表明了应变超过屈服点后应力逐渐减小至零的过程中的应力/应变反应情况。

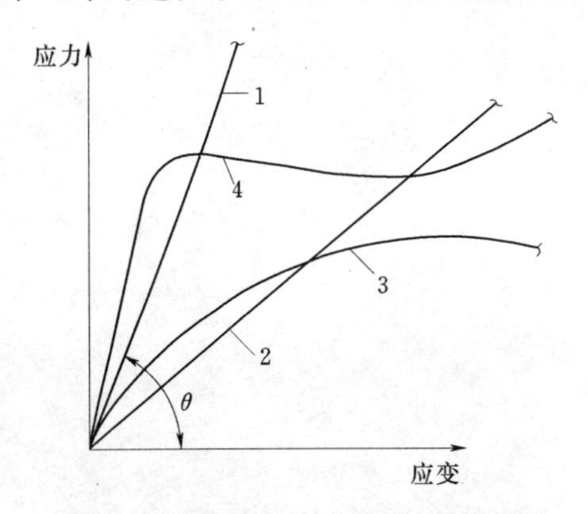

图 10.3 从零应力到破坏的应力-应变关系

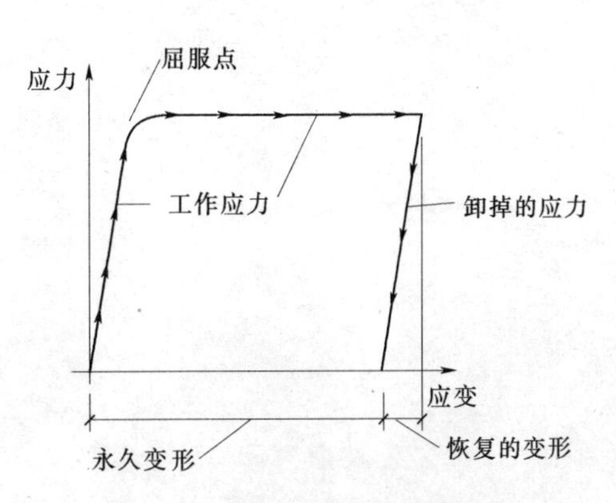

图 10.4 延性材料的应力-应变关系

这些结论涉及结构材料的一般性能。当材料达到极限反应界限时，它们的影响性更值得关注。然而在一般极限条件下，即达到结构的最大期望使用条件，它们对正常使用的影响很小，所以，它们对实际期望的结构作用影响不大。但是，它们可能——的确如此——十分重要地影响到结构极限承载力状态下材料的反应特点。

由于本书为入门教程，主要处理那些简单的、理想化的材料的反应，这既是逻辑起点，又是复杂研究的参考点。大部分现行结构设计工作都采用基于极限荷载条件下的估计的方法，称为强度状态或强度设计。这里的强度是指材料或整个结构的极限强度。在这里完整描述这些方法的背景是不可能的，这些方法不可避免地在相当大的程度上要基于非线性和非弹性分析。但是，第11.10节将讨论钢结构的非线性分析方法，第15章将讨论混凝土的极限应力限制。

第11章

梁中的应力与应变

关于梁受外荷载作用和支座的反作用问题的解法在第4章中进行了讨论，在第4章中我们讨论的问题还有外力引起的剪力和弯矩对内力发展的影响。本章讨论梁截面材料如何通过应力产生对剪力和弯矩的内部抗力。应力不可避免地要牵涉到应变，因此也须考虑梁的应变，主要是变形的影响，应力曲线是一条代表梁从初始位置到承受荷载以后的变形曲线。

梁应力和应变的主要考虑因素已经影响到了被广泛运用的结构产品的发展情况，例如，图11.1所示的I型钢构件。对于I形钢梁，对竖向腹板进行理想化调整使其抵抗竖向剪力，而剩下的宽翼缘用于抵抗弯矩产生的拉/压力。

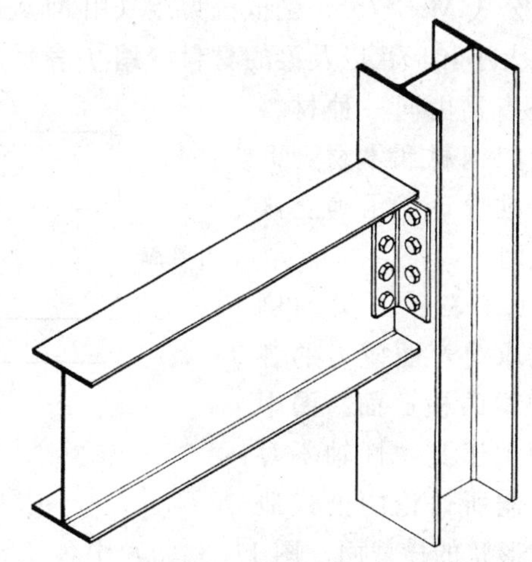

图11.1　已确定的考虑了材料特性影响的I形钢梁标准横截面

I形钢梁的基本生产过程和建筑框架中钢结构的连接方法都是热轧的。由于主要考虑因素是结构构件作为一个梁的用途，因此调整腹板使其位于竖向重力荷载作用平面内。所以，几百种标准图形中的每种图形和尺寸都主要地考虑了梁应力和变形的能力。选自《建筑结构基础》（第2版），E. Allen著，1990年；出版单位：John Wiley & Sons，New York

11.1　抗弯能力

正如前几章所述，弯矩是梁上外力通过弯曲使梁发生变形趋势的度量。本章的目的是分析梁中抵抗弯矩的作用，称为抵抗力矩。

图11.2（*a*）为一根简单的梁，其横截面为矩形，梁上作用一单独集中力*P*。图11.2（*b*）为反力和*X*-*X*截面间梁的放大图形。对于截

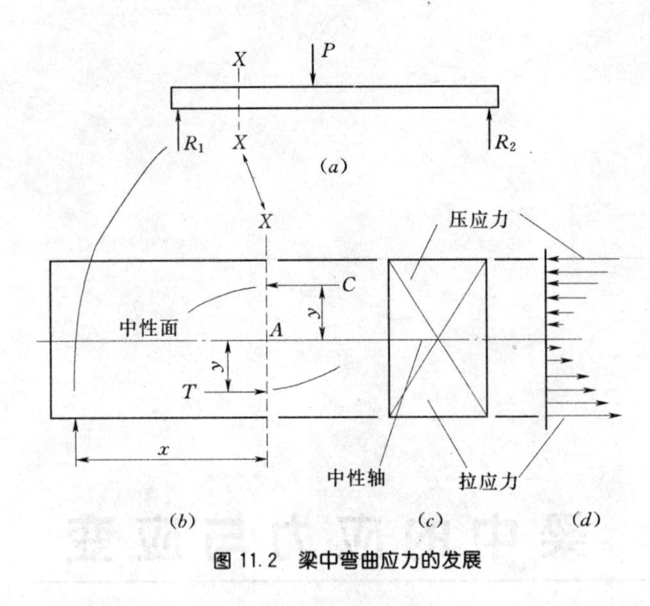

图 11.2 梁中弯曲应力的发展

面上假定的点 A，R_1 产生一个顺时针方向的旋转趋势，这被定义为截面的弯矩。在这种形式的梁中，上部纤维受压，下部纤维受拉，有一水平面划分压应力和拉应力，称为中性面。对于弯曲，该截面上既无压力又无拉力。中性面与梁截面［见图 11.2 (c)］的交线称为中性轴，用 NA 表示。

设作用于截面上部的所有压应力之和为 C，作用于截面下部的所有拉应力之和为 T，截面上这些应力的力矩和使梁保持平衡，称为抵抗力矩，其大小等于弯矩。A 点的弯矩为 R_1x，A 点的抵抗力矩为 $Cy+Ty$。弯矩引起的顺时针旋转的趋势，抗力矩产生逆时针旋转的趋势。如果梁保持平衡，则力矩相等，即

$$R_1x = Cy + Ty$$

也就是说，弯矩等于抵抗力矩。这就是梁的挠曲（弯曲）理论。对于任意形式的梁，其弯矩都可以通过计算得到，设计一个梁来抵抗弯曲趋势，但这要求所选构件的横截面的形状、面积和材料能产生与弯曲相等的抵抗力矩。

弯曲公式

弯曲公式 $M=fS$，是抵抗力矩（用 M 表示）的表达式，它包括梁截面（公式中用 S 表示）的大小和形状以及梁的材料（用 f 表示）。它适用于所有材料相同的梁的设计，材料相同是指梁由同一种材料组成。例如钢材和木材。下面的简要推导论述了确立该公式的原则。

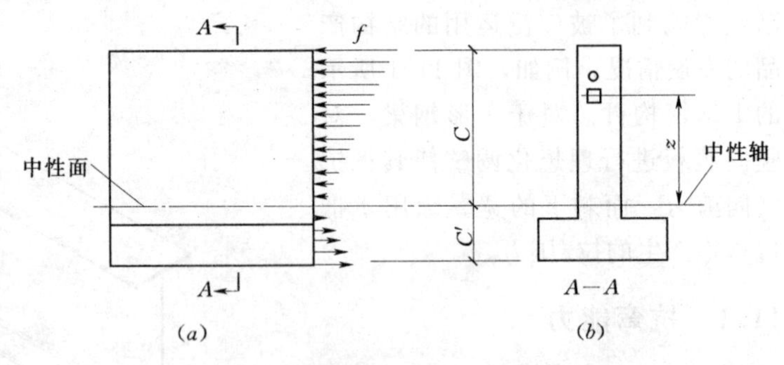

图 11.3 梁横截面上弯曲应力的分布

图 11.3 表示了梁的侧面，以及承受弯曲应力的各向同性的梁的横截面。图中所示截面关于其中性轴不对称，但我们所讨论的公式适用于任意形状的横截面。图 11.3 (a) 中，令 c 表示边缘纤维到中性轴的最远距离，令 f 表示距中性轴 c 距离处边缘纤维的单位应力。如果 f（边缘纤维的最大应力）不超过材料的弹性极限，则其余纤维上的应力与它们到中性轴的距离成正比，也就是说，如果一纤维到中性轴的距离为另一纤维到中性轴距离的 2 倍，那么，较远距离纤维的应力也为另一纤维值的 2 倍。图中应力用带箭头的短线表示，该短线标出了压应力和拉应力的作用方向。如果 c 的单位为 in，则 1in 距离处纤维的单位应力为 f/c。现假定距中性轴 z 处有一块有限的面积 a，该处单位应力为 $(f/a)\times z$，由于该小块面积为 $a\text{in}^2$，则作用在纤维 a 上的总

应力为 $(f/a)\times z\times a$。z 距离处的纤维 a 的应力力矩为

$$\frac{f}{c}\times z\times a\times z \text{ 或 } \frac{f}{c}\times a\times z^2$$

这些微小的面积中有一个极大值，利用求和符号$\sum$表示这些极大值的和：

$$\sum\left(\frac{f}{c}\times a\times z^2\right)$$

它表示截面上所有应力关于中性轴的力矩和，这就是抵抗力矩，它等于弯矩。因此

$$M_R=\frac{f}{c}\times\sum(a\times z^2)$$

数值$\sum(az^2)$可以看作“所有元素的面积和它们到中性轴的距离的平方的乘积的和”，也称为惯性矩，并用 I（参看第 9.2 节）表示。因此，上式可替换为

$$M_R=\frac{f}{c}\times I \text{ 或 } M_R=\frac{fI}{c}$$

上式称为弯曲公式或梁的公式，它使得对单一材料组成的任意梁进行设计成为可能。可以利用 S 代替 I/c，进一步简化表达式，这里 I/c 称为截面模量，该模量在第 9.4 节进行了全面介绍。通过代换，公式变为

$$M=fS$$

11.2 梁的分析

梁分析的一种方法是利用弯曲公式。其基本分析是检验在某一荷载作用下，梁的强度是否满足要求；对于弯曲，弯曲公式可用于计算荷载产生的最大弯曲应力，然后用该值与梁材料的最大容许值进行比较。

梁分析的另一种方法是计算其在一定荷载和极限弯曲应力作用下所需的截面模量，然后将该 S 值与所给梁的 S 值进行比较。

最后，梁分析的第三种方法是计算其由荷载产生的弯矩的最大值，然后将其与根据截面模量和极限弯曲应力确定的最大截面抵抗力矩进行比较。

梁分析的这三种方法仅是弯曲公式的三种不同形式，下面的例子解释了这三种方法。

【例题 11.1】 一根 W10×30 的钢梁，承受 30kip 的均布荷载，其跨度为 13ft（见图 11.4），其最大容许弯曲应力为 24ksi。(*a*) 计算由该荷载引起的最大弯曲应力；(*b*) 将所需的截面模量与梁的截面模量进行比较；(*c*) 将荷载导致的最大弯矩与梁的最大抗力矩进行比较。通过以上三种方法来确定梁是否安全。

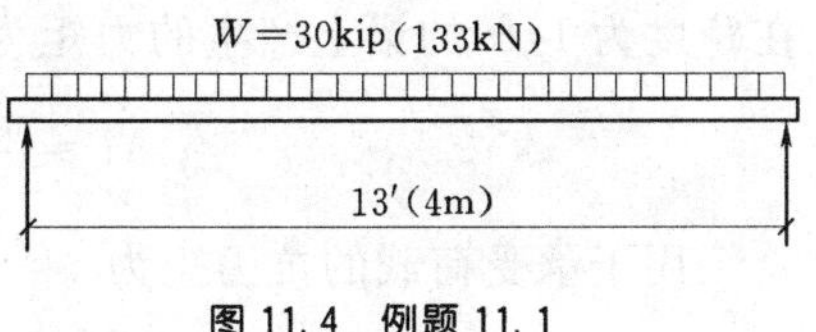

图 11.4 例题 11.1

解：参考图 4.20 情形 2，荷载最大弯矩为

$$M=\frac{WL}{8}=\frac{30\times 13}{8}=48.8\text{kip}\cdot\text{ft} \text{ 或 } 48.8\times 12=585.6\text{kip}\cdot\text{in}$$

由表 9.3 知，梁的截面模量为 36.6in^3，那么

(*a*) 最大力矩引起的最大弯曲应力为

$$f = \frac{M}{S} = \frac{585.6}{36.6} = 16.0\text{ksi}$$

由于该值小于容许应力，故梁安全。

(*b*) 容许应力为24ksi，最大力矩为585.6kip·ft所需的截面模量为

$$S = \frac{M}{f} = \frac{585.6}{24} = 24.4\text{in}^3$$

由于该值小于梁的截面模量，故梁安全。

(*c*) 根据梁的给定截面模量和极限应力，梁的最大弯矩为

$$M_R = fS = 24 \times 36.6 = 878.4\text{kip} \cdot \text{in}$$

由于该值大于所需的最大力矩，故梁安全。

显然，我们没有必要对这三种形式都进行计算，因为它们都采用了同一基本方程，并得到了相同的答案。这里，采用三种弯曲公式处理不同的情况都得到了相同的结果。

习题11.2A 一根跨度为10ft的W12×30梁上作用36kip的均布荷载，容许弯曲应力为24ksi。根据弯曲应力计算梁是否安全？

习题11.2B 一根跨度为24ft的W16×45梁上作用5.2kip的均布荷载，且其每1/4梁长处作用有10kip的集中荷载，容许弯曲应力为24ksi。根据弯曲应力计算梁是否安全？

11.3 安全荷载计算

弯曲公式也可以用于计算给定梁所能承受的容许荷载，这时需要的数据包括梁跨长、梁截面面积以及容许弯曲应力。其主要用于确定各种跨度梁的安全荷载表格中的值。以下例子介绍其过程。

【例题11.2】 一根跨度为14ft的W12×30梁，容许弯曲应力为22ksi。计算它所能承受的最大跨中集中荷载。

解：由表格9.3知，梁的截面模量为38.6in³，那么它的最大抵抗力矩为

$$M_R = fS = 22000 \times 38.6 = 849200\text{lb} \cdot \text{in}$$

或
$$\frac{849200}{12} = 70767\text{lb} \cdot \text{ft}$$

这是最大的抗力矩，但梁自重将消耗掉该值的一部分。对于30lb/ft的均布荷载，其在跨度为14ft的梁上产生的力矩为

$$M = \frac{wL^2}{8} = \frac{30 \times 14^2}{8} = 735\text{lb} \cdot \text{ft}$$

用于承受荷载的抗力矩为

$$M = 70767 - 735 = 70032\text{lb} \cdot \text{ft}$$

由图4.20情形1知，集中荷载的最大弯矩为$PL/4$，解P得

$$P = \frac{4M}{L} = \frac{4 \times 70032}{14} = 20009\text{lb}$$

【例题11.3】 一根跨度为14ft的W12×40简支梁，设允许应力为24ksi，则其所能承受的最大均布荷载值为多少？

解：由表9.3知，梁的截面模量为51.9in³。图4.20情形2知，这种荷载的最大力矩为$WL/8$，则

$$M = \frac{WL}{8} = \frac{W \times 14 \times 12}{8} = 21W\text{kip} \cdot \text{in}$$

梁的最大抗力矩为

$$M_R = fS = 24 \times 51.9 = 1245.6\text{kip} \cdot \text{in}$$

由弯矩平衡方程

$$21W = 1245.6 \text{ 或 } W = \frac{1245.6}{21} = 59.3\text{kip}$$

梁总重为 14×40＝560lb，约为 0.6kip，减去该值，则梁承受的总荷载为 59.3－0.6＝58.7kip。

在以下钢梁问题中，忽略梁重，取其容许弯曲应力为 24kip。

习题 11.3A 一根跨度为 16ft 的 W12×30 简支梁。计算其所能承受的最大均布荷载。

习题 11.3B 一根 8×12 木梁，其容许弯曲应力为 1400psi，跨度为 15ft。距两端 1/3 跨长处作用相同的集中力（见图 4.20 情形 3），计算该集中力的最大值。

习题 11.3C 一根跨度为 14ft 的 W14×30 梁，其上作用 7kip 均布荷载和梁跨中集中力。计算该集中力的最大容许值。

习题 11.3D 一根截面为 W12×26，9ft 长的悬臂梁。计算其自由端所能承受的最大集中力。

习题 11.3E 一根跨度为 20ft 的 W16×36 单梁，距离两支座 4ft 处均作用有集中荷载。计算该集中荷载的容许值。

11.4 梁的抗弯设计

弯曲公式主要用于计算由弯曲强度所决定的梁的尺寸，其剪力和变形也需要考虑，但一般先计算弯曲所需的尺寸，然后分析该尺寸是否满足剪力和变形的要求。弯曲公式也可以直接用于这种分析——如下例所示——但问题出现的频率促进了各种缩短计算过程的方法的出现。专业设计人员通常都借助这些方法。

【例题 11.4】 一根跨度为 22ft 的简支梁，所受均布荷载为 36kip（包括梁重），其容许弯曲应力为 24ksi。设计一根钢梁用于抗弯。

解： 由图 4.20 情形 2 知

$$M = \frac{WL}{P} = \frac{36 \times 22}{8} = 99\text{kip} \cdot \text{ft 或 } 99 \times 12 = 1188\text{kip} \cdot \text{in}$$

利用弯曲公式，所需截面模量为

$$S = \frac{M}{f} = \frac{1188}{24} = 49.5\text{in}^3$$

由表 9.3 知，W16×36 的 S 值为 56.5in³，因此该截面是可以接受的，截面模量大于 49.5in³ 的其余截面也是可以接受的。如果没有别的标准，最轻的截面一般是最经济的。（W 型钢设计的最后一个数据表明它每英尺长度的磅数。）

【例题 11.5】 跨度为 16ft 的简支木梁，其上作用的均布荷载为 6500lb（包括自重），如果该木材为某级别的花旗松木，容许弯曲应力为 1600psi。计算其最大弯曲应力作用下横截面面积最小的梁尺寸。

解： 最大弯矩为

$$M = \frac{WL}{8} = \frac{6500 \times 16}{8} = 13000\text{lb} \cdot \text{ft} \text{ 或 } 156000\text{lb} \cdot \text{in}$$

容许弯曲应力为 1600psi，则所需截面模量为

$$S = \frac{M}{f} = \frac{156000}{1600} = 97.5\text{in}^3$$

由表 9.7 知，满足安全要求的最小面积的木材截面为 6×14，其 $S = 167\text{in}^3$ 。

以下习题中忽略梁自重，钢材容许弯曲应力为 24ksi，木材容许弯曲应力为 1600psi。

习题 11.4A 跨度为 17ft 的简支梁，所受均布荷载为 23kip。计算所需的能承受该荷载的最轻的 W 型钢梁的尺寸。

习题 11.4B 跨度为 18ft 的简支梁，两边 1/3 跨中处均作用有 11kip 的集中荷载。设计满足要求的最轻的 W 型钢梁。

习题 11.4C 跨度为 20ft 的简支梁，梁跨中作用有 20kip 的集中荷载，沿梁长还作用有 200lb/ft 的均布荷载。设计满足要求的最轻的 W 型钢梁。

习题 11.4D 某级别的花旗松木梁，梁跨为 15ft，距离一端 5ft 处作用有 9.6kip 的集中荷载。设计满足要求的最轻（最小横截面面积）的梁。

11.5 梁的剪应力

剪力是梁截面对竖向力产生抵抗而形成的，由于梁中剪力和弯矩的相互作用，梁中抵抗应力的准确特性依赖于梁的形式和材料。例如木梁，木材纹理一般用于跨度方向，而且沿木材纹理方向的水平断裂抗力很小。分析图 11.5 所示图形，该图表示了一堆独立的板组成的梁，板间仅有很小的摩擦力。下面的图形为各独立的板相互滑动产生的受载模式，这是梁的破坏趋势，这种木梁中的剪力通常被称为水平剪力。

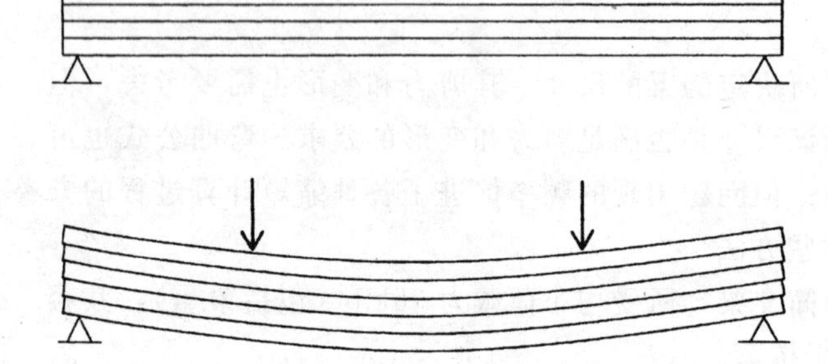

图 11.5 梁中水平剪力的特性

梁的剪应力并不像我们假定的直接剪力（参看第 2.3 节）一样完全分布于梁横截面上，通过观察梁的试验以及剪力和弯矩共同作用下梁端的平衡条件，我们可以通过下面的表达式计算梁的剪应力：

$$f_v = \frac{VQ}{Ib}$$

式中 V——梁截面剪力；

Q——截面边缘到应力计算点之间横截面面积对中性轴的面积矩；

I——截面关于中性（中心）轴的惯性矩；

b——应力计算点截面的宽度。

由上式可以得到最大的 Q 值，而它相应的剪应力可能发生在中性轴上，截面上下两边缘剪应力为零；这是截面剪应力分布的基本特点。各种几何形式的梁的剪力分布如图 11.6 所示。

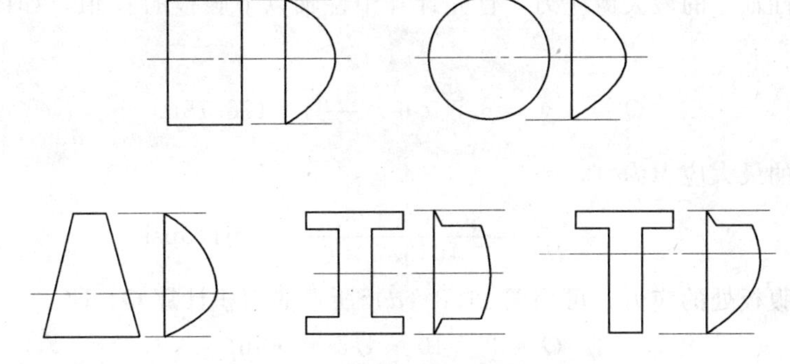

图 11.6 各种截面梁的剪应力分布

下面的例子介绍剪应力公式的一般应用情况。

【例题 11.6】 宽 4in、高 8in 的矩形截面梁，所受剪力为 4kip。计算其最大剪应力［见图 11.7 (*a*)］。

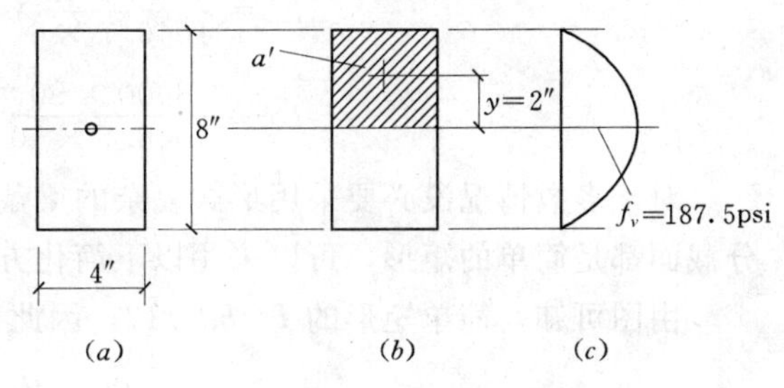

图 11.7 例题 11.6

解：该矩形截面关于其中心轴的惯性矩为（见图 9.12）

$$I = \frac{bd^3}{12} = \frac{4 \times 8^3}{12} = 170.7\text{in}^4$$

静力矩 (*Q*) 为面积 a' 与其中心到中性轴的距离［图 11.7 (*b*) 中用 *y* 表示］的乘积，据此可计算出 *Q* 的最大值及由它产生的截面的最大剪应力。即为

$$Q = a'y = 4 \times 4 \times 2 = 32\text{in}^3$$

和

$$f_v = \frac{VQ}{Ib} = \frac{4000 \times 32}{170.7 \times 4} = 187.5\text{psi}$$

【例题 11.7】 图 11.8 (*a*) 所示 T 形截面梁，所受剪力为 8kip。计算最大剪应力和 T 形截面的翼缘腹板连接处的剪应力。

解：由于截面关于水平中心轴不对称，所以需要首先确定中性轴的位置，并计算截面关于中性轴的惯性矩。为节省篇幅在此略去该步骤，其计算过程可参看第 9 章的例题 9.1 和例题 9.8。由以上分析知，中性轴位于距 T 形截面下端 6.5in 处，关于中性轴的惯性矩为 1046.7in^4。

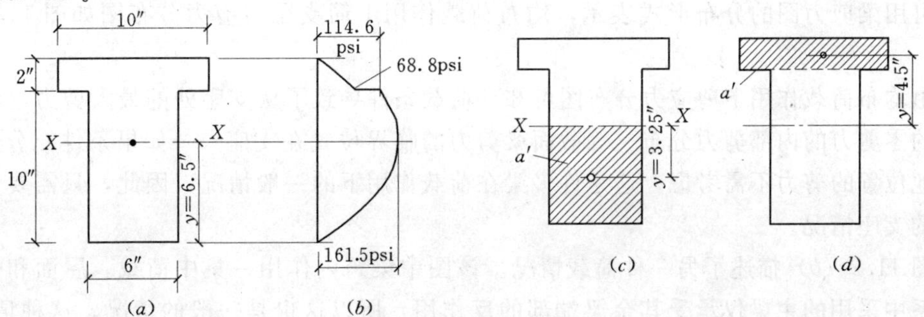

图 11.8 例题 11.7

为计算中性轴上的最大剪应力，首先计算中性轴以下腹板的 Q 值，如图 11.8（c）所示，Q 值为

$$Q = a'y = 6.5 \times 6 \times \frac{6.5}{2} = 126.75\text{in}^3$$

因此中性轴处的最大应力为

$$f_v = \frac{VQ}{Ib} = \frac{8000 \times 126.75}{1046.7 \times 6} = 161.5\text{psi}$$

为计算翼缘和腹板处的应力，可用图 11.8（d）所示的面积计算 Q，即

$$Q = 2 \times 10 \times 4.5 = 90\text{in}^3$$

该处的剪应力有两个值，如图 11.8（b）所示，即

$$f_v = \frac{8000 \times 90}{1046.7 \times 6} = 114.6\text{psi}(\text{腹板})$$

$$f_v = \frac{8000 \times 90}{1046.7 \times 10} = 68.8\text{psi}(\text{翼缘})$$

对于多数情况没必要采用形式复杂的梁截面剪应力的一般表达式。对于木梁，其大部分截面都是简单的矩形，可以采用以下简化方法计算。

由图可知，简单矩形的 $I = bd^3/12$，因此

$$Q = \left(b \times \frac{d}{2}\right) \times \frac{d}{4} = \frac{bd^2}{8}$$

则
$$f_v = \frac{VQ}{Ib} = \frac{V \times (bd^2/8)}{(bd^3/12) \times b} = 1.5\left(\frac{V}{bd}\right)$$

这是设计规范给定的木梁剪力分析简化公式。

习题 11.5A　I 形截面梁，总高 16in（400mm），腹板厚 2in（50mm），翼缘宽 8in（200mm），翼缘厚 3in（75mm），所受剪力为 20kip（89kN）。计算临界剪应力，绘出横截面上剪应力分布图。

习题 11.5B　I 形截面梁，总高 18in（450mm），腹板厚 4in（100mm），翼缘宽 8in（200mm），翼缘厚 3in（75mm），所受剪力为 12kip（53.4kN）。计算临界剪应力，绘出横截面上剪应力分布图。

11.6　钢梁的剪力

梁剪力由梁中竖向荷载（向下）及支座反力（向上）产生的滑动作用组成。内部剪力机制可用梁剪力图的分布形式表示，均布荷载作用下简支梁剪应力分布图如图 11.9（a）所示。

由均布荷载作用下剪应力分布图可知，荷载条件导致了从支座处的最大剪力逐渐到梁跨中的零剪力的内部剪力分布。等截面梁剪力的临界位置在支座——如果条件充分——梁跨其他位置的剪力不需考虑。这是许多梁在荷载作用下的一般情况，因此，只需要分析这种梁的支座情况。

图 11.9（b）描述了另一种荷载情况。该图中梁跨内作用一集中荷载。屋面和楼板框架体系中采用的主梁仅承受其余梁端部的反作用，所以这也是一般的情况。这种情况下，梁的某一段上产生内部剪力。如果集中荷载离一个支座的距离较近，那么内部临界剪力产

生在荷载和较近支座之间的梁长度范围内。

简支矩形横截面，例如木梁，梁剪应力的分布如图 11.9（c）所示，该图为抛物线形状梁中性轴上剪应力最大，边缘（上下边缘）纤维剪应力为零。

对典型的 W 型钢梁中的 I 形横截面，其梁截面剪应力分布如图 11.9（d）（类似于帽子形式）；中性轴处剪应力最大，但是在中性轴和梁翼缘内侧之间的减小较慢。虽然翼缘实际上承受了一点剪力，但梁宽的骤增使梁单位剪应力大小急剧下降。因此，W 型钢传统的剪应力分析忽视了翼缘作用，假定梁中抵抗剪力的部分是宽等于梁腹板厚、高等于梁全高的竖向平面［见图 11.9（e）］，在此基础上建立的单位剪应力计算方程为

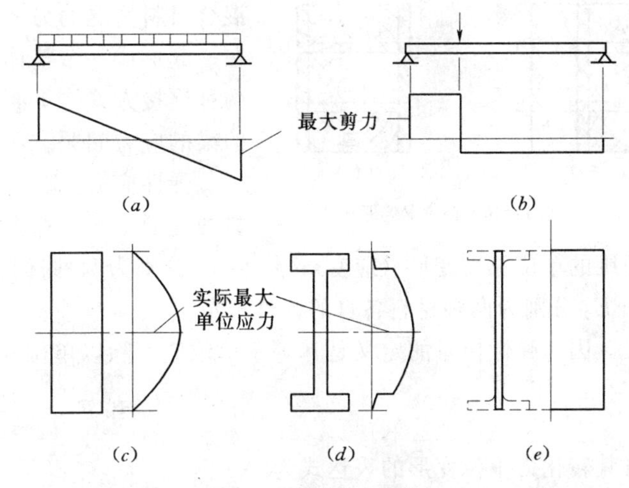

图 11.9 梁中剪力的分布

（a）均布荷载作用下的梁中剪力；（b）集中荷载作用下的梁中剪力；（c）矩形截面；（d）I 形截面；（e）W 形截面上的假设剪力

$$f_v = \frac{V}{t_w d_b}$$

式中 f_v——平均单位剪应力，基于图 11.9（e）所示的假定分布；

V——横截面上的内部剪力值；

t_w——梁腹板厚；

d_b——梁全高。

对于一般情况，W 型钢的容许剪应力为 $0.40F_y$，其中 F_y 为弹性屈服值，对于 A36 钢，该值降到 14.5ksi。

【例题 11.8】 一根长 6ft（1.83m）的 A36 简支梁，距离一端 1ft（0.3m）处承受一个 36kip（160kN）的集中荷载。已知 W10×33 满足弯矩要求，分析梁剪力。

解：该荷载引起的两支反力分别为 30kip（133kN）和 6kip（27kN），梁最大剪力等于较大的反力。

由表 9.3 知，对于给定的截面，$d_b=9.73\text{in}$，$t_w=0.435\text{in}$。那么

$$f_v = \frac{V}{t_w d_b} = \frac{30}{0.435 \times 9.73} = 7.09\text{ksi}$$

该值小于容许应力值 14.5ksi，故该形状可接受。

习题 11.6A～C 计算下列 A36 钢梁的最大容许剪力：

$$(A)W24 \times 84;(B)W12 \times 40;(C)W10 \times 19$$

11.7 叠合梁

到现在为止，所有关于弯曲应力的讨论都是针对由单一材料组成的梁，也就是均质梁。钢筋混凝土结构的梁利用两种材料——钢筋和混凝土——共同作用（参看第 15 章）。

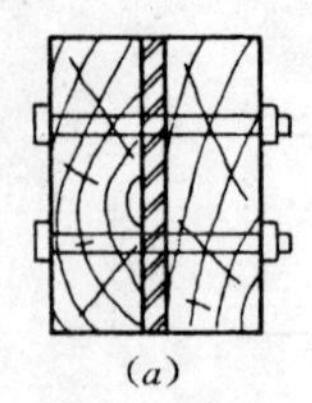
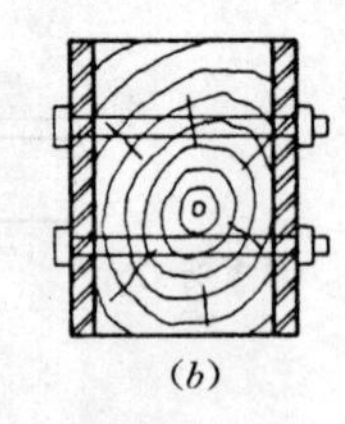

(a) (b)

图 11.10 叠合梁的形式

混合材料情况的另一例子是叠合梁，该梁中钢和木材连在一起形成一个整体，图 11.10 所示为该组合梁截面的两种连接方式。下面将以叠合梁为例讨论两种材料组成的梁的应力问题。

弹性应力/应变分析的基本假定是梁弯曲时两种材料的变形相同，那么令 s_1 和 s_2 分别为两种材料各自最外纤维的单位长度变形（应变）；f_1 和 f_2 分别为两种材料各自最外纤维的单位弯曲应力；E_1 和 E_2 分别为两种材料各自的弹性模量。

因为弹性模量的定义是其等于单位应力除以单位变形（应变），则

$$E_1 = \frac{f_1}{s_1} \text{ 和 } E_2 = \frac{f_2}{s_2}$$

将其转化为单位变形的表达式为

$$s_1 = \frac{f_1}{E_1} \text{ 和 } s_2 = \frac{f_2}{E_2}$$

因为两个变形必须相等，则

$$s_1 = s_2 \text{ 或} \frac{f_1}{E_1} = \frac{f_2}{E_2}$$

由此可得出两应力之间的基本关系为

$$f_1 = f_2 \times \frac{E_1}{E_2}$$

这一基本关系可用于两种材料梁的分析和设计。下面的例子将对其进行介绍。

【例题 11.9】 如图 11.10（a）所示的叠合梁，由两块 2×12 花旗松木板和一块 0.5×11.25 钢板组成，梁跨为 14ft。计算该梁的容许均布荷载。

解：由其他资料可知，这两种材料的相关数据：

对于钢材，E=29000000psi，最大容许弯曲应力为 22ksi。

对于木材，E=1900000psi，最大容许弯曲应力为 1500psi。

试验中假设钢材应力为限制条件，计算对应于钢材极限的木材应力：

$$f_w = f_s \times \frac{E_w}{E_s} = 22000 \times \frac{1900000}{29000000} = 1441\text{psi}$$

由于该结果小于木材极限应力，所以假定正确。也就是说，如果木材容许应力为 1500psi，那么钢材应力将超过 22000psi。

现利用刚得到的极限应力，计算梁每一部分各自所能承受的荷载。其计算过程如下。

对于木材，其最大弯曲应力为 1441psi，这两个构件的组合截面模量为 2×31.6=63.2in^3（由表格 9.7 查得 2×12 的 S 值），则木材的极限弯矩为

$$M_w = f_w S_w = 1441 \times 63.2 = 91071\text{lb} \cdot \text{in 或 } 7589\text{lb} \cdot \text{ft}$$

对于板，S 值必须进行计算得到。由图 9.12 知矩形截面模量为 $bd^2/6$。若板中 b=0.5in，d=11.25in，则

$$S_s = \frac{bd^2}{6} = \frac{0.5 \times 11.25^2}{6} = 10.55\text{in}^3$$

则

$$M_s = f_s S_s = 22000 \times 10.55 = 232100\text{lb} \cdot \text{in 或 } 19342\text{lb} \cdot \text{ft}$$

因此，组合钢木截面的总承载力为

$$M = M_w + M_s = 7589 + 19342 = 26931\text{lb} \cdot \text{ft}$$

将该值与均布荷载作用下的简支梁（见图 4.20 情形 2）的最大力矩等同起来，可解出 W：

$$M = 26931 = \frac{WL}{8} = \frac{14W}{8}$$

$$W = \frac{8 \times 26931}{14} = 15389\text{lb}$$

该 W 值包括梁自重，需将其减去以得到容许施加荷载。

虽然梁中木材的承载力有所降低，但总承载力相对单独木结构有相当大的提高。面积增加很小强度就会有很大的提高，这是叠合梁能得到广泛应用的主要原因；然而其更大的吸引力是大大地减小了变形以及消除了梁跨中的下陷——这是一般木梁的本质现象。

对于以下习题，采用与例题中材料相同的容许应力和弹性模量，忽略梁自重。

习题 11.7A　由两根 2×10 花旗松木板及一块 0.375in×9.25inA36 钢板组成的叠合梁[见图 11.10（*a*）]，梁跨为 18ft。确定可以承受的总均布荷载的大小。

习题 11.7B　由一根 10×14 花旗松木板及两块 0.5in×13.5inA36 钢板组成的叠合梁[见图 11.10（*b*）]，梁跨为 16ft。确定可以承受的跨中单个集中荷载的大小。

11.8 梁的变形

由于多种原因，一般我们必须控制结构的变形。这些原因有时与结构本身的实际功能有关，但更多的是与建筑物的效用或结构的整个用途相关。

钢材的优点是材料本身的相对刚度大，其弹性模量为 29000ksi，是混凝土刚度的 8～10 倍，是木材的 15～20 倍。但是钢结构的总变形包括所有结构构件的变形和构件组装所产生的变形，基于此，钢结构是很容易变形和弯曲的。因为钢材的价格，钢材一般用作构件的较薄部分（例如梁翼缘和腹板）；由于其强度高，钢材一般用于制作较细长的构件（例如梁和柱）。

对于水平放置的梁，其临界变形经常是最大的下沉幅度，称为梁的挠度。对于大部分梁，该变形小到了肉眼无法观测的程度。然而梁上的任意荷载，如图 11.11 所示，从自重开始，都会产生一定的变形。对于图 11.11 所示的对称单跨简支梁，其最大变形发生在梁跨中，这也是设计中经常考虑的唯一变形值；梁变形时，除非限制其端部，否则它们将会转动，这种变形在某些情况下也需要考虑。

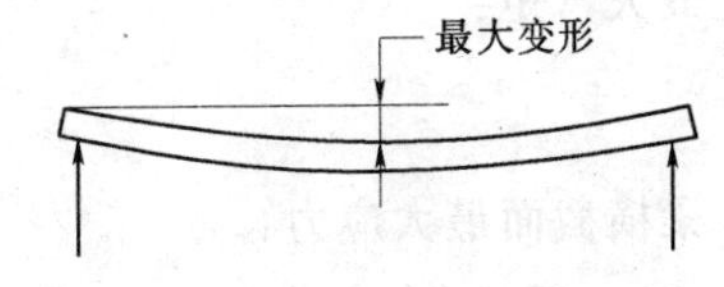

图 11.11　对称荷载作用下简支梁的变形

如果变形过大，则需要选更高的梁。实际上，梁横截面的关键性能是关于其主轴（W 型钢的 I_x）的转动惯量（I），增加梁的高度对该值的影响非常显著。梁的变形公式采用典型形式，包括了各种形式的截面，如下所示：

$$D = C \times \frac{WL^3}{EI}$$

式中 D——变形，in；

C——与荷载形式及梁的支撑条件有关的常数；

W——梁上荷载；

L——梁的跨度；

E——梁材料的弹性模量；

I——梁横截面关于弯曲轴的转动惯量。

提示 变形的大小正比于荷载的大小，2 倍的荷载引起 2 倍的变形；变形正比于跨度的立方，2 倍的跨度产生 2^3 倍（8 倍）的变形。在抵抗变形方面，材料刚度或梁几何形式（I）的增加均会引起变形成正比减小。

1. 容许变形

梁的容许变形值由经验丰富的设计人员给定，提供各种特定条件来避免各种变形是很困难的，每种形式都必须单独研究；一些相互联系的规则可以使结构设计人员实现的设计中的变形控制并完成房屋建设的其他问题。

对于一般情况的横跨梁，多年的试验研究给出一些基本规则。这些基本规则可以用于确定梁曲线的最大变形情况，用变形与梁跨的比值表示，也可用梁跨的分数倍表示，例如 $L/100$。一般设计规则或法定实施的建筑条例中有时详细规定了这些值。设计人员公认的典型极限数值表示如下：

垂度的限值

跨中总变形： 1/150

屋盖结构总变形： 1/180

活载引起的屋盖结构变形： 1/240

楼板结构总变形： 1/240

活载引起的楼板结构变形： 1/360

2. 承受均布荷载的简支梁的变形

平屋顶楼板体系中最常用的梁是简支（端部无限制的）单跨均布载重梁，这种情况如图 4.20 情形 2 所示。对于这种情况，以下数值可用于梁分析中：

最大弯矩：

$$M = \frac{WL}{8}$$

梁横截面最大应力：

$$f = \frac{Mc}{I}$$

最大跨中变形：

$$D = \frac{5}{384} \times \frac{WL^3}{EI}$$

利用这些关系，已知弹性模量（钢材 $E = 29000\text{ksi}$）及 W 型钢一般的弯曲应力极限 24ksi，可以得到钢梁变形的简易方程。如果是对称形状，弯曲应力公式中的（c）为 $d/2$，用 M 对表达式进行替代，可得

$$f = \frac{Mc}{I} = \frac{(WL/8)(d/2)}{I} = \frac{WLd}{16I}$$

则

$$D=\frac{5}{384}\times\frac{WL^3}{EI}=\frac{WLd}{16I}\times\frac{5L^2}{24Ed}=f\times\frac{5L^2}{24Ed}=\frac{5fL^2}{24Ed}$$

这一公式用于任意关于弯曲轴对称的梁。对于短梁，f 为 24ksi，E 为 29000ksi，而且为便于计算，取跨度单位为 ft 而非 in，引进系数 12，得

$$D=\frac{5fL^2}{24Ed}=\frac{5}{24}\times\frac{24}{29000}\times\frac{(12L)^2}{d}=0.02483\ L^2/d$$

换算成公制单位，取 $f=165\text{MPa}$，$E=200\text{GPa}$，梁跨长度单位为 m，则

$$D=\frac{0.00017179L^2}{d}$$

11.9 变形计算

以下例子介绍了均布荷载作用下简支梁的变形计算。

【例题 11.10】 跨度为 20ft（6.10m）的简支梁，总均布荷载为 39kip（173.5kN），取梁截面为 W14×34。计算其最大变形。

解： 首先计算其最大弯矩为

$$M=\frac{WL}{8}=\frac{39\times 20}{8}=97.5\text{kip}\cdot\text{ft}$$

然后，由表 9.3 知，$S=48.6\text{in}^3$，则最大弯曲应力为

$$f=\frac{M}{S}=\frac{97.5\times 12}{48.6}=24.07\text{ksi}$$

该值非常接近其极限应力值 24ksi，可以认为梁应力等于其极限值。因此，上面推导的公式可以直接使用。由表 9.3 知，梁的实际高度为 13.98in，则

$$D=\frac{0.02483L^2}{d}=\frac{0.02483\times 20^2}{13.98}=0.7104\text{in}(18.05\text{mm})$$

经检验知该均布荷载作用下简支梁变形的一般计算公式可以使用，对于该公式，由表 9.3 知，I 值为 340in^4，则

$$D=\frac{5WL^3}{384EI}=\frac{5\times 39\times(20\times 12)^3}{384\times 29000\times 340}=0.712\text{in}$$

检验知该值满足要求。

较典型的情况下，所选梁的精确应力值不为 24ksi，下面的例子介绍这种情况的计算过程。

【例题 11.11】 由 W12×26 组成的简支梁，所承受的总均布荷载为 24kip（107kN），梁跨为 19ft（5.79m）。计算其最大变形。

解： 同例题 11.1，计算最大弯矩和最大弯曲应力：

$$M=\frac{WL}{8}=\frac{24\times 19}{8}=57\text{kip}\cdot\text{ft}$$

由表 9.3 知，梁的 S 值为 33.4in^3，则

$$f=\frac{M}{S}=\frac{57\times 12}{33.4}=20.48\text{ksi}$$

由基于梁跨和梁高的变形计算公式知，弯曲应力基本值为 24ksi。因此，必须判断实际弯曲应力与 24ksi 的比值，则

$$D=\frac{20.48}{24}\times\frac{0.02483L^2}{d}=0.8533\times\frac{0.02483\times19^2}{12.22}=0.626\text{in}(16\text{mm})$$

我们得到的仅包括跨度和梁高的变形公式可用于绘制曲线图。该曲线图描绘了同一高度不同跨度的各梁的变形。图 11.12 为梁高从 6～36in 的不同梁的这种曲线。利用这种曲线可以确定梁的变形，读者可以证明例题 11.1 和例题 11.2 所对应的图中的变形值与计算结果基本一致。误差不超过 5%就可以认为其值相互一致。

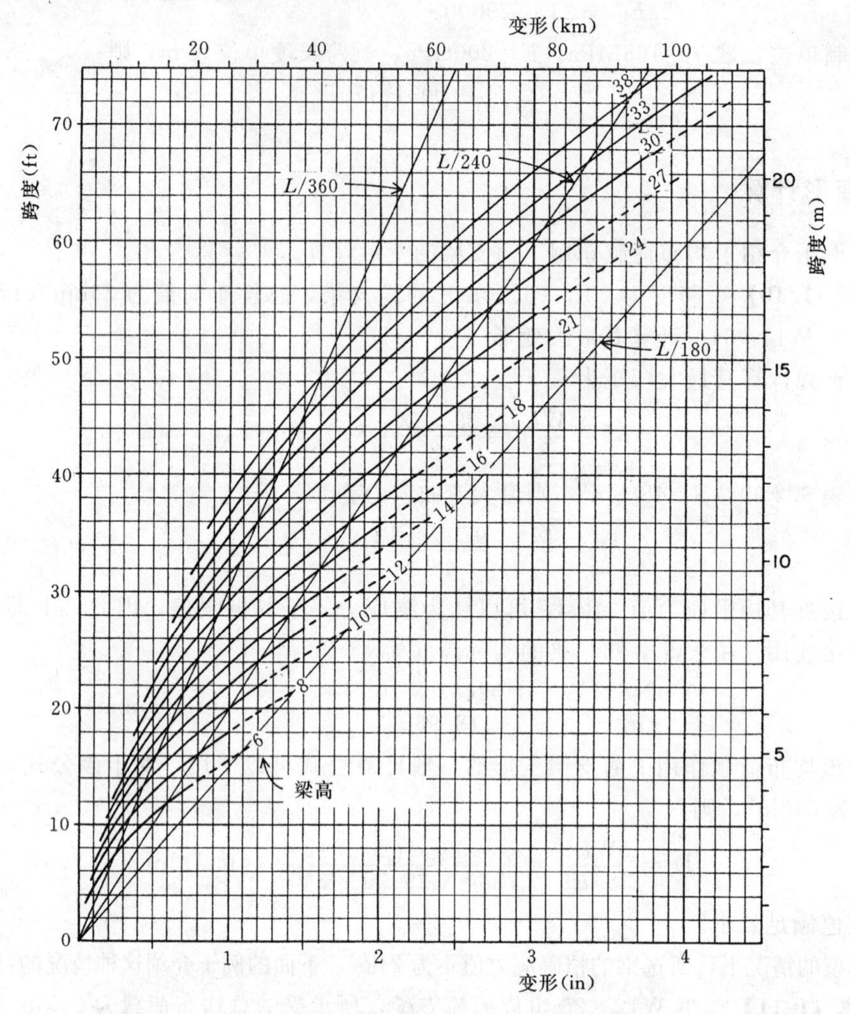

图 11.12 均布荷载作用下最大弯曲应力为 24ksi（165MPa）的单跨钢梁的变形

图 11.13 中的第二条曲线为木梁的变形曲线图。钢材的 E 值为常量，而木材的 E 值为变量，随其等级种类的变化而变化。图 11.13 中假定弹性模量为 1500000psi。木材的容许应力值为一个变量，这里假定为 1500psi。这些值均为木梁构件所用木材的平均值。

图 11.12 和图 11.13 中曲线的实际值在计算过程中可找到。一旦所需跨度已知，那么设计者可根据表计算给定变形时所需的梁高。极限变形值可用实际尺寸表示，或更一般的（跟前面讨论的一样）用跨度的极限百分数表示（如 1/240、1/360 等）。利用后一种形式，在图表上用直线绘出常用的百分率 1/360、1/240、1/180等情况（参看本节前面的关于变形极限的讨论）。因此，跨度为 36ft 的钢梁，总荷载变形极限为 $L/240$，由图 11.12 知，

36ft 跨度与 1/240比值的交点几乎准确的为曲线上梁高 18in 的点，这表明 18in 高的梁在 24ksi 弯曲应力的作用下会产生梁跨 1/240的变形。因此，任意高度不足的梁都不满足变形要求，过高的梁对于变形来说其高度有所盈余。

除了均布荷载作用下的简支梁，其他梁的变形计算要更复杂些。但是，许多手册给出荷载和支撑条件不同的多种梁的变形计算公式。

习题 11.9A～C　计算下列 A36 简支钢梁在均布荷载作用下的最大变形值，单位 in，用以下方法计算：

(*a*) 图 4.20 情形 2 的方程；(*b*) 只包括跨度和梁高的公式；(*c*) 图 11.12 所示曲线

(*A*) W10×33，跨度为 18ft (5.5m)，总荷载为 30kip (133kN)

(*B*) W16×36，跨度为 20ft (6m)，总荷载为 50kip (222kN)

(*C*) W18×46，跨度为 24ft (7.3m)，总荷载为 55kip (245kN)

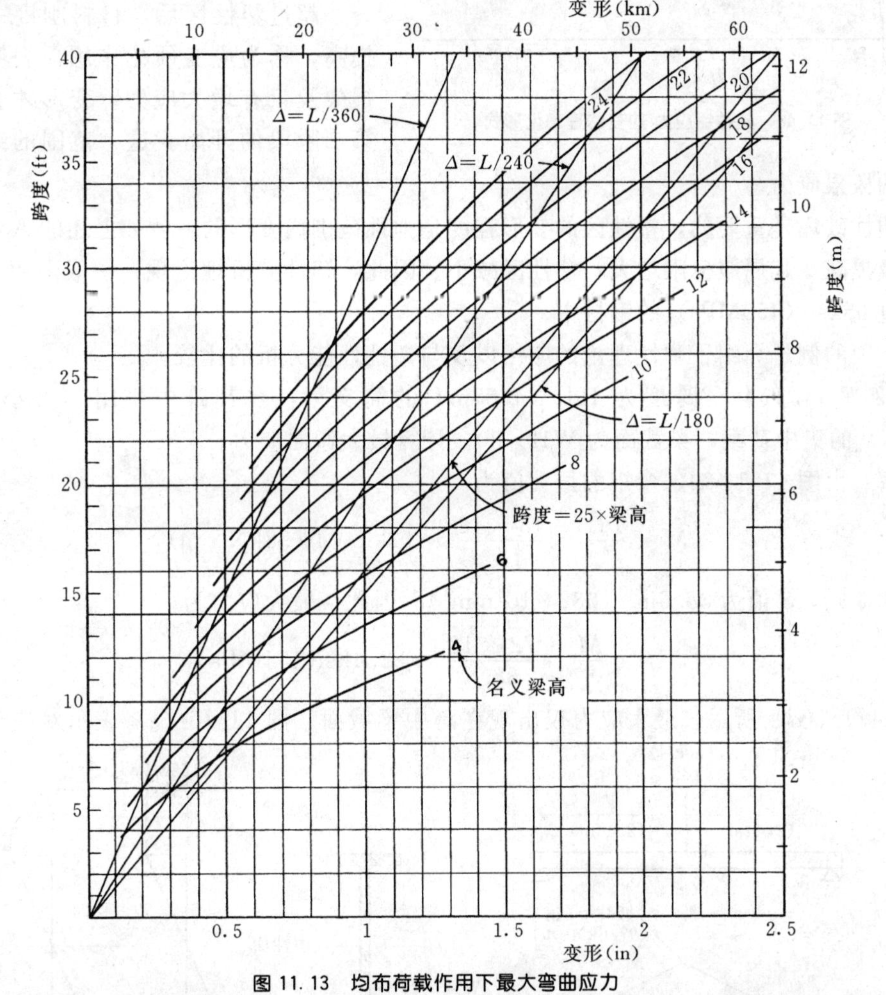

图 11.13　均布荷载作用下最大弯曲应力

最大弯曲应力为 1500psi (100MPa)，弹性模量为 1500000psi (10GPa)

11.10　钢梁的塑性性能

弹性理论确定的最大抵抗力矩发生在强度最高的纤维达到弹性屈服点 F_y 时，可以表

示为

$$M_y = F_y \times S$$

超过这一条件后，抵抗力矩由于非弹性（或塑性）不能再用弹性理论方程表示，梁横截面上的应力情况开始发生变化。

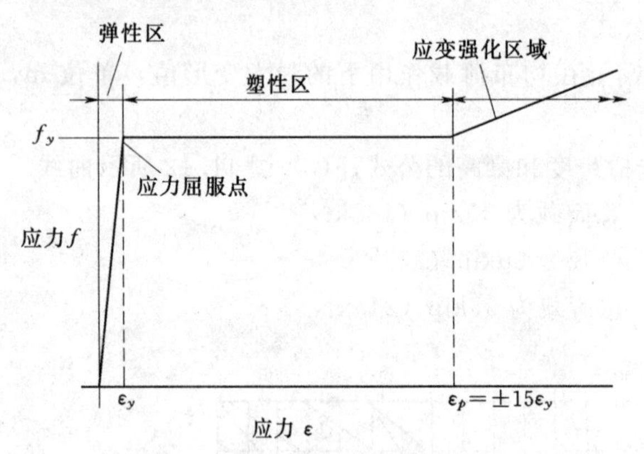

图 11.14 延性钢应力-应变的理想化形式

图 11.14 描述了延性钢种加载试验的理想化形式。图形说明，一直到屈服点，变形正比于工作应力；超过屈服点后，即使应力不变，变形也会增加。对于 A36 钢，附加的变形（称为塑性区）大约为屈服前的 15 倍。塑性区的相对大小是确定材料延性特性的基础。

超过塑性区后，材料刚度一定有所提高，称为应变硬化作用，表明了延性损失及只有增大应力，变形才会增加的第二阶段的开始。这一范围的终点表示材料的极限应力。

塑性破坏是重要的，塑性区的变形程度是弹性范围内变形的，例如上述的 A36 钢。钢材等级提高，其屈服极限增大，塑性区减小。因此，塑性分析理论现在一般限用于屈服点不超过 65ksi（450MPa）的钢材中。

下面的例子介绍了弹性理论的应用以及与塑性性能分析的比较。

【例题 11.12】 跨度为 16ft（4.88m）的简支梁，在其跨中作用一大小为 18kip（80kN）的集中荷载，梁截面为 W12×30。计算最大弯曲应力。

解：由图 11.15 知，弯矩的最大值为

$$M = \frac{PL}{4} = \frac{18 \times 16}{4} = 72\text{kip} \cdot \text{ft}(98\text{kN} \cdot \text{m})$$

由表 9.3 知，S 值为 38.6in^3（$632 \times 10^3 \text{mm}^3$）。因此，最大应力为

$$f = \frac{M}{S} = \frac{72 \times 12}{38.6} = 22.4\text{ksi}(154\text{MPa})$$

如图 11.15（*d*）所示，最大应力仅出现在跨中梁截面。图 11.15（*e*）表示对应于该应力

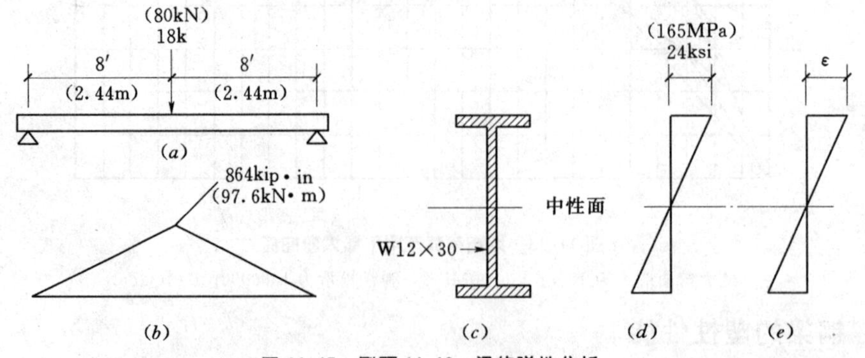

图 11.15 例题 11.12：梁的弹性分析

（*a*）简支梁；（*b*）弯矩图；（*c*）梁；（*d*）应力；（*e*）应变

条件下的变形。本例中，应力小于弹性应力极限（屈服点），也小于容许应力 24ksi。

用容许应力表示的极限力矩发生在最大弯曲应力达到屈服应力极限时，屈服应力极限如前面所述，用 M_y 表示，图 11.16（a）中的应力曲线图表明了这种情况。

如果引起屈服极限弯曲应力的荷载（和弯矩）继续增大，那么同图 11.16（b）所示一样，其应力开始增大，延性材料发生塑性变形。梁横截面上高应力的传播表明抵抗力矩超过 M_y。延性材料的应力发展情况如图 11.16（c）所示，其抵抗力矩为塑性力矩，用 M_p 表示。虽然距梁中性轴很近的一小部分截面仍保持弹性应力状况，但其在抵抗力矩发展中的作用可以忽略不计，因此可以假定为如图 11.16（d）所示的全塑性极限情形。

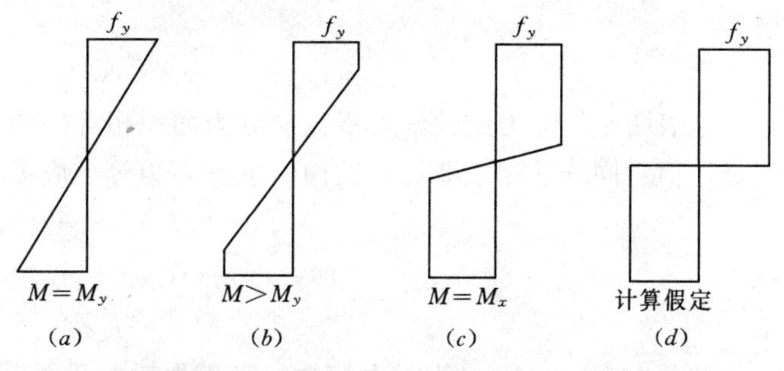

图 11.16 弯曲应力的发展，应力大小从弹性区域到塑性区域

弯矩超过 M_p 后，外荷载继续增加会导致大的旋转变形，梁在其位置上的运动如同它是铰支的（销接的）。因此，实际应用中，延性梁的力矩承载力可认为因获得塑性力矩而耗尽，附加荷载将仅仅引起塑性力矩位置的自由转动。该位置可描述为塑性铰（见图 11.17），它在梁和框架中的影响将在接下来的内容中进行讨论。

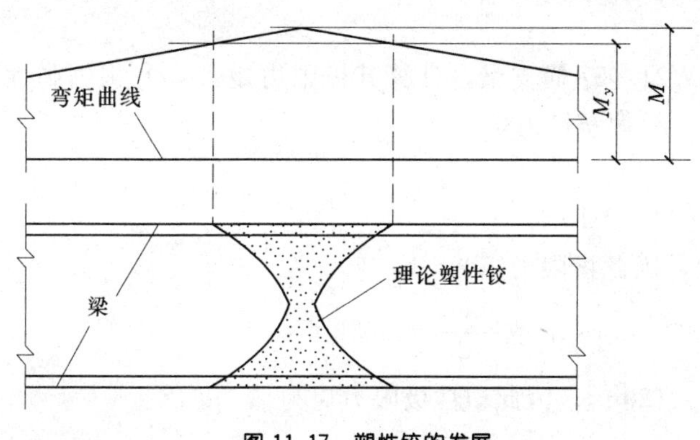

图 11.17 塑性铰的发展

与弹性应力情况一样，塑性抗力矩可表示为

$$M = F_y Z$$

其中，Z 称为塑性截面模量，其值计算如下：

如图 11.18 所示为 W 型钢，其屈服弯曲应力水平相对于全塑性截面情况［见图 11.16（d）］。

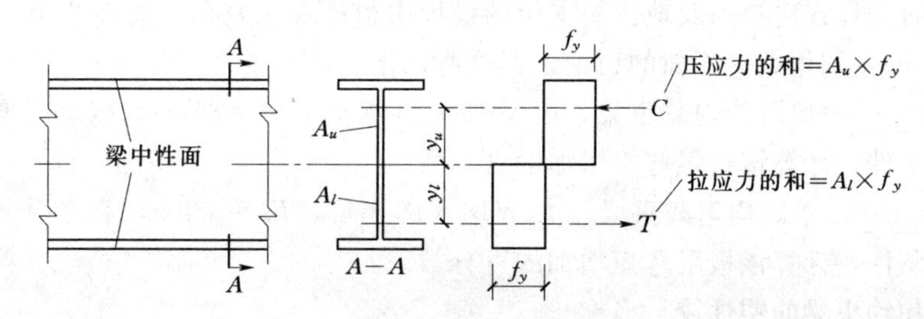

图 11.18 塑性抵抗力矩的发展

A_u—中性轴以上横截面面积；y_u—A_u 中心到中性轴的距离；

A_l—中性轴以下横截面面积；y_l—A_l 中心到中性轴的距离

横截面上内力平衡（合力 C 和弯曲应力产生的 T），该条件可表示为

$$\sum F_h = 0$$

或

$$A_u \times (+f_y) + A_l \times (-f_y) = 0$$

因此

$$A_u = A_l$$

这表明塑性应力中性轴将横截面分为面积相等的两部分，在对称截面中这种情况非常明显，但它同样适用于非对称截面。抵抗力矩等于应力力矩的和，因此 M_p 可表示为

$$M_p = A_u f_y y_u + A_l f_y y_l$$

或

$$M_p = f_y (A_u y_u + A_l \times y_l)$$

或

$$M_p = f_y Z$$

数值$(A_u y_u + A_l y_l)$为截面特性，定义为塑性截面模量，用 Z 表示。

利用推导出的 Z 的表达式，可计算出各种截面的值。AISC 手册（参考文献 3）中列表给出了各种轧压型梁截面的 Z 值。

比较同一 W 型钢的 S_x 与 Z_x 值可知 Z 的值较大，这描述了全塑性抵抗力矩与弹性应力屈服应力极限力矩的比较情况。

【例题 11.13】 承受弯矩作用的 W21×57 简支梁，计算其极限力矩：(*a*) 根据弹性应力条件以及极限应力 F_y =36ksi；(*b*) 根据塑性力矩。

解：对 (*a*)，极限力矩可表示为

$$M_y = F_y S_x$$

由表 9.3 知，W21×57 的 S_x 为 111in^3，因此极限力矩为

$$M_y = 36 \times 111 = 3996\text{kip} \cdot \text{in 或} \frac{3996}{12} = 333\text{kip} \cdot \text{ft}$$

对 (*b*)，由表 9.3 知，W21×57 的 Z_x =129in^3，因此塑性极限力矩为

$$M_p = F_y Z = 36 \times 129 = 4644\text{kip} \cdot \text{in 或} \frac{4644}{12} = 387\text{kip} \cdot \text{ft}$$

由塑性力矩引起的抵抗力矩的增加可表示为 387－333＝54kip · ft，或增加的百分比为 (54/333) ×100＝16.2%。

利用塑性力矩进行设计的优点并非如上所示的那么简单。基于安全方面的考虑必须采用一种不同的设计方法——如使用荷载和抗力分项系数设计方法（简称 LRFD)，这是一套完全不同的设计方法。一般地，简支梁的设计中很难发现差别；而连续梁、约束梁及刚性梁/柱框架的差别很大，下面的讨论证明这些结论。

习题 11.10A 单跨均匀载重梁，由 W18×50 组成，F_y =36ksi，假定用全塑性代替弹性应力极限条件，计算该极限弯矩增加的百分数。

习题 11.10B 单跨均匀载重梁，由 W16×45 组成，F_y =36ksi，假定用全塑性代替弹性应力极限条件，计算该极限弯矩增加的百分数。

连续梁和约束梁的塑性铰

第 5 章描述了约束梁和连续梁的一般情况。图 11.19 描述了两端固定（限制转动）的梁，其上作用大小为 $w$lb/ft 的均布荷载，这时力矩沿梁长均匀减小，减小情况同单跨梁的力矩曲线（见图 4.20 情形 2），该力矩曲线是最大高度（最大力距）为 $wL^2/8$ 的对称抛

物线。对于支撑或连续性不同的其他情况的梁，该力矩分布将会改变，但总力矩保持不变。

图 11.19（a）中，固定端的弯矩为 $wL^2/12$，跨中弯矩为 $wL^2/8-wL^2/12=wL^2/24$。只要应力不超过屈服极限力矩，分布就是连续的。因此，弹性情况的极限状态如图 11.19（b）所示，其相应于屈服应力极限的荷载极限为 w_y。

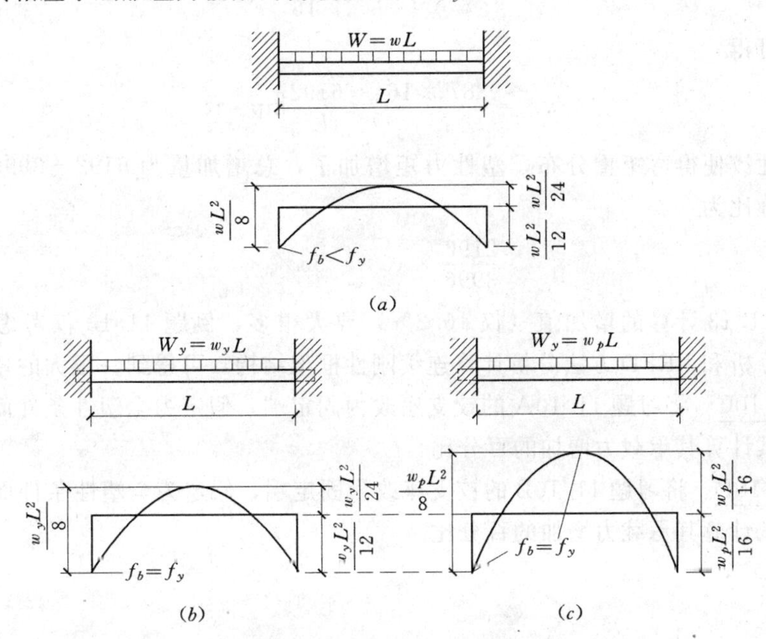

图 11.19 固定梁的全塑性发展

一旦最大力矩点的弯曲应力达到全塑性状态，进一步附加的荷载将导致塑性铰的发展。对于任意附加荷载，该处的抵抗力矩都不超过塑性力矩，不过，虽然增加梁荷载是可能的，但塑性铰处的力矩却是不变的；我们可以继续增加荷载一直到梁上所有位置都达到全塑性。

对于图 11.19 所示梁，其塑性极限如图 11.19（c）所示。这时两个最大力矩都等于梁的塑性极限。为此，若 $2M_p=w_pL^2/8$，则塑性极限 M_p 等于 $w_pL^2/16$，如图所示。下面是一个用 LRFD 方法进行分析的简单例子。

【例题 11.14】 两端固定的梁，承受均布荷载，梁截面为 W21×57，A36 钢，$F_y=36\text{ksi}$。如果（a）弯曲应力极限为梁的弹性极限；（b）梁容许在其临界力矩位置发展成全塑性。计算均布荷载的值。

解： 该梁的屈服应力力矩和极限全塑性力矩见例 13，其值为

$$M_y = 333\text{kip}\cdot\text{ft}(\text{屈服点弹性应力极限})$$

$$M_p = 387\text{kip}\cdot\text{ft}(\text{全塑性力矩})$$

（a）参看图 11.19（b），弹性应力的最大力矩为 $w_yL^2/12$，令其等于力矩极限值，则

$$M_y = 333 = \frac{w_yL^2}{12}$$

由此式可得

$$w_y = \frac{333 \times 12}{L^2} = \frac{3996}{L^2}\text{kip} \cdot \text{ft}$$

(b) 参看图 11.19 (c)，塑性铰在固定端的最大塑性力矩为$w_pL^2/16$，令其等于极限力矩，则

$$M_p = 387 = \frac{w_p \times L^2}{16}$$

由此式可得

$$w_p = \frac{387 \times 16}{L^2} = \frac{6192}{L^2}\text{kip} \cdot \text{ft}$$

由于塑性铰使得弯矩重分布，塑性力矩增加了，总增加量为 $6192 - 3996 = 2169/L^2$，则增加的百分比为

$$\frac{2196}{3996} \times 100 = 55\%$$

此值比例题 11.13 计算的增加值（仅 16.2%）要大很多，例题 11.13 仅考虑了弯矩的差值。用塑性分析和 LRFD 方法分析计算连续刚性框架结构，可得到一很大的弯矩增加值。

习题 11.10C　将习题 11.10A 的铰支座改为固定端，假定为全塑性条件而非极限弹性应力条件。试计算其承载力增加的百分比。

习题 11.10D　将习题 11.10B 的铰支座改为固定端，假定为全塑性条件而非极限弹性应力条件。试计算其承载力增加的百分比。

第12章

受压构件

结构构件中压力的形成有很多方式，其中包括由内弯曲产生的受压分量。本章重点讨论主要用于受压的构件，一般包括桁架构件、支座、承重墙和承重基础，这里主要介绍的是柱，它们是线性受压构件。建筑柱同结构柱一样可能是独立存在的建筑构件。但由于火灾或天气的限制，结构柱必须经常同其他构件结合起来使用（见图 12.1），某些情况下可能要隐藏起来。

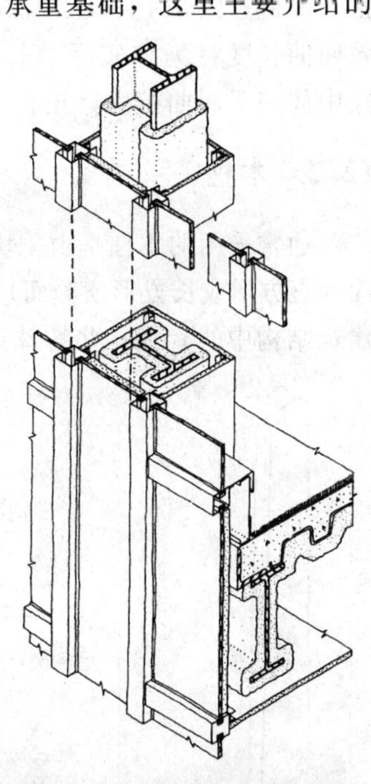

图 12.1　在多层建筑中采用的钢柱

若主要承受竖向压力，则柱作为普通钢结构框架的一部分，承受大部分的荷载，如本图所示典型的支撑钢梁

12.1　长细比影响

大部分结构柱都是细长的构件，它们的柔性特征（称为相对长细比）必须被考虑（见图 12.2），其极端情况为短柱或粗柱的局部压碎以及很细长或高挑的柱的横向屈曲破坏。

这两个基本的极端反应机制——压碎和屈曲——本质是完全不同的。压碎是应力抵抗现象，其极限为一水平线，如图 12.2 所示，主要取决于材料的受压抗力和受压构件材料的数量（横截面面积），这种破坏形式发生在图 12.2 的区域 1 内。

屈曲实际上指材料的横向弯曲变形，其最大极限受材料的弯曲刚度影响。该刚度与材料刚性（弹性模量）以及同变形直接相关的横截面的几何特性——横截面面积惯性矩有关。弹性屈曲的典型表达式可采用欧拉方程的形式：

$$P = \frac{\pi^2 EI}{L^2}$$

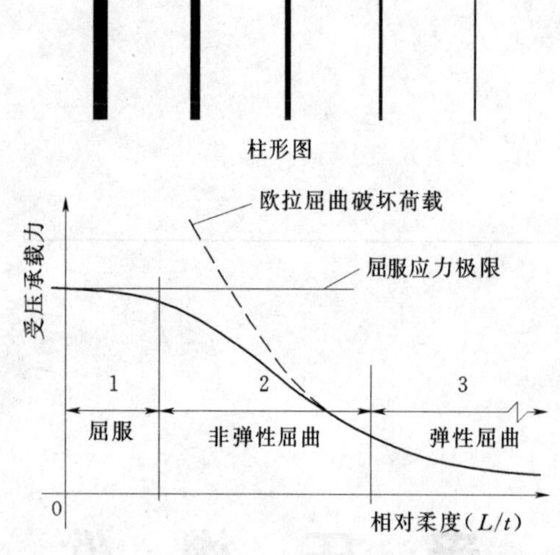

图 12.2 长细比对其轴向受压承载力的影响

该方程表示的曲线如图 12.2 所示，它近似地描述了图 12.2 中区域 3 的很细长的受压构件的破坏情况。

事实上，大部分建筑的柱子处在极粗与极细之间的状态，即都位于图 12.2 所示的区域 2 内。因此，其变形也是处于纯应力反应和纯弹性屈曲之间的一种情况。这一范围内的结构反应预测必须根据由水平直线到欧拉曲线进行转换的经验方程确定。木柱分析采用的方程见第 12.2 节，而钢柱的见第 12.3 节。

约束条件可能也影响屈曲，例如，可以阻止侧移的横向支撑，或限制构件端部转动的支撑情况。图 12.3 (*a*) 所示为由欧拉公式表示的构件反应的一般原则，横向约束条件可以改变反应形式，如图 12.3 (*b*) 所示，产生了一个多态的变形形式。图 12.3 (*c*) 所示构件的两端被限制了转动（称为固定端）。固定端也调整了变形形式，由此可得出屈曲公式的值。一种判断方法是对屈曲公式中两支座间的柱长进行修正。因此，图 12.3 (*b*) 和图 12.3 (*c*) 中柱的有效屈曲长度将为柱实际总长度的一半。欧拉公式中体现了屈曲抗力修正长度的影响。

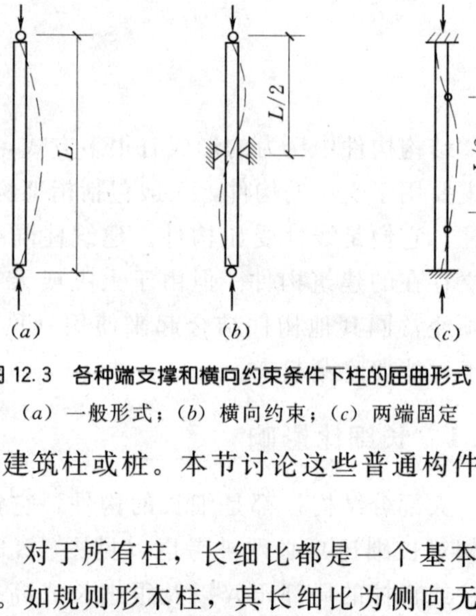

图 12.3 各种端支撑和横向约束条件下柱的屈曲形式

(*a*) 一般形式；(*b*) 横向约束；(*c*) 两端固定

12.2 木柱

通常采用的木柱是由一块木材组成的规则截面（正方形或长方形横截面）柱。单块圆柱也用作建筑柱或桩。本节讨论这些普通构件及建筑结构中的其他一些特殊形式的受压构件。

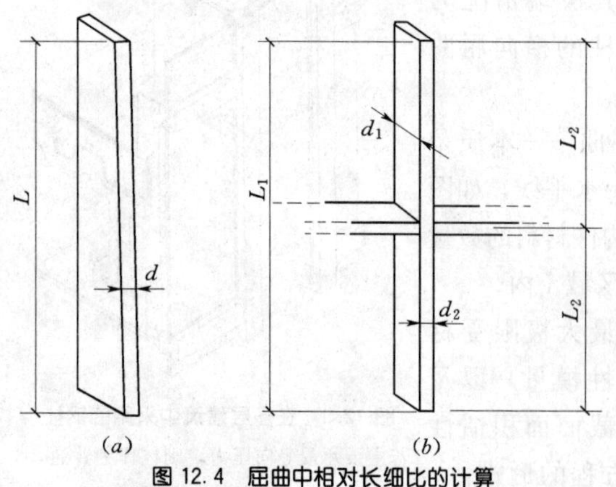

图 12.4 屈曲中相对长细比的计算

(*a*) 相对长细比为 L/d；(*b*) 沿宽边 (d_1) 方向屈曲时，长细比为 L_1/d_1；沿较窄边 (d_2) 方向屈曲时，长细比为 L_2/d_2

对于所有柱，长细比都是一个基本问题。如规则形木柱，其长细比为侧向无支撑长度与最短边尺寸的比值，即 L/d [见图 12.4 (*a*)]，无支撑长度（高度）指柱的整个长度。一个很小的内支撑就能阻止柱的侧向变形（受压屈曲情况），因此，若柱上有构造约束，则其一个或两个轴方向的无支撑长度将可能会缩短。

这里有一个重要的观点，就是短的受压构件的极限条件为抵抗应力，而很细长的构件的极限条件主要是其刚度——即构件横向变形的抗力。变形抗力根据柱的材料刚度（弹性模量）和柱的横截面几何特性（转动惯量）计算。因此，也就是应力确定相对刚度较低范围的极限，而刚度（弹性模量、长细比）确定相对刚度较高范围的极限。

然而，大部分建筑物的柱位于刚性范围，介于两种极限之间（第 12.1 节所述区域 2），因此，我们有必要确立一些方法用于确定从很短到很长范围内的任意柱的轴向承载力。现行的柱设计规范确定了复杂的公式用来描述一条曲线，该曲线包括了考虑了长细比的各种柱的变形情况。理解这些公式中变量的影响也是很重要的。虽然在实际设计中，允许进行一些简化设计。

特别细长的柱既不安全也不实用，事实上，图 12.2 中区域 2 和区域 3 之间的分割点一般准确地描述了柱最大的长细比。一些规范规定了长细比极限，但细长程度一般由设计者自行规定。对于木结构，过去所用的长细比极限为 1/ 50 。

下面讨论 NDS（国家设计说明，参考文献 2）中介绍的轴向承重柱的设计。根据工作应力方法，木柱承载力计算的基本公式为

$$P = F_c^* C_p A$$

式中　A—— 柱横截面面积；

F_c^* —— 修正后的（不包括 C_p）顺纹方向的容许压力设计值；

C_p—— 柱稳定系数；

P—— 柱的容许轴向受压荷载。

柱的稳定系数计算如下：

$$C_p = \frac{1 + F_{cE}/F_c^*}{2c} - \sqrt{\left[\frac{1 + (F_{cE}/F^*)}{2c}\right]^2 - \frac{F_{cE}/F^*}{c}}$$

式中　F_{cE}—— 欧拉屈曲应力；

c—— 锯材为 0.8，圆杆为 0.85，胶合木材为 0.9。

屈曲应力公式为

$$F_{cE} = \frac{K_{cE}E}{(L_e/d)^2}$$

式中　K_{cE}—— 以目测方法、机械测试方法评级的木材为 0.3，机械加工木材和胶合木材为 0.418；

E—— 种类等级已定的木材的弹性模量；

L_e—— 柱的有效长度（用支撑条件的各个系数进行修正的无支撑长度）；

d—— 屈曲方向上柱的横截面尺寸（柱宽）。

柱有效长度计算中所用的值及相应的柱宽应在讨论图 12.4 情况时考虑。作为基本参考，阐释屈曲现象的典型构件是两端铰接的构件，其铰仅阻止端点的侧移，该支撑情况下柱的屈曲长度不需要修正。这是木柱的一般情况。NDS 提供了修正屈曲长度的计算方法，与钢柱的设计基本相同（参看第 12.3 节），钢柱将在第 12.3 节介绍，在此略。

下面的例子介绍了 NDS 中柱的计算公式。

【例题 12.1】　一根 6 × 6 的一级花旗松木柱，无支撑长度分别为（a）2 ft 、（b）8 ft 、（c）16 ft 时，计算其轴向安全受压荷载。

解：由 NDS（国家设计说明，参考文献 2）知，$F_c = 1000$psi，$E = 1600000$psi ，在柱的公式中 F_c 直接用作 F_c^* 。

对于（a）：$L/d = 2 \times 12/5.5 = 4.36$。那么

$$F_{cE} = \frac{K_{cE}E}{(L_e/d)^2} = \frac{0.3 \times 1600000}{4.36^2} = 25250\text{psi}$$

$$\frac{F_{cE}}{F_c^*} = \frac{25250}{1000} = 25.25$$

$$C_p = \frac{1+25.25}{1.6} - \sqrt{\left(\frac{1+25.25}{1.6}\right)^2 - \frac{25.25}{0.8}} = 0.993$$

允许受压荷载为

$$P = F_c^* C_p A = 1000 \times 0.993 \times 5.5^2 = 30038\text{lb}$$

对于（b）：$L/d = 8 \times 12/5.5 = 17.45$，且 $F_{cE} = 1576\text{psi}, F_{cE}/F^* = 1.576, C_p = 0.821$，因此

$$P = 1000 \times 0.821 \times 5.5^2 = 24835\text{lb}$$

对于（c）：$L/d = 16 \times 12/5.5 = 34.9$，且 $F_{cE} = 394\text{psi}, F_{cE}/F^* = 0.394, C_p = 0.355$，因此

$$P = 1000 \times 0.355 \times 5.5^2 = 10736\text{lb}$$

【例题 12.2】 木制 2×4 竖向受压构件，用于组成一面墙（普通墙骨结构），木材为支柱等级的花旗松木，墙高 8.5ft。计算柱的承载力。

解：假定墙面保护层连于墙骨或墙骨间的垫块，用以支撑它们弱轴（1.5in 尺寸）。因而墙高的实际限制值为 $50 \times 1.5 = 75\text{in}$，利用较大的尺寸得

$$\frac{L}{d} = \frac{8.5 \times 12}{3.5} = 29.14$$

由 NDS（参考文献 2）知：$F_c = 850\text{psi}, E = 1400000\text{psi}$，调整后的 F_c 值为 $1.05 \times 850 = 892.5\text{psi}$。那么

$$F_{cE} = \frac{K_{cE}E}{(L_e/d)^2} = \frac{0.3 \times 1400000}{29.14^2} = 495\text{psi}$$

$$\frac{F_{cE}}{F_c^*} = \frac{495}{892.5} = 0.555$$

$$C_p = \frac{1.555}{1.6} - \sqrt{\left(\frac{1.555}{1.6}\right)^2 - \frac{0.555}{0.8}} = 0.471$$

$$P = F_c^* C_p A = 892.5 \times 0.471 \times (1.5 \times 3.5) = 2207\text{lb}$$

习题 12.2.A~C 计算下列柱的允许轴向受压荷载，设 $F_c = 700\text{psi}, E = 130000\text{psi}$。

柱	名义尺寸（in）	无支撑长度	
		ft	mm
A	6×6	10	3.05
B	8×8	18	5.49
C	10×10	14	4.27

12.3 钢柱

钢结构受压构件的应用范围从很小的单截面柱、桁架单元到巨大的高层建筑组合截面

及高大建筑。柱的基本功能是抵抗压力，但由于屈曲及可能出现的弯曲作用的影响，它可能要复杂些。

1. 柱形式

对于适度荷载条件，最常采用的形式是圆管、矩形管、H形轧压型截面——最常用的是接近正方形的W型钢（见图12.5）。用10in或更大标准高度的W型钢组成的框架梁很容易建造完成。

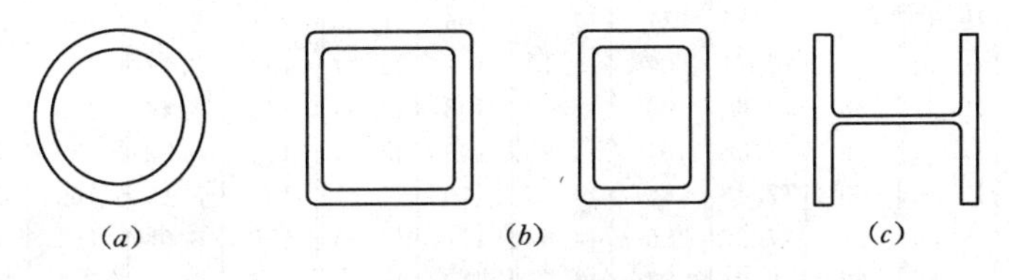

图 12.5 钢柱的一般横截面形式

(a) 圆形钢管；(b) 方管；(c) W型钢

	(a)	(b)	(c)	(d)	(e)	(f)
用虚线表示的柱的弯曲形状						
K的理论值	0.5	0.7	1.0	1.0	2.0	2.0
接近理想条件时的推荐设计值	0.65	0.60	1.2	1.0	2.10	2.0
端部情况	转动及位移均受限制 转动自由而位移受限制 转动受限制而位移自由 转动及位移均自由					

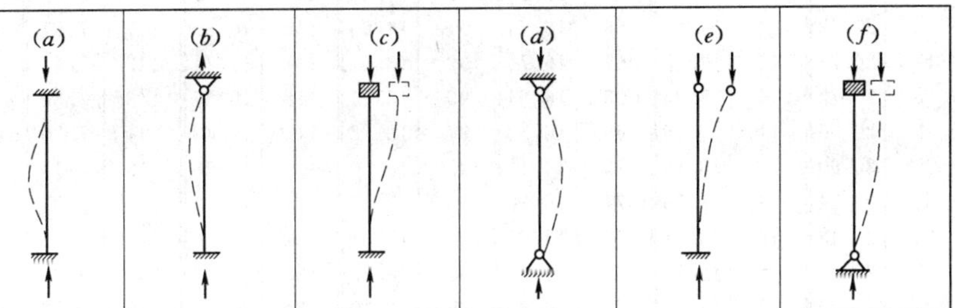

图 12.6 钢柱屈曲修正有效柱长的计算

摘自《钢结构手册》(第8版)，版权所有，美国钢结构协会，芝加哥，IL

由于许多原因，有时我们需要采用由两个或更多个单钢构件组成的柱截面形式。组合截面的组装一般花费很大，因此，如果可以满足使用要求，单截面柱是最可行的。

2. 长细比和端部支撑条件

第12.2节讨论了长细比对柱的轴向受压承载力的一般影响。对于钢柱，容许受压应力值根据AISC规范（参考文献3）里的公式进行计算，其中包括各种钢材的屈服应力和弹性模量、柱的相对长细比、柱端任意支撑或转动约束的特殊考虑因素。

柱的长细比为柱无支撑长度与柱截面回转半径的比：L/r。能引起L值变化的端部约束的影响用修正系数K表示（见图12.6），则修正后的长细比可表示为KL/r。

F_y分别为36ksi和50ksi的两种等级的钢柱的容许轴向压应力如图12.7所示。表12.1给出了构件KL/r的总增量，图中值36ksi对应的曲线可以与表12.1中相应的L/r值进行比较。

表 12.1　A36 钢柱的容许单位应力 F_a，(ksi)[①]

KL/r	F_a	KL/r	F_a	KL/r	F_a	KL/r	F_a	KL/r	F_a	KL/r	F_a	KL/r	F_a	KL/r	F_a
1	21.56	26	21.0	51	18.26	76	15.79	101	12.85	126	9.41	151	6.55	176	4.82
2	21.52	27	20.15	52	18.17	77	15.69	102	12.72	127	9.26	152	6.46	177	4.77
3	21.48	28	20.08	53	18.08	78	15.58	103	12.59	128	9.11	153	6.38	178	4.71
4	21.44	29	20.01	54	17.99	79	15.47	104	12.47	129	8.97	154	6.30	179	4.66
5	21.39	30	19.94	55	17.90	80	15.36	105	12.33	130	8.84	155	6.22	180	4.61
6	21.35	31	19.87	56	17.81	81	15.24	106	12.20	131	8.70	156	6.14	181	4.56
7	21.30	32	19.80	57	17.71	82	15.13	107	12.07	132	8.57	157	6.06	182	4.51
8	21.25	33	19.73	58	17.62	83	15.02	108	11.94	133	8.44	158	5.98	183	4.46
9	21.21	34	19.65	59	17.53	84	14.90	109	11.81	134	8.32	159	5.91	184	4.41
10	21.16	35	19.58	60	17.43	85	14.79	110	11.67	135	8.19	160	5.83	185	4.36
11	21.10	36	19.50	61	17.33	86	14.67	111	11.54	136	8.07	161	5.76	186	4.32
12	21.05	37	19.42	62	17.24	87	14.56	112	11.40	137	7.96	162	5.69	187	4.27
13	21.00	38	19.35	63	17.14	88	14.44	113	11.26	138	7.84	163	5.62	188	4.23
14	20.95	39	19.27	64	17.04	89	14.32	114	11.13	139	7.73	164	5.55	189	4.18
15	20.89	40	19.19	65	16.94	90	14.20	115	10.99	140	7.62	165	5.49	190	4.14
16	20.83	41	19.11	66	16.84	91	14.09	116	10.85	141	7.51	166	5.42	191	4.09
17	20.78	42	19.03	67	16.74	92	13.97	117	10.71	142	7.41	167	5.35	192	4.05
18	20.72	43	18.95	68	16.64	93	13.84	118	10.57	143	7.30	168	5.29	193	4.01
19	20.66	44	18.86	69	16.53	94	13.72	119	10.43	144	7.20	169	5.23	194	3.97
20	20.60	45	18.78	70	16.43	95	13.60	120	10.28	145	7.10	170	5.17	195	3.93
21	20.54	46	18.70	71	16.33	96	13.48	121	10.14	146	7.01	171	5.11	196	3.89
22	20.48	47	18.61	72	16.22	97	13.35	122	9.99	147	6.91	172	5.05	197	3.85
23	20.41	48	18.53	73	16.12	98	13.23	123	9.85	148	6.82	173	4.99	198	3.81
24	20.35	49	18.44	74	16.01	99	13.10	124	9.70	149	6.73	174	4.93	199	3.77
25	20.28	50	18.35	75	15.90	100	12.98	125	9.55	150	6.64	175	4.88	200	3.73

资料来源：摘自《钢结构手册》（第八版），版权所有，美国钢结构协会，芝加哥，IL。

① 当 $K=1.0$ 时，$F_y=36$ksi。

由图 12.7 知，两曲线交点处的 L/r 的值为 125，这验证了以下结论：超过该点后结构会发生弹性屈曲，使材料刚度（弹性模量）——刚度值的唯一有效特性，高于 125。因此，对于非常细长的构件，采用较高等级钢无实际意义。

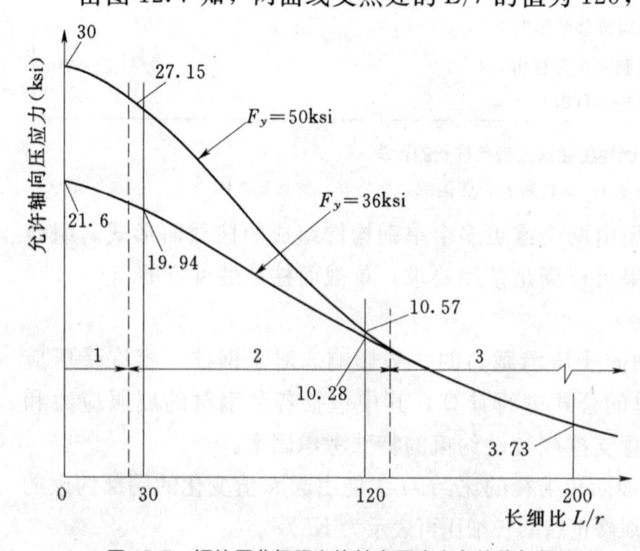

图 12.7　钢柱屈曲极限允许轴向压应力与柱的长细比

区间 1 主要为屈应力破坏情况；而区间 3 主要为由钢材刚度确定的弹性屈曲极限，刚度与应力大小无关；区间 2 为非弹性屈曲条件，是上述两区间的过渡区

由于实用方面的原因，大部分建筑柱的相对刚度介于 50～100 之间，仅承受很重荷载的柱的相对刚度在该值以下，大多设计者都避免采用非常细长的柱。

3. 钢柱的轴向安全荷载

柱的容许轴向荷载为容许应力（F_a）乘以柱的横截面面积。下面的例子说明其计算过程，对于单截面柱，可利用柱荷载表格进行更简单的计算；而对于组合截面，需要计算截面特性。

【例题 12.3】 W12 × 53 柱，无支撑长度为 16ft(4.88m)。计算容许应力。

解：由表 9.3 知，$A = 15.6\text{in}^2, r_x = 5.23\text{in}, r_y = 2.48\text{in}$。

若柱两轴向均无支撑，则较低的 r 对应的是弱轴。无固定端的情况，如图 12.6 (d) 所示，$K = 1.0$，即不需要进行调整（无修正情况），因此，相对刚度计算结果为

$$\frac{KL}{r} = \frac{1 \times 16 \times 12}{2.48} = 77.4$$

设计中，可取与长细比最接近的整数。因此，该 KL/r 取为 77。表 12.1 中 F_a 的屈服值为 15.69ksi，则柱的容许荷载为

$$P = F_a A = 15.69 \times 15.6 = 244.8\text{kip}(1089\text{kN})$$

【例题 12.4】 若例题 12.3 中柱顶为无侧移的铰支撑，柱底为固定端。计算其容许荷载。

解：由图 12.6 (b) 知，修正系数取为 0.8，那么

$$\frac{KL}{r} = \frac{0.8 \times 16 \times 12}{2.48} = 62$$

由表 12.1 知，$F_a = 17.24\text{ksi}$，因此

$$P = 17.24 \times 15.6 = 268.9\text{kip}(1196\text{kN})$$

下面的例子介绍了两个轴向共有不同支撑条件的 W 型钢柱的计算。

【例题 12.5】 图 12.8 (a) 所示为一外墙处的钢框架柱。柱侧移受限，但柱端可在两个方向转动，柱端情况如图 12.6 (d) 所示，对于截面 x 轴，沿柱全长均无横向支撑，但墙平面内水平框架的存在提供了截面 y 轴方向的横向支撑，因此，该方向上柱的屈曲形式如图 12.8 (b) 所示。若柱为 A36W12 × 53 钢柱，L_1 为 30ft，L_2 为 18ft，则容许荷载为多少？

解：本题的基本过程是对两轴进行单独分析，利用得到的相对刚度的最高值计算容许应力（注：同例题 12.1，其特性由表 9.3 得到）。对于 x 轴，如图 12.6 (d) 所示，得

x 轴：
$$\frac{KL}{r} = \frac{1 \times 30 \times 12}{5.23} = 68.8$$

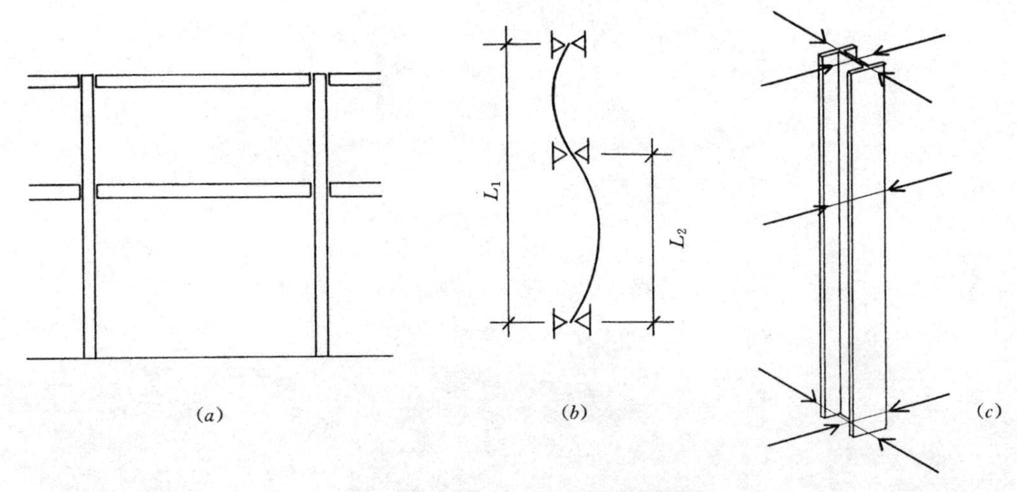

图 12.8 例题 12.5：柱的双向支撑情况

对于 y 轴，除了变形分为两部分［见图 12.8 (b)］以外，亦同图 12.6 (d) 所示，无支撑

长度较大，有效部分就较小，因此

$$y\text{ 轴：}\quad \frac{KL}{r}=\frac{1\times18\times12}{2.48}=87.1\text{，取为 }87$$

无论支撑条件如何，柱的临界条件仍发生在弱轴上。由表12.1知，F_a 为14.56ksi，因此，容许荷载为

$$P=F_aA=14.56\times15.6=227.1\text{kip}(1010\text{kN})$$

对于下面的习题，取 $F_y=36$ksi 的A36钢。

习题12.3.A　计算无支撑长度为15ft(4.57m)的W10×49柱的容许轴向受压荷载。取 $K=1.0$。

习题12.3.B　无支撑长度为22ft(6.71m)的W12×20柱，两端固定，无转动无水平移动。计算其容许轴向受压荷载。

习题12.3.C　若情况同图12.8所示，且 $L_1=15$ft(4.6m)，$L_2=8$ft(2.44m)。计算习题12.3A的容许轴向受压荷载。

习题12.3.D　若情况同图12.8所示，且 $L_1=40$ft(12m)，$L_2=22$ft(6.7m)。计算习题12.3B的容许轴向受压荷载。

第13章

组合力与应力

许多结构构件完成单一的工作任务。例如，单一受拉构件、受压构件、梁等。因此，可以很容易地分析出它们的应力分布情况。但是，一般情况下，结构构件所承担的任务都是多种多样的，如图13.1所示。这时，我们必须要同时考虑一些单个作用及它们的组合影响。由于所取的简化构件形式不同，多种作用下构件的设计结果也可能有一定的差别。在完成多种多样的工作任务时所表现出的多功能性决定了一些特殊结构构件受到普遍欢迎，例如图13.1所示的圆柱型钢（钢管）。本章主要讨论力与应力的组合影响因素。

13.1　组合作用：拉弯

很多情况可以使结构构件同一个截面上既产生轴向拉力又产生弯矩，参考图13.2所示的吊杆。其中，一根 2in^2 的正方形钢杆焊于钢板上，钢板固定于木梁底部，一小块带孔钢板焊接于钢杆表面，荷载通过孔悬吊，这时，钢杆承受拉力和弯矩的组合影响，它们由悬吊荷载产生，弯矩为荷载乘以杆截面形心的偏心距；即

$$M = 5000 \times 2 = 10000\text{lb} \cdot \text{in}$$

$$(22 \times 50 = 1100\text{kN} \cdot \text{m})$$

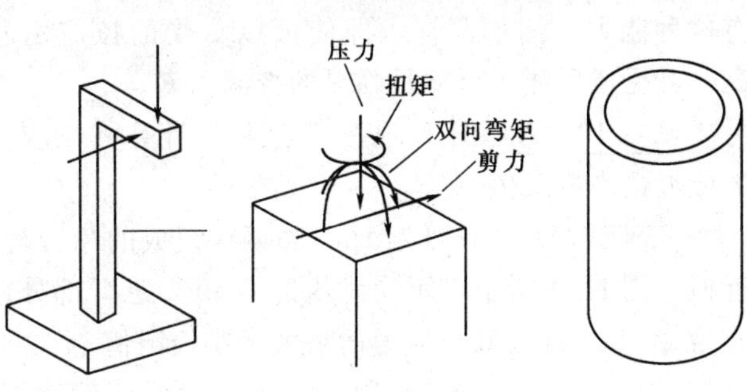

图13.1　多种功能结构

有些情况下，结构构件同时具有几种不同的结构功能，如该图所示结构中的立柱——悬臂部分的支撑。在风荷载与重力荷载的组合作用下，柱必须抵抗压力、扭转（扭矩）、两个方向的弯曲，以及侧向剪力。可用于该情况最有效的单一构件为圆钢柱，如管道中所有构件。没有其他构件可以与能够满足多功能条件的圆管的多功能性和有效性相比

对于这种简单的情况，由两种现象引起的应力情况的计算可先单独分析，然后再相

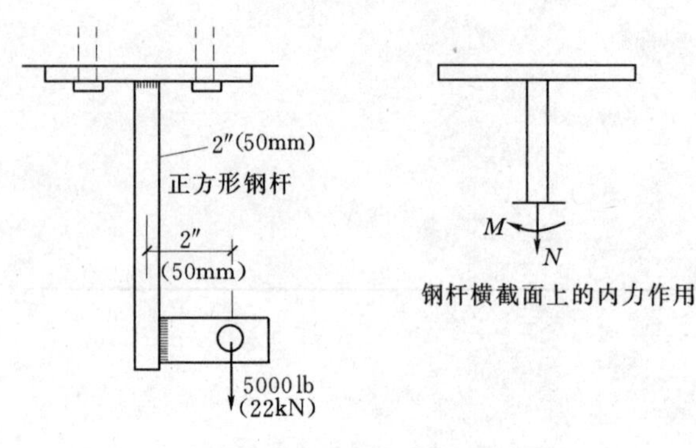

图 13.2 拉弯组合作用的例子

加，如下所示。拉（正）应力［见图13.3（a）］为

$$f_a = \frac{N}{A} = \frac{5}{4} = 1250\text{psi}(8.8\text{MPa})$$

对于弯曲应力，杆的截面模量为

$$S = \frac{bd^2}{6} = \frac{2 \times 2^2}{6}$$

$$= 1.333\text{in}^3(20.82 \times 10^3\text{mm}^3)$$

则弯曲应力［见图13.3（b）］为

$$f_b = \frac{M}{S} = \frac{10000}{1.333} = 7500\text{psi}(52.8\text{MPa})$$

组合应力值［见图13.3（c）］为

$$f_{\max} = 1250 + 7502 = 8752\text{psi}(61.6\text{MPa})(\text{受拉})$$

$$f_{\min} = 1250 - 7502 = -6252\text{psi}(44.0\text{MPa})(\text{受压})$$

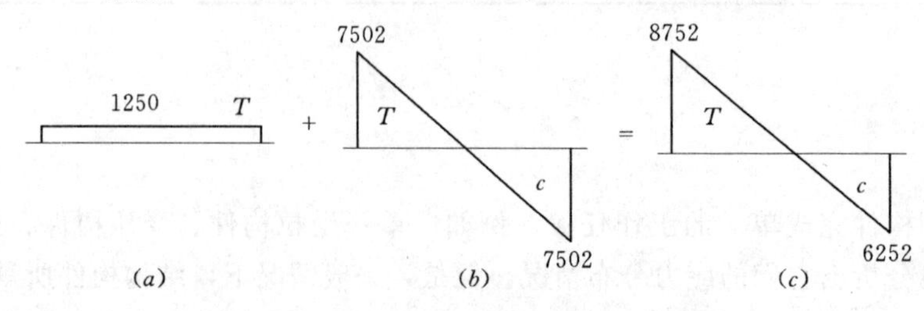

图 13.3 图13.2所示图形的组合应力分析

（a）直接拉力；（b）弯矩；（c）组合应力

虽然反向压应力小于最大拉应力，但有些情况下它可能是关键的。例中 2in^2 的杆可能能够承受这样的压力，但其余构件横截面可能不具有这种能力。例如薄杆，即使可以承受的拉应力较高，其受压屈曲也可能是临界的控制因素。

习题13.1A 图13.4所示悬杆。计算其拉应力的最大最小极限值。

习题13.1B 截面为 1in^2 的钢杆组成的悬臂杆，近似于图13.4所示，所受荷载为120lb，悬臂部分偏心为2.5in。计算其拉应力的最大最小极限值。

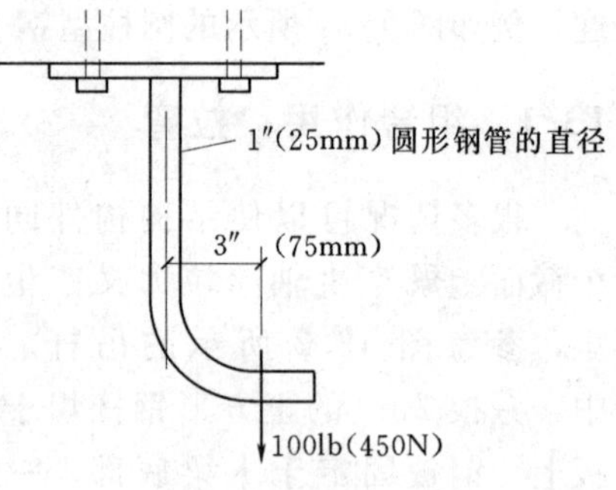

图 13.4 习题13.1

13.2 组合作用：压弯

压弯组合作用可在结构上产生多种影响，某些情况下，实际应力组合可能是关键的。这种情况的一个例子是地基支撑应力。承重基础与地基的接触面，也就是基础底面，它是用于应力分析的“截面”。下面介绍一种近似分析方法。

图13.5说明一种典型的方法，用于分析横截面上的力与弯矩的组合作用。其中，“横截面”指基底与地基的交面。但是，对于力与力矩的组合作用，我们可以采用一种普通的方法进行分析：将变形转变为能与之产生相同组合作用影响的等效偏心力。假定偏心距 e 的值为力矩除以力，如图所示。截面上净应力或组合应力的分布可视为力与弯矩产生的分

应力的和。对于截面边缘的极限应力，组合应力的一般方程为

$$p = \text{正应力} \pm \text{弯曲应力}$$

或

$$p = \frac{N}{A} \pm \frac{Nec}{I}$$

组合应力的四种情况如图 13.5 所示。第一种情况的 e 很小，产生的弯曲应力也很小，所有截面承受压应力，一边最大，另一对边最小。

第二种情况的两种应力分量相等，最小应力为零。它是第一种情况与第三种情况的中间条件，e 的任何增加都将在截面上产生一些相反的应力（这里为拉应力）。

对于基础，由于地基与基础交面上不可能有拉应力，所以第二种情况是一种重要的应力情况，而情形 3 只可能用于分析梁或柱，或一些别的连续的实心构件。情形 2 确定的 e 值可通过使两应力分量相等得到，如下所示：

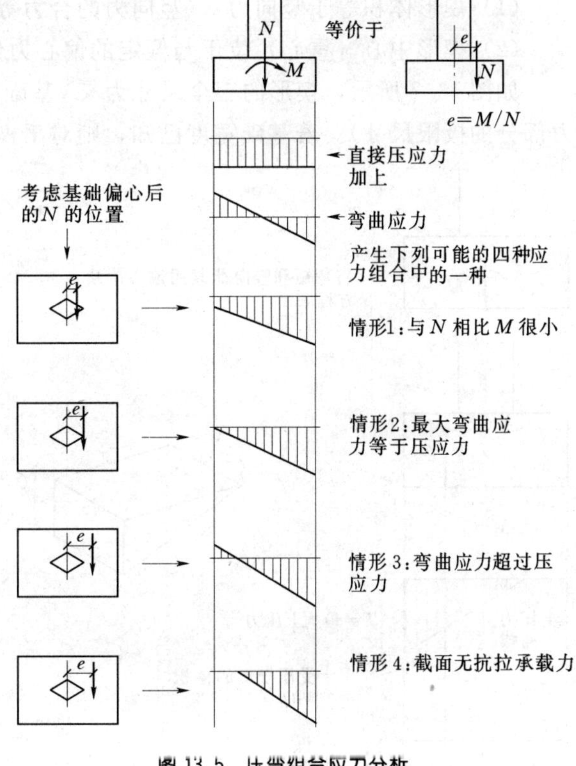

图 13.5 压弯组合应力分析

$$\frac{N}{A} = \frac{Nec}{I}, e = \frac{I}{Ac}$$

由 e 值可以确定所谓的截面核心极限，核心定义为截面中心的周围区域。作用于其中的偏心力不会在截面上引起相反的应力。任意几何形状的核心区域的形状和尺寸可以根据 e 公式确定。图 13.6 所示为三种普通几何形状的核心极限区域。

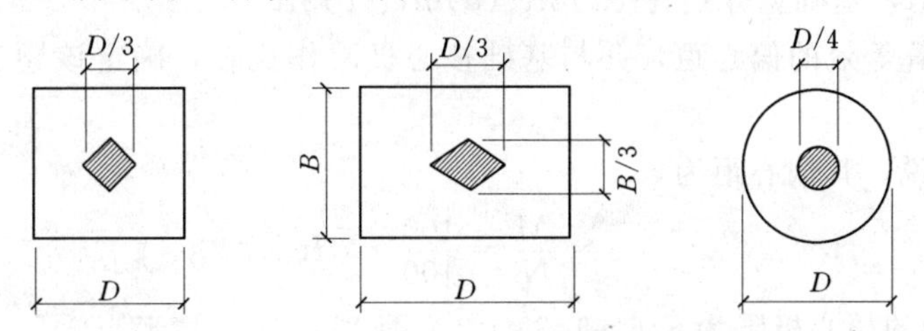

图 13.6 一般图形的截面核心极限

若不产生拉应力，法向力较大的偏心距将产生一个所谓的断裂截面，如图 13.5 情形 4 所示。这时，部分横截面变成无应力截面，或断裂截面；而剩余截面则必须承受组合力和力矩产生的全部压应力。

图 13.7 显示了断裂截面分析方法，称为压力楔形法，“楔形”是指土压力（应力 × 应力面积）引起的总压力体积。静力平衡分析产生两个关系，该关系可以用于确定应力楔形的尺寸。这些关系为

(1) 楔形体积等于竖向力。(竖向力的合力等于零。)

(2) 楔形中心(重心)位于与假定的偏心力位置相一致的直线上。(合力矩等于零。)

如图 13.7 所示,楔形的三个尺寸为 w(基础宽度)、p(最大土压力)及 x(断裂截面应力部分的极限尺寸)。若基础宽度已知,则对于楔形的定义只需要计算 p 和 x 。

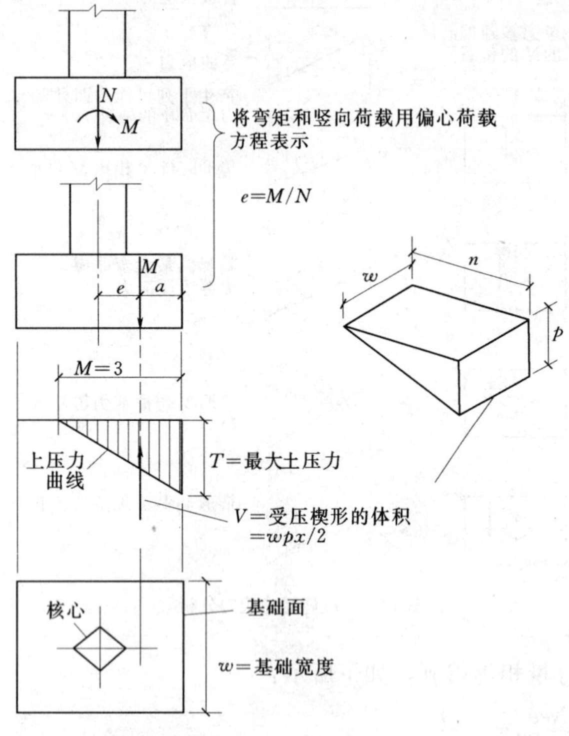

图 13.7 用压力楔形方法进行的断裂截面组合应力分析

对于矩形截面,楔形中心为三角形的一个三分点。设其到边缘的距离为 a ,如图 13.7 所示,则 x 等于 $3a$,而 a 等于基础宽度的一半减去 e 。因此,一旦偏心距确定,a 和 x 的值就可以计算出。

应力楔形体积可由其三个尺寸表示为

$$V = wpx/2$$

确定 w 和 x 后,可通过将体积方程转化为下式得到楔形的剩余尺寸:

$$p = \frac{2N}{wx}$$

图 13.5 所示的组合应力的四种情况都会引起地基受压变形,导致基础转动(倾斜)。设计基础时,基础转动程度及其对所支撑的结构的影响都必须仔细考虑。一般地,希望长期荷载(如恒载)在基础上不产生不平衡应力,因此,图 13.5 情形 2 和情形 4 所示的应力极限情况下仅允许有短期荷载作用在基础上。参看第 6 章悬臂式挡土墙的讨论。

【例题 13.1】 计算正方形基础的地基土压力最大值。已知基底轴向压力为 100kip,力矩为 100kip·ft,基础宽分别为 (a)8ft、(b)6ft、(c)5ft 。

解:首先计算等效的偏心距,并与基础核心极限作比较,确定该题为图 13.5 中的哪种情况。

(a) 总体来说,其偏心距为

$$e = \frac{M}{N} = \frac{100}{100} = 1\text{ft}$$

8ft 宽的基础的核心极限为 8/6 = 1.33ft,为图 13.5 中的情形 1。

为计算土压力,需先计算截面(8ft×8ft 的正方形)的特性:

$$A = 8 \times 8 = 64\text{ft}^2$$

$$I = \frac{bd^3}{12} = \frac{8 \times 8^3}{12} = 341.3\text{ft}^4$$

最大土压力为

$$p = \frac{N}{A} + \frac{Mc}{I} = \frac{100}{64} + \frac{100 \times 4}{341.3} = 1.56 + 1.17 = 2.73\text{ksf}$$

(b) 6ft 宽的基础的核心极限为 1ft,与偏心距相等。因此,为图 13.5 中的情形 2,

$N/A = Mc/I$，因此

$$p = 2\left(\frac{N}{A}\right) = 2 \times \frac{100}{36} = 5.56\text{ksf}$$

(*c*) 偏心距超过核心极限，分析同图 13.7 所示，则

$$a = \frac{5}{2} - e = 2.5 - 1 = 1.5\text{ft}$$

$$x = 3a = 3 \times 1.5 = 4.5\text{ft}$$

$$p = \frac{2N}{wx} = \frac{2 \times 100}{5 \times 4.5} = 8.89\text{ksf}$$

习题 13.2A 正方形基础的基底压力为 40kip（178kN），弯矩为 30kip·ft（40.7kN·m）。计算宽分别为（*a*）5ft（1.5m）、（*b*）4ft（1.2m）时的最大土压力。

习题 13.2B 正方形基础的基底压力为 60kip（267kN），弯矩为 60kip·ft（81.4kN·m）。计算宽分别为（*a*）7ft（2.13m）、（*b*）5ft（1.5m）时的最大土压力。

13.3 剪应力

剪力在材料上产生横向剪切影响。可将其视为二维的，直接效应如图 13.8（*a*）所示。由于材料内部的稳定性，在同主动应力呈直角方向上将会出现抵消剪应力或反作用剪应力，如图 13.8（*b*）所示。剪力与反作用剪力的相互作用产生斜向拉应力和斜向压应力，如图 13.8（*c*）、（*d*）所示。

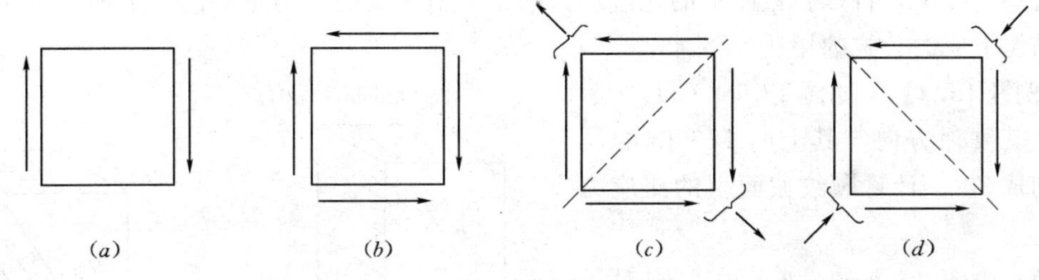

图 13.8 剪应力和斜向应力的产生

由图 13.8 可知以下几点：

（1）单位反作用剪应力在数值上等于单位作用剪应力。

（2）斜向影响（拉力或压力）是作用剪力和反作用剪力的矢量和，因此，其大小为 1.414 倍的单位剪力。

（3）斜向应力发生于斜向平面内，其面积为 1.414 倍的单位剪力作用面积。单位斜向应力与剪应力大小相等。

根据以上结论，可以根据计算单位剪应力的简单方法计算出临界斜向拉力和斜向压力，但需要注意这些应力的方向。

13.4 斜截面上的应力

上一节已经介绍了剪力可以产生的正应力及剪应力，现在我们证明轴向力产生剪应力和正应力。如图 13.9（*a*）所示，图中截面承受拉力，如果截面被切下一块使力（作用于斜面上）不垂直作用于面上，那么，内部抵抗力将存在两个分量：一个分量位于所切截面

的垂直方向；另一个分量位于所切截面平面内。这两个分量各自在所切截面内产生正拉应力 f 和剪应力 v。

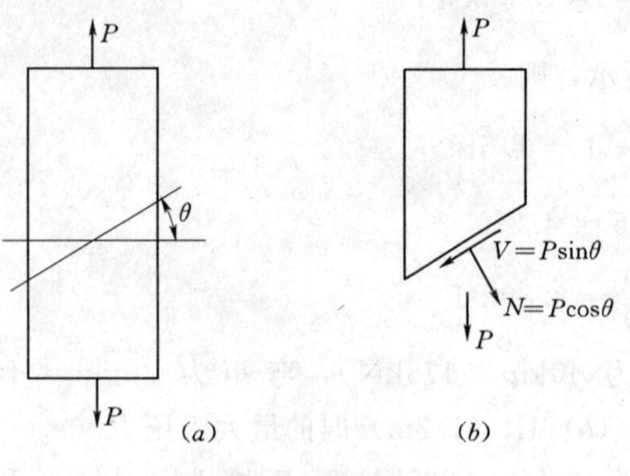

图 13.9 斜截面应力

所切截面的角度如图 13.9 所示，直角横截面面积设为 A，则这些应力如下所示：

$$f = \frac{P\cos\theta}{A/\cos\theta} = \frac{P}{A} \cdot \cos^2\theta$$

$$v = \frac{P\sin\theta}{A/\cos\theta} = \frac{P}{A} \cdot \sin\theta\cos\theta$$

注意以下关于角 θ 的两个特殊值：

(1) 直角截面，$\theta = 0, \cos\theta = 1, \sin\theta = 0$，则

$$f = \frac{P}{A} \text{ 且 } v = 0$$

(2) 若 $\theta = 45°, \cos\theta = \sin\theta = 0.707$，则

$$f = \frac{P/2}{A} \text{ 且 } v = \frac{P/2}{A}$$

我们可以证明 45°切割截面上的斜向剪应力是轴向力作用产生的剪应力的最大值。因为 θ 的任意余弦值都小于 $\theta = 0$ 的余弦值，所以斜截面上的正应力值都小于直角截面上的正应力值。

有些情况中，特殊斜截面上的这些应力的特定值可能是非常重要的。下面的例子描述这种情况下应力公式的用法。

【例题 13.2】 如图 13.10 (*a*) 所示木块，其纹理方向与其上的 1200lb 的压力方向成 30°。计算顺纹截面上的压应力和剪应力。

解：由图 13.9 知，$\theta = 60°$，则对于 13.10 (*b*) 所示的楔形分离体有

$$N = P\cos 60°, V = P\sin 60°,$$

$$A = 3 \times 4 = 12.0\text{in}^2$$

将数值代入应力公式得

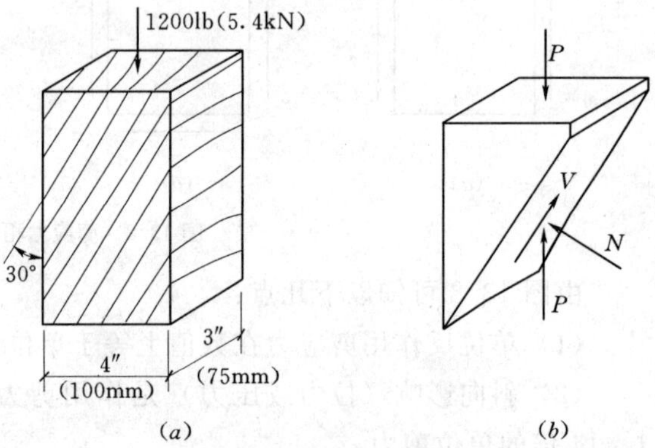

$$f = \frac{P}{A} \cdot \cos^2\theta = \frac{1200}{12} \times 0.5^2 = 25\text{psi}$$

图 13.10 例题 13.2

(*a*) 木块示意图；(*b*) 楔形分离体示意图

$$v = \frac{P}{A}\sin\theta\cos\theta = \frac{1200}{12} \times 0.5 \times 0.866 = 43.3\text{psi}$$

习题 13.4A～C 如图 13.9 所示，结构构件的横截面面积为 10in²，所受压力为 10000lb。计算如图 13.9 所示的 θ 分别等于 (*a*) 15°、(*b*) 20°、(*c*) 30°时斜截面上的正应力和剪应力。

13.5 正应力与剪应力的组合

图 13.8 所示应力作用情况为剪切内力单独作用时发生的情况。当内部剪力与其他作

用力同时出现时，各种应力情况必定组合产生一个主应力效应。图 13.11 所示为剪应力效应与正拉应力效应的组合情况。对于单独剪力作用，主拉应力平面为 45°面，如图 13.11 (*a*)所示。对于单独拉力作用，主拉应力平面为 90°面，如图 13.11 (*b*) 所示。对于剪拉组合作用，净单位拉应力的大小将大于剪应力或正拉应力，主拉应力平面介于 45°面与 90°面之间，如图 13.11 (*c*) 所示。

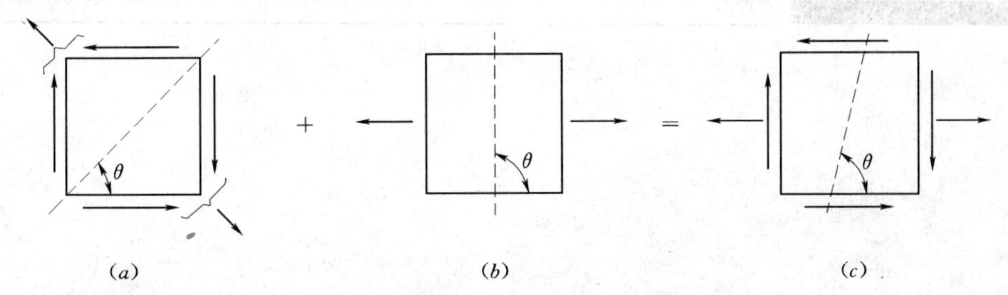

图 13.11 组合剪应力与正应力产生的基本应力图

(*a*) $\theta=45°$；(*b*) $\theta=90°$；(*c*) $45°<\theta<90°$

图 13.11 所示应力条件的一般情况是发生在梁中，其内部垂直剪力与内部弯矩的某种组合存在于梁跨上的各点。假定梁纵断面如图 13.12 所示，在所有横截面上，剪切与弯曲应力的分布如果单独考虑，则结果如图 13.12 (*b*)、(*c*)。剪应力与正应力的各种组合可参见图中的 *S*-*S* 截面的情况。参考截面上的点 1～5，可以得到以下结论：

(1) 点 1 处，竖向剪应力为零，主应力为弯曲引起的水平压应力，拉应力在竖直方向接近于零。

(2) 点 5 处，竖向剪应力为零，主应力为弯曲引起的水平拉应力。

(3) 点 3 处，竖向剪应力最大，弯曲应力为零，最大拉应力为剪力引起的 45°方向的斜向应力。

(4) 点 2 处，主拉应力作用于 45°～90°之间的某一方向上。

(5) 点 4 处，主拉应力作用于 0°～45°之间的某一方向上。

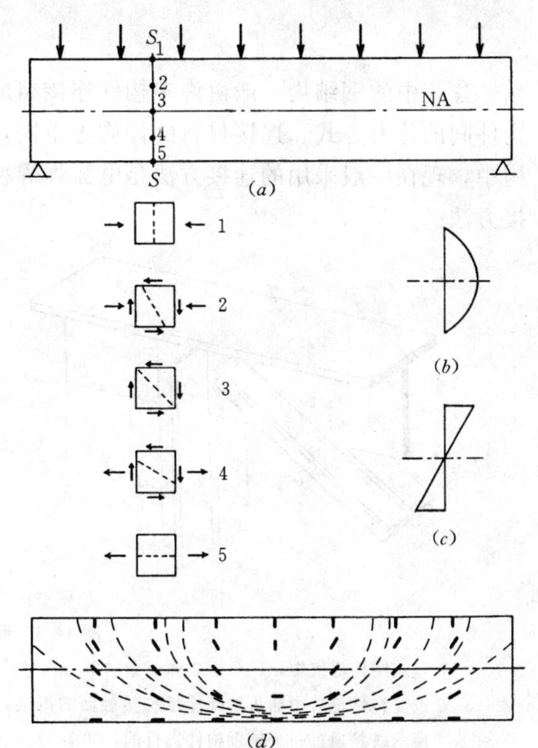

图 13.12 梁中主拉应力的发展方向

图 13.12 (*d*) 用梁立面图中的短黑线表示梁中各点的主拉应力方向，浅色虚线表示内部拉应力流；若将图 13.12 (*d*) 倒置，则它表示内部压应力流。从这张图上可以获得许多关于梁基本性质的信息。

第14章

钢结构的连接

建筑中的钢结构一般由许多构件连接组成（见图 14.1）。由于相连构件的形式和尺寸、构件间的传力方式、连接材料的性质等不同，用于连接的方法也是多种多样的。在建筑结构中，现在一般采用的连接方法是电弧焊焊接和高强螺栓连接等方法。本章将介绍这些连接方法。

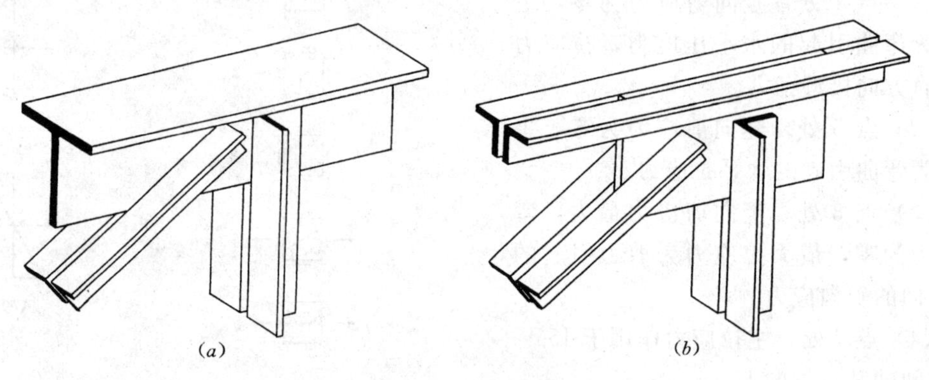

图 14.1　钢结构的连接

建筑结构等级中，一个框架体系中的单个构件的连接经常要在构件平板上开槽口，然后通过焊条或在构件槽口中插入的螺栓抵抗接触面的滑动，两构件间的接触可能是直接的，如图 14.1（*a*）所示或是通过一个辅助构件进行的，如图 14.1（*b*）所示的连接板

14.1　螺栓连接

钢结构构件一般采用在带孔洞的板件中插入一个使它们连接在一起的销栓形装置进行连接。过去，这种装置采用铆钉；而现在一般采用螺栓。由于许多构件都可以采用螺栓进行连接，所以螺栓的许多形式和尺寸在实际中都可以找到。

1. 螺栓连接中的作用

两根钢条经过简单连接后即具有了相互传递拉力的功能，其平面图和断面图如图 14.2 (*a*)、(*b*) 所示。虽然这种连接是传递拉力的，但是因为连接装置（螺栓）工作的形式，它也可看作是剪力形式的连接［见图 14.2 (*c*)］。对于结构连接，这种连接形式现在大都采用高强螺栓。高强螺栓是具有紧固作用的特殊螺栓，这种作用可以在螺杆中产生屈服应力。对于采用这种螺栓连接的情况，其可能的破坏形式有许多种，主要介绍下面几种。

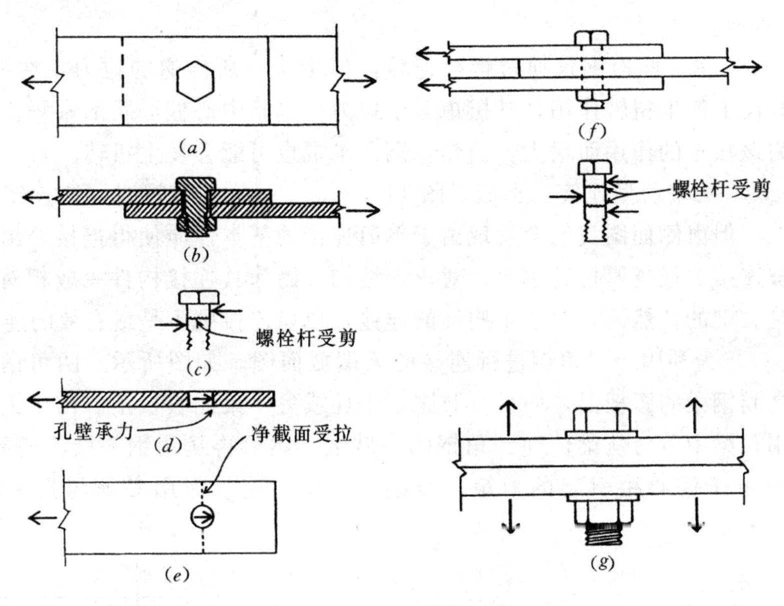

图 14.2 螺栓连接作用

(1) 螺栓剪力。如图 14.2 (*a*)、(*b*) 所示连接，螺栓破坏表现为螺栓横截面上剪力产生的切割（剪切）破坏。螺栓抗力可表示为剪应力 F_v 乘以螺栓横截面面积，即

$$R = F_v A$$

若已知螺栓尺寸和钢材等级，我们就可以很容易确定其极限。某些连接形式中，一个螺栓可能有多个截面受剪切作用。如图 14.2 (*f*) 所示，其中螺栓在两个平面上受到剪切作用。若仅在螺栓一个截面上产生剪力［见图 14.2 (*c*)］，称为单剪作用；若在螺栓两个截面上产生剪力［见图 14.2 (*f*)］，称为双剪作用。

(2) 挤压。若螺栓拉力（由拧紧螺帽时引起的）相对较低，则螺栓的作用主要相当于螺栓孔洞中的销钉，承受螺栓孔洞边缘的挤压力，如图 14.2 (*d*) 所示。当螺栓直径很大或采用高强螺栓时，连接件必须有足够厚度才能充分发展螺栓的总承载力。AISC 规范（参考文献 3）给出了这种情况下的最大容许挤压应力 $F_p = 1.5F_u$，其中，F_u 为带孔洞的连接件钢材的极限受拉强度。

(3) 连接件净截面上的拉力。对于图 14.2 (*b*) 中的连接条，钢条上最大拉应力位于有螺栓孔的截面上，该折算截面称为抗拉净截面。虽然这是临界应力的位置，但是如果连接件没有严重变形，该截面可能达到屈服。因此，净截面容许应力取决于钢条的最终强度——而非屈服强度，该值一般取为 $0.5F_u$。

(4) 螺栓受拉。图 14.2 (*a*)、(*b*) 所示的剪力（抗滑移）连接是一般的连接方法。在

某些连接中还可以利用螺栓来抵抗拉力，如图14.2（*g*）所示。对于螺栓，最大拉应力出现在围绕螺纹的净截面上。但是，如果屈服应力产生于螺栓杆（无折减截面）上，那么螺栓可能会有一定的伸长。此时应力要通过计算得到，而螺栓的抗拉能力要依据破坏试验的数据得到。

（5）连接中的弯曲。可能大多数情况下螺栓的分布都是同外力的作用线对称，但并非完全如此。因此，除了外力的作用，连接可能承受由荷载引起的弯矩或扭矩作用。这种情况如图14.3所示。

图14.3（*a*）中，两根钢条通过螺栓连接，但钢条与所传递的拉力不在一条直线上，这可能会在螺栓上产生扭转作用，其扭矩等于拉力与钢条中心偏心距的乘积。各个螺栓上的剪力会因为该扭矩的作用而增大。当然，钢条末端也可能会发生扭转。

图14.3（*b*）为单剪型连接，类似于图14.2（*a*）、（*b*）。俯视时，该连接中钢条处于同一条直线上，但由侧面图我们会发现由于单剪连接的基本性质使得连接处出现了固有的扭转。而且被连接的板越厚扭转越大。对于钢结构，因为其连接构件一般相对较薄，所以扭转一般不是关键的。然而，对于木构件的连接，单剪连接则不是最有效的连接形式。

图14.3（*c*）为利用一对角钢进行连接的梁端截面图。如图所示，两角钢各自的一肢连接在它们之间钢梁的腹板上，而另一肢固定于柱或另一梁的腹板上。由于钢梁腹板上角钢的连接作用，梁中剪力从梁传递到角钢的一肢上，然后再从角钢一肢传递到另一肢上，从而产生一个由于偏心距引起的力矩。连接设计中，这一作用必须与其余的作用同时考虑。

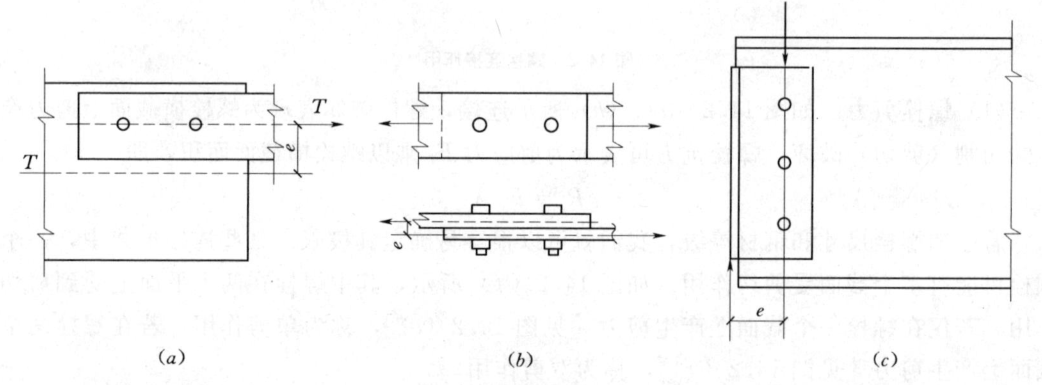

图14.3 螺栓连接中弯曲的发展

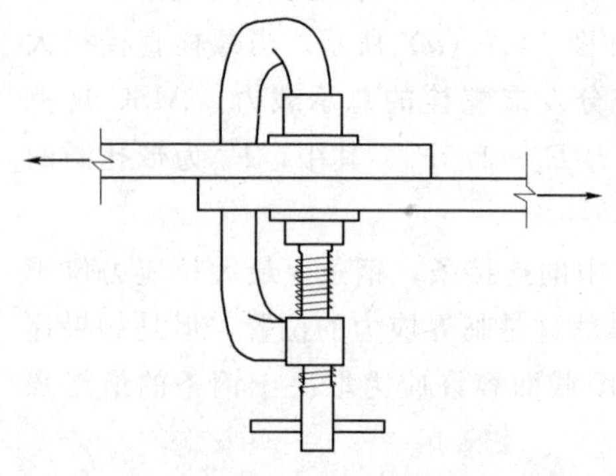

图14.4 承压螺栓连接作用

（6）连接的滑移。高抗拉、高强度螺栓会在被连接的构件上产生一种非常强大的紧固作用，类似于图14.4所示情况。相应地，滑动面上会产生强大的摩擦力，该力为剪切型连接抗力的最初形式。一直到连接面发生滑移，螺栓剪力、挤压力，甚至净截面上拉力才会出现。因而，对于水平荷载，这是抵抗作用的一般形式，采用高强螺栓进行的连接被认为是一种刚性的连接形式。

（7）局部剪力。螺栓连接的一种可能破坏形式是一块连接件的边缘被拉坏，称为局部剪力破坏。图 14.5（*a*）所示为两钢板间连接的一种可能的破坏形式，这时的破坏是由于剪力与拉力组合作用下产生的上述拉坏形式。总破坏力为引起两种破坏所需的力的叠加。净受拉面积上的容许应力规定为 $0.50F_u$，其中 F_u 为钢材的最大抗拉强度。受剪面积上的容许应力规定为 $0.30F_u$。根据已知的边距、孔距、螺栓孔直径，计算受拉和受剪截面的净宽，然后用破坏构件的厚度乘以净宽得到净面积。用该面积乘以许用应力就可以得到总抗力，若该力大于连接构件的设计荷载，则拉裂问题就不是关键问题。

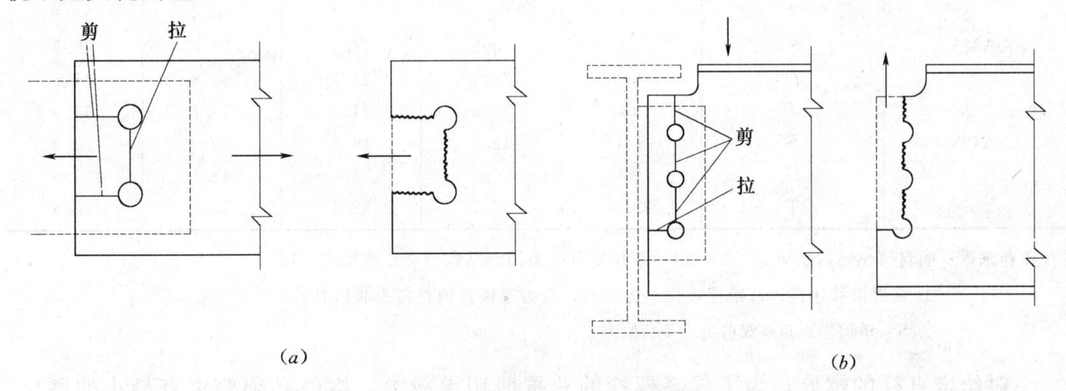

图 14.5 螺栓连接的拉裂（局部剪切）破坏

拉裂破坏的另一种形式如图 14.5（*b*）所示，这是由受另一根梁支撑的框架梁端部的一般形式，它的顶部与支撑梁的顶部位于同一水平高度上。梁上翼缘的顶部须进行切割处理，使得梁腹板能够伸入到支撑梁腹板的边缘。若采用螺栓连接，则可能发生图中所示的拉裂情况。

2. 钢制螺栓的类型

建筑中用于钢结构构件连接的螺栓可分为两种基本形式。A307 螺栓和粗制螺栓具有较低的承载力。这些螺栓的螺帽被拧紧到仅使连接件之间紧密接触。由于抵抗滑动的能力较低，加上实际螺栓孔的尺寸较大，抵抗外力的过程中会存在一些移动。它们一般被广泛用于框架的临时连接中。

A325 或 A490 螺栓称为高强螺栓。这些螺栓的螺帽被拧紧使得栓杆中产生相当大的拉力，该拉力在连接件间产生很高的摩擦抗力。螺栓不同的安装要求导致产生不同的强度等级，该等级一般与破坏临界模型有关。

剪切型连接承受荷载时，螺栓承载力取决于连接中的剪切作用。单个螺栓的剪切承载力可进一步定义为单剪作用时的 *S*［见图 14.2（*c*）］或双剪作用时的 *D*［见图 14.2（*f*）］。螺栓受拉、剪作用时的承载力列于表 14.1 中。直径范围为 5/8in～1/2in 的螺栓及其承载力表列于 AISC 手册（参考文献 3）中。然而，轻钢结构框架中通常采用的螺栓直径为 3/4in～7/8in。而对于较大的连接和较大的框架，也可采用直径为 1in～1¼in 的螺栓。表 14.1 给出的是直径范围为 3/4in～1¼in 的螺栓数据。

螺栓安装一般要求在螺帽和螺母下面设置垫圈，一些大批量生产的高强螺栓有特定形式的螺母或螺帽，并有与之对应的垫圈。当采用垫圈时，它有时会成为螺栓紧固位置处的细部尺寸的限制因素。例如在接近于角钢或其他压型钢板的内径处。

表 14.1 螺栓承载力① 单位：kip

ASTM指定	荷载条件②	螺栓的名义直径（in）				
		3/4	7/8	1	1⅛	1¼
		由名义直径得到的面积（in^2）				
		0.4418	0.6013	0.7854	0.9940	1.227
A307	*S*	4.4	6.0	7.9	9.9	12.3
	D	8.8	12.0	15.7	19.9	24.5
	T	8.8	12.0	15.7	19.9	24.5
A325	*S*	7.5	10.2	13.4	16.9	20.9
	D	15.0	20.4	26.7	33.8	41.7
	T	19.4	26.5	34.6	43.7	54.0
A490	*S*	9.3	12.6	16.5	20.9	25.8
	D	18.6	25.3	33.0	41.7	51.5
	T	23.9	32.5	42.4	53.7	66.3

资料来源：摘自《钢结构手册》（第8版），版权所有，美国钢结构协会，芝加哥，IL。

① 临界滑移连接；假定连接件上无弯曲，受力连接件的材料为非临界的。

② *S*=单剪力；*D*=双剪力；*T*=拉力。

对给定直径的螺栓，为了提高螺栓的总抗剪切承载力，构件必须要求有最小的厚度。该厚度取决于螺栓与螺栓孔壁之间的挤压应力，该应力的最大极限值为 $F_p = 1.5F_u$。应力极限可以根据螺栓本身的钢材或连接构件的钢材种类确定。

用作锚栓或系杆的钢杆有时是螺纹杆。当它们承受拉力时，承载力一般受螺纹折算截面上应力的限制。系杆有时是有放大端头的，端部的直径较大。当放大端部带螺纹时，螺纹的净截面面积与钢杆其余部分的全截面面积相同，所以钢杆的承载力没有削减。

3. 螺栓连接的布置

螺栓连接的设计一般要考虑包括连接构件的栓孔尺寸在内的许多因素。截面材料决定了螺栓连接设计中必须考虑的一些基本因素。某些情况下，连接的难易程度可能会影响连接构件形式的选择。

图 14.6（*a*）所示为分布于两平行线上的螺栓的布置，设计中两个基本尺寸受到螺栓尺寸（名义直径）的限制。第一个基本尺寸是螺栓的中心距，通常称为孔距，AISC 规范（参考文献 3）规定该尺寸最小值为 2⅔乘以螺栓直径。但是，本书采用的更合适的最小值为 3 倍的直径。

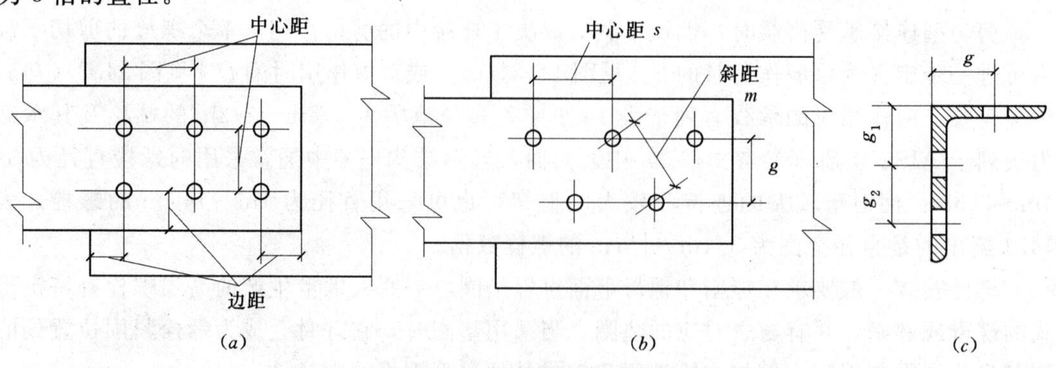

图 14.6 螺栓连接设计影响因素

第二个关键的设计尺寸为边距，螺栓中心线到最近的螺栓孔边缘的距离。因为螺栓尺寸的作用和边缘的性能，对边距也有特定的限制。边距的性能还涉及边缘是压制成型的还是切割成型的。边距还会受到局部剪力引起的边缘断裂情况的限制，这种情况将在后面讨论。

表14.2给出普通钢结构所用尺寸的螺栓的孔距和边距的推荐极限值。

表14.2 螺栓的孔距和边距

铆钉或螺栓的直径 d (in)	冲制孔、铰制孔、或钻制孔的最小边距		最小推荐孔距中心到中心 (in)	
	剪切边	板、型钢或钢杆的轧制边或气割边①	2.667d	3d
0.625	1.125	0.875	1.67	1.875
0.750	1.25	1.0	2.0	2.25
0.875	1.5②	1.125	2.33	2.625
1.000	1.75②	1.25	2.67	3.0

资料来源：摘自《钢结构手册》(第8版)，版权所有，美国钢结构协会，芝加哥，IL。

① 若螺栓孔洞处应力不超过被连接部件最大容许应力的25%，则该值可缩减为0.125in。

② 角钢连接件的梁端处可以为1.25in。

在某些情况中，螺栓交错分布于两平行列中［见图14.6 (b)］。这时，也必须考虑角距的要求，例中用 m 表示。对于交错分布的螺栓，横向的空隙，通常作为孔距被考虑，也称为行距。螺栓交错分布的一般原因是因为有时各排螺栓必须布置得比较接近，行距小于所选螺栓需要的最小空隙。而且，交错分布的螺栓孔也有利于在带孔钢构件上产生较小的拉应力，从而减小临界净截面。

螺栓作用线的位置与被连接构件的尺寸和形状有关。这一情况对位于角钢边上的螺栓或W型钢、M型钢、S型钢、C型钢以及T型钢的结构翼缘上的螺栓特别明显。图14.6 (c)所示为角钢上螺栓的布置。当角钢上布置单排螺栓时，其推荐位置为距角钢钢背 g 处。当采用双排螺栓时，第一排布置于距角钢钢背 g_1 处，第二排布置于距第一排 g_2 距离处。表14.3给出这些距离的推荐值。

表14.3 角钢的常用行距(in) 单位：in

直径	角钢边宽								
	8	7	6	5	4	3.5	3	2.5	2
g	4.5	4.0	3.5	3.0	2.5	2.0	1.75	1.375	1.125
g_1	3.0	2.5	2.25	2.0					
g_2	3.0	3.0	2.5	1.75					

资料来源：摘自《钢结构手册》(第8版)，版权所有，美国钢结构协会，芝加哥，IL。

当螺栓布置于型钢上的推荐位置时，可以将螺栓分布到距构件边缘一定距离处。根据表14.2所给的推荐的边距值，我们可以计算所需螺栓的最大尺寸。对于角钢，边距值限制了所用的最大螺栓，特别是采用双排螺栓时。但在某些情况下，其他因素较关键。螺栓中心到角钢边缘的距离可能会限制螺栓处较大垫圈的使用。另一个考虑因素可能是角钢净截面上的应力，特别是构件荷载全部由连接件承担时。

4. 受拉连接

当受拉构件有折算横截面时，必须考虑两种应力，该情况一般用于带螺栓孔的构件或带螺纹的螺栓或螺纹杆中。对于带螺栓孔构件，螺栓孔的折算横截面上的容许拉应力为 $0.50F_u$，其中 F_u 为钢材的极限抗拉强度。折算截面（又称为净截面）上的总抗拉力必须与其余无折减横截面上的容许应力 $0.6F_y$ 作比较。

对于螺纹钢杆，螺纹处的最大容许拉应力为 $0.33F_u$。对于钢螺栓，容许应力的值取决于螺栓的形状。三种形式下任意尺寸螺栓的抗拉承载力见表 14.1。

对于 W 型钢、M 型钢、S 型钢、C 型钢以及 T 型钢，一般不采用会产生截面各构件附件的受拉连接形式（例如，两个翼缘加一个腹板组成的 W 型钢）。这种情况下，AISC 规范（参考文献 3）要求折算有效净截面 A_e 的计算式为

$$A_e = C_1 A_n$$

式中 A_n——构件的实际净截面；

C_1——折减系数。

除非其较大系数能通过试验进行调整，否则就采用下面的特定值：

(1) 对于翼缘宽度不超过其高度 2/3 的 W 型钢、M 型钢、S 型钢及由它们切割成的结构 T 型钢，当连接位于翼缘处且在应力方向每排至少有三个螺栓时，$C_1=0.75$。

(2) 对于不满足上述条件的 W 型钢、M 型钢、S 型钢及由它们切割成的结构 T 型钢，当应力方向每排螺栓个数都不少于三个时，$C_1=0.85$。

(3) 对应力方向每排只有两个螺栓的所有构件，$C_1=0.75$。

用作受拉构件的角钢通常采用单边连接。在保守的设计中，有效净截面仅仅是连接的一段，低于螺栓孔引起的折减。

铆钉及螺栓的孔洞直径大于螺栓的名义直径。冲切作用会损坏孔洞周边一小部分钢材；相应地，净截面计算中折减的孔洞直径为 1/8in，大于螺栓标准尺寸。

当仅有一个螺栓孔时，如图 14.2 所示，或沿构件应力方向仅有一排螺栓连接时，其中一块板的横截面净面积为板宽（构件宽度减去孔直径）乘以板厚。

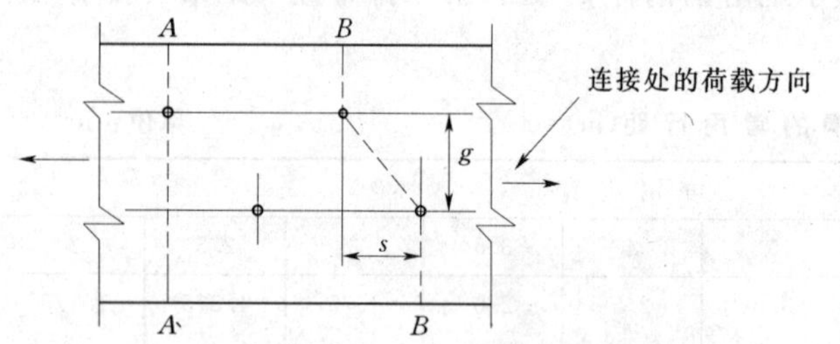

图 14.7 螺栓连接构件净截面面积计算

当螺栓孔沿应力作用线交错分布于两排时（见图 14.7），净截面的计算会有所不同。AISC 规范（参考文献 3）规定：

对于穿过任意对角线或 Z 字形部分的孔链，构件宽度为总宽度减去链上所有孔洞的直径之和，然后再将各个值叠加进行计算，链的行距为 $s^2/4g$，其中，s 为纵向间距（栓距）或任意两连续孔洞的距离，in；g 为相同的两个孔洞的横向间距（行距），in。构件的临界净截面由给出的最小净宽的孔链尺寸计算。

AISC 规范（参考文献 3）给出：任意情况下带孔洞的净截面都不能大于相应总截面的 85%。

14.2 螺栓连接设计

下面的设计例题阐释了前面章节中讨论的问题。

【例题 14.1】 图 14.8 所示的连接由两块窄的钢板组成，这两块钢板将一个大小为

100kip（445kN）的拉力传递给一块10in（250mm）宽的钢板。所有板材均为 A36 钢材，$F_y=36$ksi（250MPa），$F_u=58$ksi（400MPa），用分布两排的直径为3/4in的A325螺栓连接，利用表14.1中数据。计算所需螺栓个数、窄钢板的宽度和厚度、宽钢板的厚度，以及螺栓的布置。

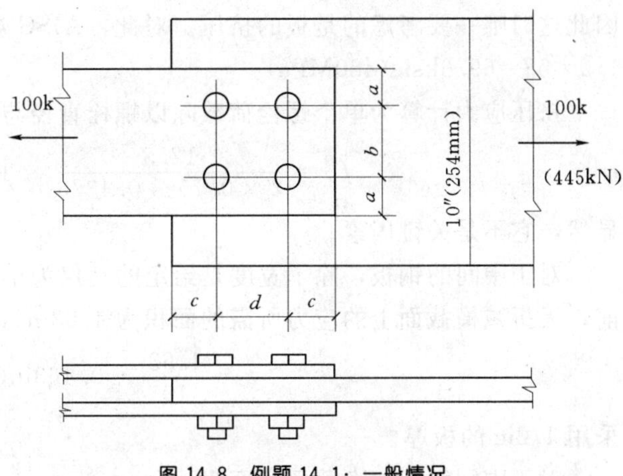

图 14.8 例题 14.1：一般情况

解：由表14.1知，双剪中单个螺栓的承载力为15.5kip（69kN）。因此，所需的连接个数为

$$n=\frac{100}{15.5}=6.45\text{ 取 }7$$

虽然连接中布置7个螺栓是可以的，但大多设计者都会选择8个螺栓的对称布置形式，一排布置4个。因此，螺栓的平均荷载为

$$P=\frac{100}{8}=12.5\text{kip}(55.6\text{kN})$$

由表14.2知，对于3/4in.的螺栓，切割边的最小边距为1.25in，最小推荐间距为2.25in。因此，板的最小宽度为（见图14.6）

$$w=b+2a=2.25+2\times1.25=4.75\text{in}(121\text{mm})$$

如果空间十分有限，窄钢板的实际宽度可以直接确定。本例中宽度取为6in。检验板横截面总面积的应力情况，其中，容许应力为$0.60F_y=0.60\times36=21.6$ksi，所需面积为

$$A=\frac{100}{21.6}=4.63\text{in}^2(2987\text{mm}^2)$$

宽度为6in，则所需厚度为

$$t=\frac{4.63}{2\times6}=0.386\text{in}(9.8\text{mm})$$

采用最小厚度7/16in（11mm）。

下一步是检验净截面上的应力，其中，容许应力为$0.50F_u=0.50\times58=29$ksi（200MPa）。对于计算，推荐采用比螺栓直径至少大1/8in的螺栓孔尺寸，这容许可以放大一些实际尺寸（一般为1/16in）和由于孔边制作的不精确引起的一些损失。由此，螺栓孔直径假定为7/8in，则净宽为

$$w=6-2\times0.875=4.25\text{in}(108\text{mm})$$

净截面上的应力为

$$f_t=\frac{100}{2(0.4375\times4.25)}=26.9\text{ksi}(185\text{MPa})$$

由于该值低于容许应力，所以对于拉应力，采用窄钢板是合适的。

表14.1中的螺栓承载力是基于滑动临界条件得到的。假定设计破坏极限为螺栓的摩擦抗力（滑阻力）极限。而挤压破坏模式是板间相对滑动达到出现螺栓对孔边的挤压作用。这牵涉到螺栓的剪切承载力和钢板的挤压抗力。由于螺栓承载力高于滑移破坏的值，

因此这时唯一要考虑的是板的挤压。对此，AISC规范（参考文献3）给出值 $F_p=1.2F_u=1.2\times58=69.6$ksi（480MPa）。

挤压应力计算为单个螺栓荷载除以螺栓直径与板厚的乘积。因此，对于窄钢板：

$$f_p=\frac{12.5}{2\times0.75\times0.4375}=19.05\text{ksi}(131\text{MPa})$$

显然，它不是关键因素。

对于中间的钢板，除了宽度是给定的且仅为单块钢板外，其余计算过程基本相同。同前，无折减横截面上的应力所需的面积为 4.63in^2，因此，宽10in的厚钢板所需的厚度为

$$t=\frac{4.63}{10}=0.463\text{in}(11.8\text{mm})$$

采用1/2in的板厚。

对于中间钢板，净截面宽度为

$$w=10-2\times0.875=8.25\text{in}(210\text{mm})$$

净截面上的应力为

$$f_t=\frac{100}{8.25\times0.5}=24.24\text{ksi}(167\text{MPa})$$

与容许应力29ksi作比较，分析同前面所示。

中间钢板的孔边计算的挤压应力为

$$f_p=\frac{12.5}{0.75\times0.5}=33.3\text{ksi}(230\text{MPa})$$

低于容许值69.6ksi，分析同前。

其余的布置已在第14.1节描述，AISC规范（参考文献3）规定的荷载方向的最小间距为

$$\frac{2P}{F_ut}+\frac{D}{2}$$

荷载方向的最小边距为

$$\frac{2P}{F_ut}$$

式中 D——螺栓直径；

P——单个螺栓传递给连接部件的力；

t——连接件的厚度。

对于本例的中间钢板，其最小边距为

$$\frac{2P}{F_ut}=\frac{2\times12.5}{58\times0.5}=0.862\text{in}$$

该值远小于表14.2中所列的切割边为3/4in的螺栓的边距：1.25in。

对于最小间距

$$\frac{2P}{F_ut}+\frac{D}{2}=0.862+0.375=1.237\text{in}$$

也不是关键影响因素。

所要考虑的最后一个问题是局部剪切破坏中钢板端部的两个螺栓断裂的可能（见图14.9）。因为外部钢板的组合厚度大于中间钢板的厚度，所以连接的关键问题是中间钢板

的问题。图 14.9 给出其断裂情况。破坏涉及截面 1 上的应力和两个截面 2 上的剪力组合。对于受拉截面，有

$$w_{净} = 3 - 0.875 = 2.125\text{in}(54\text{mm})$$

容许受拉应力为

$$F_t = 0.50F_u = 29\text{ksi}(200\text{MPa})$$

对于两个受剪截面，有

$$w_{净} = 2\left(1.25 - \frac{0.875}{2}\right) = 1.625\text{in}(41.3\text{mm})$$

容许剪应力为

$$F_v = 0.30F_u = 17.4\text{ksi}(120\text{MPa})$$

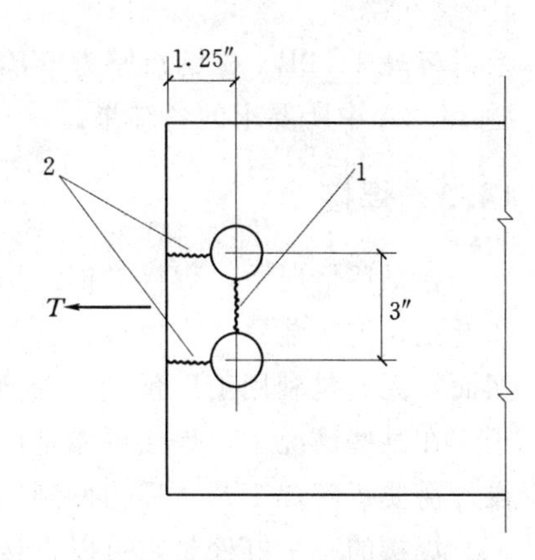

图 14.9　例题 14.1：中间板断裂

因此，总的抗断裂力为

$$T = 2.125 \times 0.5 \times 29 + 1.625 \times 0.5 \times 17.4 = 44.95\text{kip}(205\text{kN})$$

由于该值大于两个端螺栓上的组合荷载（25kip），因此，板不会产生局部受剪破坏的情况。

连接的解法如图 14.10 所示。

对于传递两连接构件间压力的连接，其螺栓应力和构件支撑是基本相同的。因为受压构件可以采用由于螺栓作用引起的相对较低的应力进行设计，所以连接构件净截面上的应力不是关键的。

习题 14.2A　图 14.8 所示为一般形式的螺栓连接，通过 7/8inA325 螺栓和 A36 钢板传递 175kip（780kN）的拉力。外面的钢板宽为 8in（200mm），中心钢板宽为 12in（300mm）。计算所需的钢板厚度和双排布置螺栓时所需的螺栓个数，并绘出连接的最终布置图。

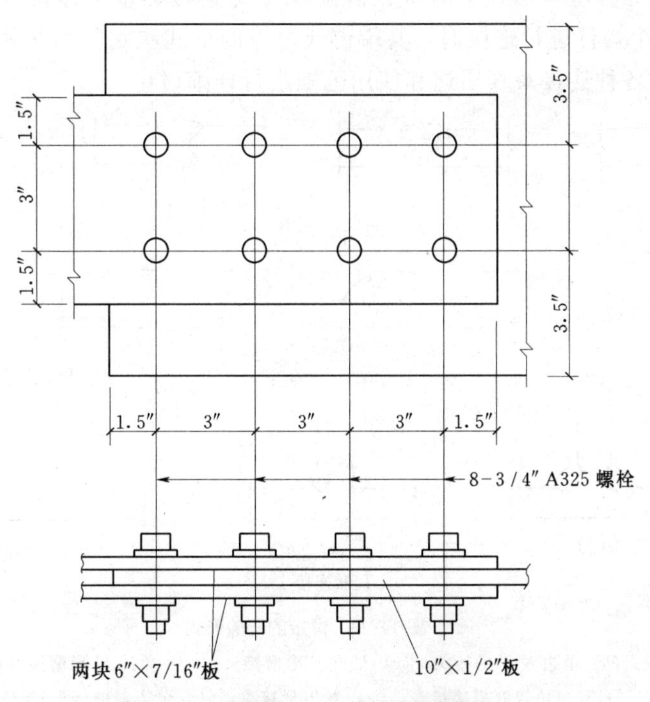

图 14.10　例题 14.1：最终得到的布置图

习题 14.2B 外钢板厚为 9in，螺栓布置 3 排，其余所需数据同习题 14.2A。计算习题 14.2A 中所要求的各结果。

14.3 焊接

在某些情况下，焊接是钢结构连接的一种方法，另外一种基本方法是采用螺栓。通常情况是，连接装置（支撑板、直角角钢等）焊接于一构件上并通过螺栓连接于另一构件。然而，无论是利用工厂预制还是现场制作，我们都可以见到许多采用完全焊接连接的例子。在某些情况中，焊接可能是用于连接的唯一合理的方法。对于许多其他的情况，焊接设计需要了解焊工及所焊构件制造中可能要遇到的问题。

焊接的一个好处是它可以直接连接构件，从而不再需要中间部件，例如盖板或直角角钢。其另一个好处是不需要制作孔洞（螺栓连接中所必需的），受拉构件横截面上的承载能力没有受到削弱。焊接也特别提供了发展刚性接点的可能，其优势存在于抗力矩连接或一般的无变形连接中。

1. 电弧焊

虽然焊接方法有许多种，但电弧焊焊接是钢结构连接中经常采用的一种方法。这种形式的焊接中，电弧形成于焊条和所要连接的金属构件之间，“熔深”用于表明焊料原表面到焊化停止点的深度。焊条中熔解的金属流入熔化位置，冷却后与构件连成一个整体。部分熔深会使焊条和金属构件的熔合在焊缝根部失效。许多因素会影响到电弧焊的质量，未焊透焊缝承载力低于焊透焊缝（又称为全熔深焊缝）。

2. 焊接的形式

焊接接头有三种基本形式：对接、搭接及 T 形连接。基本连接方法的几种形式如图 14.11 所示。两个构件进行连接时，其端部或边缘的形式决定能否采用焊接。由于篇幅所限，本书没有对各种连接及其用途和使用范围进行详细讨论。

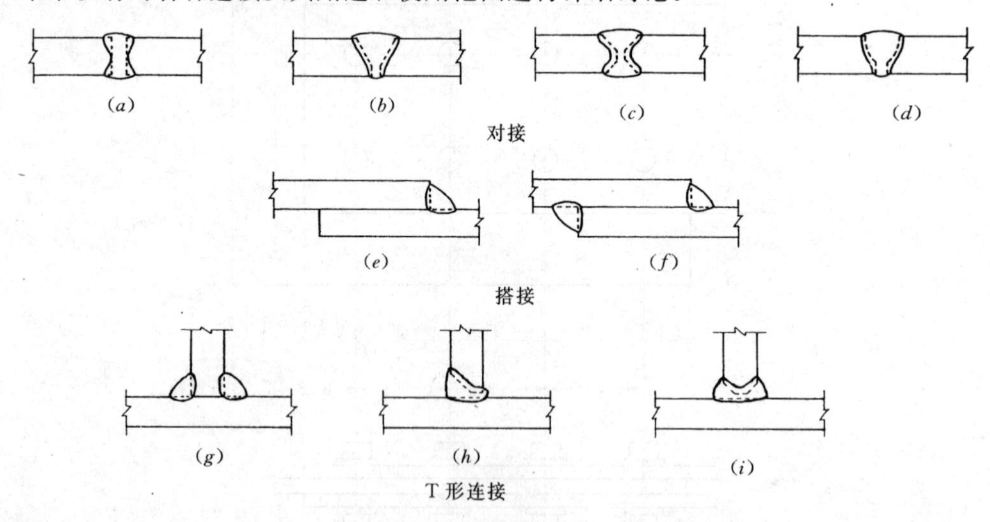

图 14.11 焊接的一般形式

(a) 方槽接头；(b) 单边 V 形槽接头；(c) 双边 V 形槽接头；(d) 单边 U 形槽接头；(e) 单边角焊缝搭接接头；(f) 双边角焊缝搭接接头；(g) 方 T 形接头；(h) 单边斜槽接头；(i) 双边斜槽接头

钢结构构件中采用的焊接一般是角焊缝。其形成的连接构件的相交面的横截面接近于三角形［见图 14.11 (*e*)、(*f*) 和 (*g*)］。如图 14.12 (*a*) 所示，角焊缝的尺寸根据边长计算，*AB* 或 *BC*，该值标志焊接横截面内的最大的等腰直角三角形的边长。角焊缝的有效高度是同一直角三角形的顶点到斜边的垂直距离，如图 14.12 (*a*) 所示距离 *BD*。焊缝的外露表面并非图 14.12 (*a*) 所示的平面，一般是有点凸起的曲面，如图 14.12 (*b*) 所示。因此，实际的有效高度可能比图 14.12 (*a*) 所示的要大。该附加部分起加强作用，在焊缝强度计算中不予考虑。

3. 角焊缝应力

如果焊脚尺寸为 1 个单位［见图 14.12 (*a*) 中尺寸］，则焊缝有效高度尺寸［见图 14.12 (*a*) 中 *BD*］为

$$BD = 1/2\sqrt{1^2+1^2} = 1/2\sqrt{2} = 0.707$$

因此，角焊缝有效高度等于 0.707 倍的焊脚尺寸。例如分析 1/2in 的角焊缝，该焊脚尺寸为 *AB* 或 *BC*，等于 1/2in。由上述可知，焊缝有效高度尺寸为 0.5×0.707，或 0.3535in。那么，如果有效高度上的容许单位剪应力为 18ksi，则焊缝单位长度的容许工作强度为

$$0.3535 \times 18 = 6.36\text{kip/in}$$

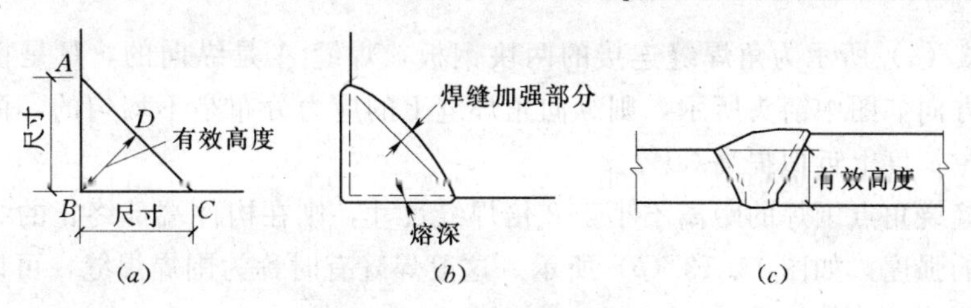

图 14.12 焊缝的尺寸因素

(*a*) 角焊缝尺寸；(*b*) 焊缝的外露表面；(*c*) 焊缝的有效高度

上面一段中采用的容许单位应力是用 E70XX 和 E60XX 型焊条焊接的 A36 钢的焊缝的值。需要特别注意的是角焊缝上的应力被看作是有效高度上的剪力，而不考虑外荷载的方向。各种尺寸的角焊缝的容许工作强度列于表 14.4 中，其中各值近似到 0.10kip。

表 14.4 角焊缝的安全使用荷载

焊缝尺寸 (in)	容许荷载 (kip/in)		容许荷载 (kN/m)		焊缝尺寸 (mm)
	E60XX 焊条	E70XX 焊条	E60XX 焊条	E70XX 焊条	
3/16	2.4	2.8	0.42	0.49	4.76
1/4	3.2	3.7	0.56	0.65	6.35
5/16	4.0	4.6	0.70	0.81	7.94
3/8	4.8	5.6	0.84	0.98	9.52
1/2	6.4	7.4	1.12	1.30	12.7
5/8	8.0	9.3	1.40	1.63	15.9
3/4	9.5	11.1	1.66	1.94	19.1

考虑了连接件的金属料（名为基焊料）的应力可以用于计算全熔深的槽焊缝，这种焊缝在平行于焊缝轴向受拉或受压或垂直于有效高度受拉时会产生应力，也可以用于全部或

部分熔深槽焊缝，该焊缝在标准有效高度受压和有效高度受剪时产生应力。因此，对焊头与基焊料的容许应力相同。

焊缝尺寸与仅用角焊缝相连的连接材料的最大厚度之间的关系见表14.5。方形板或方形截面中采用的角焊缝的最大尺寸为1/4in，而较厚边的厚度将比标准边的厚度小1/16in。在厚度小于1/4in的材料的边上，其最大尺寸等于材料的厚度。

对接焊缝或角焊缝的有效面积为有效厚度乘以焊缝有效长度。角焊缝的最小有效长度不小于4倍的焊缝尺寸。对于有特别说明的焊缝，在焊弧的起始点，角焊缝的设计长度应附加一近似于焊缝尺寸的长度。

表14.5　　材料厚度与角焊缝尺寸的关系

较厚被连部件材料的厚度		角焊缝的最小尺寸	
in	mm	in	mm
到1/4（包含1/4）	到6.35（包含6.3）	1/8	3.18
1/4～1/2	6.35～12.7	3/16	4.76
1/2～3/4	12.7～19.1	1/4	6.35
>3/4	>19.1	5/16	7.94

图14.13（*a*）所示为角焊缝连接的两块钢板，焊缝*A*是纵向的，*B*是横向的。如果所加荷载的方向如图中箭头所示，则纵向角焊缝上的应力分布是不均匀的，而横向焊缝上的应力每单位长度上近似提高30%。

如果焊缝绕角点围焊的距离不小于2倍焊缝尺寸，则在构件端部终止的纵向角焊缝就会产生附加的强度，如图14.13（*b*）所示。这段焊缝有时称为围焊焊缝，可以提供相当大的抵抗焊缝断裂趋势的抗力。

角焊缝的最小使用尺寸为1/4in，而由一根焊条制成的角焊缝的最经济的尺寸为5/16in。对于同一方向的焊缝，则小的连续焊缝比大的不连续焊缝更经济。有些规范规定单条角焊缝可以达到5/16in，而大的角焊缝要求由两条或多条焊条（多传力路径焊条）制成，如图14.13（*c*）所示。

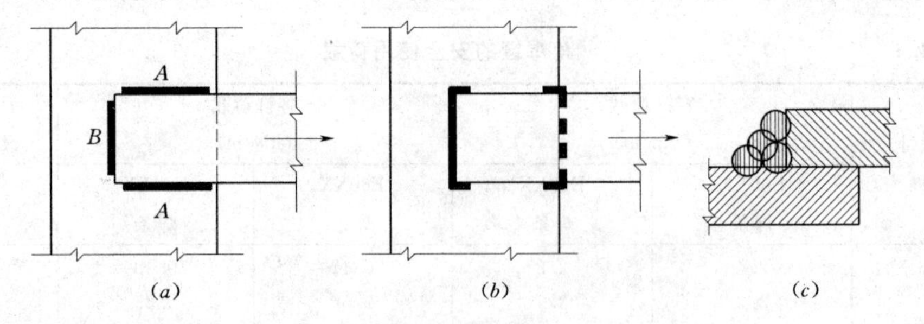

图14.13　角焊缝搭接钢构件的焊接形式

（*a*）普通的角焊缝连接；（*b*）围焊焊缝连接；（*c*）多条焊条的角焊缝

4. 焊接设计

现在，大多焊接是在厂房（工厂）中预先自动加工成的，但是，在施工现场进行的焊接及其细节处理几乎一直都是靠人工完成的。下面的例题介绍一些普通连接中的简单角焊缝的设计。

【例题 14.2】 一根 A36 钢条，横截面为 3in×7/46in（76.2mm×11mm），用 E70XX 焊条焊于槽钢背部，如图 14.14（*a*）、（*b*）。计算达到杆抗拉强度时所需的角焊缝的尺寸。

解： 此时，一般容许拉应力为 $0.6F_y$，因此

$$F_a = 0.6F_y = 0.6 \times 36 = 21.6\text{ksi}$$

钢条的抗拉承载力为

$$T = F_aA = 21.6 \times 3 \times 0.4375 = 28.35\text{kip}$$

焊缝实际尺寸为 3/8in，表 14.4 给出其屈服强度为 5.6kip/in。所需的能发挥钢条强度的长度为

$$L = \frac{28.35}{5.6} = 5.06\text{in}$$

在焊缝起始点加一小段等于焊缝尺寸的距离值，则该值的实际规范长度为 6in。

图 14.14 所示为焊缝的三种可能布置形式。图 14.14（*a*）中，总焊缝分为两等份，由于有两个起点和两个终点，因此要采用一些附加长度，在钢条每边各增加 4in 长的焊缝应该是足够了。

图 14.14 所示焊缝包括三部分，第一部分为横跨钢条端部的 3in 长的焊缝。钢条的两边也有焊缝——各边的焊缝长度均为 2in，用以保证 3in 长的总有效焊缝。

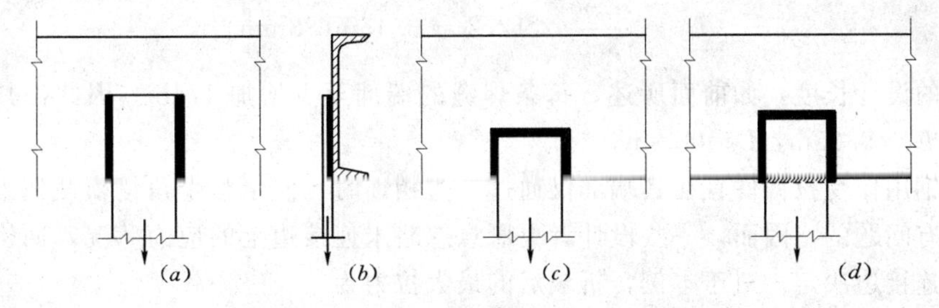

图 14.14 例题 14.2：焊接的多种接头形式

图 14.14（*a*）或（*c*）所示焊缝在非对称连接处不能提供较好的弯曲抗力。如果必须选择这两种形式进行连接，大多设计者都会采用一些附加焊缝。较好的焊缝如图14.14（*d*）所示，图中焊缝位于钢条背部，介于钢条与槽钢的转角之间，该焊缝可以加焊图 14.14（*a*）或（*c*）所示的附加部分。背部焊缝一般仅作为稳定焊缝使用，不作为直接抗力计算。

由此可知，焊缝的设计不仅包括计算——还包括设计者个人的一些判断。

【例题 14.3】 一根 3½in×3½in×5/16in（89mm×89mm×8mm）A36 钢条，承受拉力荷载，通过角焊缝与一块钢板相连接，采用 E70XX 焊条［见图 14.15（b）］。计算达到角钢抗拉强度时所需的角焊缝的尺寸。

解： 由表 9.5 知，角钢横截面面积为 2.09in^2（1348mm^2），最大容许应力为 $0.60F_y = 0.60 \times 36 = 21.6\text{ksi}$（150MPa）；因此，角钢的抗拉承载力为

$$T = F_tA = 2.16 \times 2.09 = 45.1\text{kip}(200\text{kN})$$

对于边厚 5/16in 的角钢，最大推荐焊缝为 1/4in。由表 14.4 知，焊缝承载力为 3.7kip/in，则所需的焊缝总长为

$$L = \frac{45.1}{3.7} = 12.2\text{in}(310\text{mm})$$

总焊缝分布在角钢两边。假定角钢上的拉力与焊缝中心一致，但是分解到两边的荷载不相等。因此，一些设计者更愿意调整两焊缝的比值以使它们对应于角钢上的位置。如果

采用这种方法，可应用下面的过程进行调整。

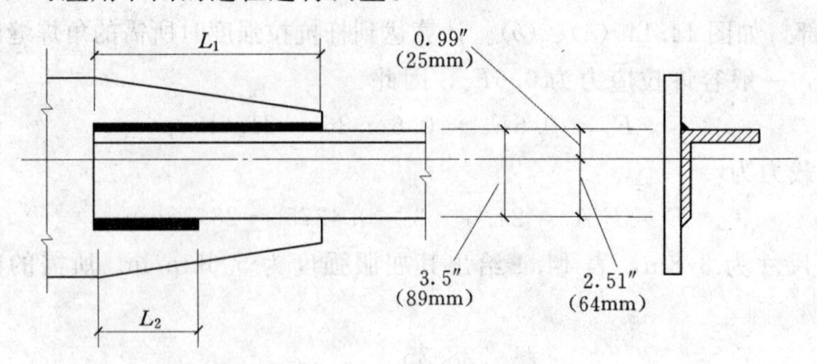

图 14.15　例题 14.3：焊接接头的形式

由表 9.5 知，角钢中心距离角钢钢背 0.99in。如图 14.15 所示两焊缝的长度，其长度与它们到中心的距离成反比。因此

$$L_1 = \frac{2.51}{3.5} \times 12.2 = 8.75\text{in}(222\text{mm})$$

及

$$L_2 = \frac{0.99}{3.5} \times 12.2 = 3.45\text{in}(88\text{mm})$$

这是所需的设计长度，如前面所述，每条焊缝的端部至少增加 1/4in。因此，其合理的规定长度为 $L_1 = 9.25\text{in}$，$L_2 = 4.0\text{in}$。

当角钢用作受拉构件且在其端部仅通过一边相连时，假定整个角钢横截面上应力的相等分布是有问题的。因而，一些设计者更愿意忽略未连接边上的应力状况，而构件的承载能力仅由连接边决定。对于本例，折减后的最大拉力为

$$T = F_t A = 21.6 \times 3.5 \times 0.3125 = 23.625\text{kip}(105\text{kN})$$

所需的总焊缝长度为

$$L = \frac{23.625}{3.7} = 6.39\text{in}(162\text{mm})$$

总焊缝被分布到两边，附加一个 2 倍焊缝尺寸的额外长度，则每边的规定长度为 3.75in。

习题 14.3A　一根 A36 的 4in×4in×1/2in 的角钢，用 E70XX 焊条焊于一块钢板上以充分发挥角钢的抗拉强度。采用 3/8in 角焊缝，假定应力均匀分布与角钢全截面上。计算角钢两边上的设计长度。

习题 14.3B　角钢为 3in×3in×3/8in，焊条为 E60XX，采用 5/16in 角焊缝，其余同习题 14.3A。重新计算习题 14.3A 的焊接情况。

习题 14.3C　假定拉力仅分布于与角钢相连的边上。重新计算习题 14.3A 的焊接情况。

习题 14.3D　假定拉力仅分布于与角钢相连的边上。重新计算习题 14.3B 的焊接情况。

第15章

钢筋混凝土梁

本章主要讨论由普通黏合剂波特兰水泥及沙、石块等松散骨料共同形成的混凝土。由于混凝土性质稳定，这种材料常用于建造混凝土结构——用以建造建筑结构、路面以及基础。

15.1　一般考虑

天然材料组成的混凝土，数千年前就被我们的祖先应用了。随着波特兰水泥的生产，现在用工业生产的水泥制成的混凝土，最早出现于19世纪早期。但由于其抗拉强度不高，混凝土主要用于重量比较大的结构——基础、桥墩以及承重墙。

19世纪中后期，一些建筑人员试验在相对较薄的混凝土结构中插入铁筋或钢筋以提高它们的抗拉承载力，这标志着钢筋混凝土的出现（见图15.1）。

对于建筑结构，使用混凝土的主要方法是现浇混凝土，即将混凝土浆以一定的形式浇筑于所需位置。这种方法也可以称为现场浇筑混凝土。

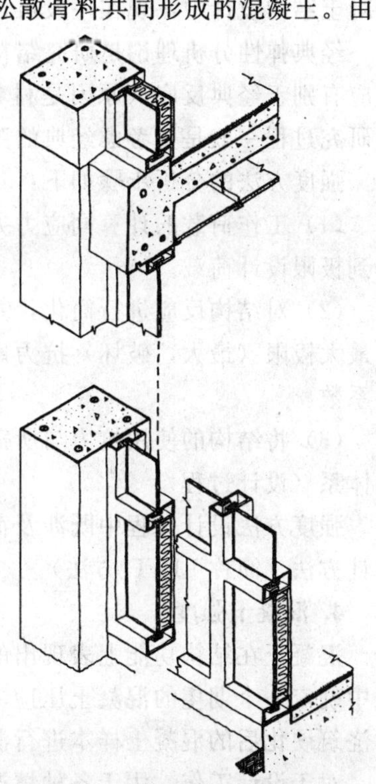

图 15.1　建筑混凝土框架的构件

大多建筑混凝土框架中都采用钢筋混凝土梁，使其与构造柱和横向板同时相互作用形成一个整体混凝土体系

1. 设计方法

传统的结构设计方法现在称为应力设计方法。应力设计方法中采用的基本关系来自于经典的材料弹性分析理论。通过比较两个主要的极限值确定设计的适用性或安全性，这两个极限值为最大应力极限和最大变形极限（挠度、伸长等）。这些极限可根据对应的使用荷载（即

为结构正常使用条件下的荷载）进行计算。该方法又称为工作应力方法。极限应力称为容许使用应力，极限位移称为容许挠度、容许伸长等。

2. 应力方法

应力方法一般包括以下问题：

（1）尽可能合理地对使用（工作）荷载条件进行简化和量化。这里，可通过确定各种可能的荷载组合（恒载+活载+风载等）及考虑荷载持续时间对其进行调整。

（2）根据结构对荷载的各种反应（如拉伸、弯曲、剪切、屈曲、变形），对应力、稳定及变形极限进行标准限制。

（3）估计（分析）结构的安全性或进行安全反应计算（设计）。

使用应力方法的一个优点是实际使用条件（或至少是其中一个合理的假设）在脑海中是连续。因为接近破坏极限时大部分结构产生的应力和应变形式相差很大，所以其主要不足是对于实际破坏条件的离散性的考虑。

3. 强度方法

工作应力方法本质上是设计一个结构使其在总承载力的一定百分比范围的工作。而强度方法是结构破坏的设计，破坏时的荷载远远超过使用时的荷载情况。强度方法受欢迎的主要原因是通过物理试验结构的破坏情况相对容易模拟。但是什么才是合适的工作条件，这几乎只是一个理论假定。强度方法是现在专业设计中广泛采用的方法，该方法最初用于混凝土结构设计中，现在一般可以用于结构设计的所有领域中。

经典弹性分析理论是研究结构工作状态的基础，因此对其进行研究也是必须的。极限反应有别于经典反应（原因是材料的非弹性、二次效应、多模态反应等）。换句话，通常的研究过程一般是先考虑经典的弹性反应，然后再分析（推测）接近破坏时的情况。

强度方法的分析步骤如下：

（1）工作荷载的计算同应力方法步骤1，然后乘以一个调整系数（特别是安全系数）得到极限设计荷载。

（2）对结构反应进行简化，并用恰当的反应（受压抗力、屈曲抗力、弯曲抗力）计算其最大极限（最大，破坏）抗力。有时计算所得的抵抗力也要乘以一个称为抗力系数的调整系数。

（3）将结构的使用抗力与所需（分析过程）的极限抗力作比，确定具有适当抗力的结构体系（设计过程）。

强度方法设计过程中既涉及荷载系数又涉及抗力系数，现在有时称为荷载与抗力系数设计方法（简称LRFD方法）。

4. 混凝土强度

混凝土在结构功能上表现出的最重要的性能是其高强度的抗压能力。因此，一般在实践中确定一个期望的混凝土压应力极限，通过设计混凝土的组成成分使其达到该极限值。对浇筑硬化后的混凝土样本进行测试，检验其实际受压承载力，该应力用符号 f'_c 表示。

对于设计工作，用于各种情况的混凝土的承载力定为 f'_c 的某一百分值。达到特殊水平的受压抗力的混凝土的性能一般也用于验证混凝土的各种其他的性能，例如硬度、密度以及耐久性。期望强度的选择主要取决于结构的形式。对于大多数情况，强度 f'_c 的值达到3000～5000psi就可以满足要求。然而，很高的结构中下部混凝土柱的强度值目前已经可以达到 20000psi 或更高。

5. 混凝土的刚度

与其他材料相同，混凝土的刚度也用弹性模量表示，符号为 E。弹性模量通过试验确定，为应力与应变的比值。由于应变没有单位（in/in，等等），所以 E 的单位为应力的单位，通常为 psi 或 ksi（MPa）。

混凝土的弹性值 E_c，取决于混凝土的重量和强度。若单位重量的值介于 90～150 lb/ft^3（pcf）之间，则 E_c 的值为

$$E_c = w^{1.5} 33 \sqrt{f'_c}$$

假定普通砂石骨料混凝土的平均单位重量为 145pcf，将该平均重量代入到公式中的 w 得到混凝土平均模量为

$$E_c = 57000 \sqrt{f'_c}$$

采用公制单位，取应力单位为百万帕斯卡，则表达式可为

$$E_c = 4730 \sqrt{f'_c}$$

因为混凝土模量为常数，所以钢筋混凝土的应力和应变分布取决于混凝土模量。这个问题将在第 15.2 节讨论。在钢筋混凝土构件的设计中，通常用 n 表示钢筋与混凝土的弹性模量的比值，即 $n = E_s / E_c$。其中 E_s 为一个常量 29000ksi（200000MPa）。特性表中一般给出了 n 的近似值。

事实上，混凝土的弹性模量是一个变量，而非一个常量。混凝土应力/应变曲线的一般形式如图 15.2 所示。图中绘出了材料破坏整个过程的曲线，该破坏曲线有较大的弯曲程度。材料在低应力点的刚度非常高，但其刚度在接近应力极限时不断降低，因此，我们有必要确定需要考虑的刚度值的应力范围。为计算结构在低于极限荷载的外荷载下的变形（梁的扭转等），E 的平均值可以取弯曲程度较小的曲线部分的 E 值。这一般是设计工作中采用的 E 值。

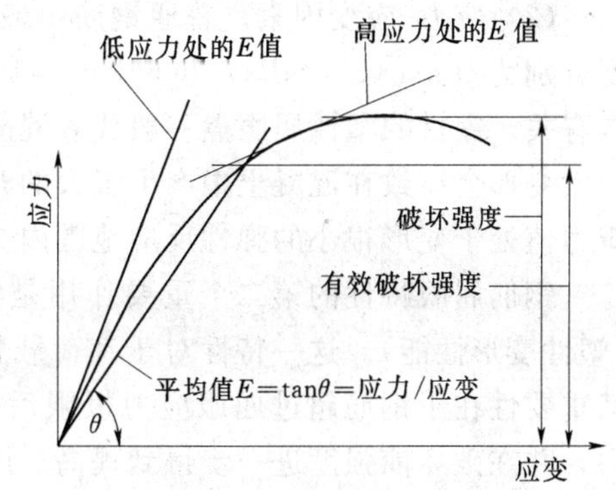

图 15.2 混凝土弹性模量的影响因素

6. 水泥

广泛运用于建筑结构中的水泥是波特兰水泥。美国一般应用五种标准形式的波特兰水泥，美国材料测试协会对这五种标准形式的波特兰水泥进行了规定，其中有两种为建筑中用的最多的水泥。混凝土中采用的普通水泥要求在 28 天内达到其所需强度，而混凝土中采用的早强水泥一般要求在一周或更短时间内达到其所需强度。所有的波特兰水泥都要通过与水的相互作用进行调配和硬化，在这一水合过程中会产生一定的热量。

7. 钢筋

钢筋混凝土中所用的钢筋为圆钢，而且大多数为变形钢筋，表面有突出的肋。表面的变形有助于钢筋与其周围混凝土更好的共同工作。

（1）钢筋的用途。钢筋的主要用途是减少由于混凝土中的拉应力引起的破坏（见图

15.3)。可以通过结构分析来研究结构构件中拉力情况，以及混凝土中为了抵抗拉力而布置的一定数量的钢筋。在某些情况下，钢筋也用来提高抗压能力。由于这两种材料的强度比值很大，因此可以用钢筋代替较弱的材料，这样构件就会获得更大的强度。

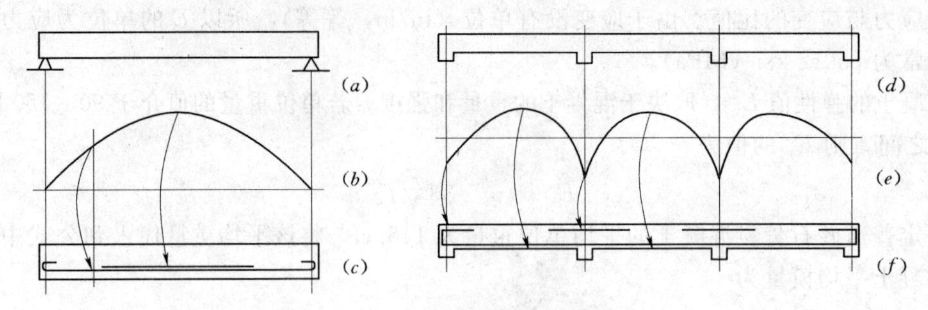

图 15.3 混凝土梁中采用的钢筋

(a) 简支梁；(b) 均布荷载作用下简支梁的力矩分布图；(c) 简支梁中采用的弯曲钢筋；(d) 连续梁，典型的混凝土结构；(e) 均布荷载作用下连续梁的力矩分布图；(f) 连续梁中采用的弯曲钢筋

混凝土的收缩会降低钢筋的拉应力，某些情况中温度的变化也会导致拉应力降低。为避免后一种情况，即使在薄型构件中，例如墙和板，虽然结构作用不明显，也要加入少量的钢筋。

(2) 应力-应变因素。普通钢筋中最普遍采用的钢材是40级和60级，它们的屈服强度分别为40ksi (276MPa) 和60ksi (414MPa)。钢材的屈服强度很重要，这主要和两个因素有关。钢材的塑性屈服点一般代表混凝土中钢筋的实际极限。由于钢筋在塑性范围内的较大变形会导致在混凝土中产生很大的开裂，因此，在使用荷载条件下，应尽量使钢筋的应力值处于变形很小的弹性反应范围内。

钢筋屈服特性的第二个重要作用是它能够使脆性非常大的混凝土结构产生屈服特性（塑性变形性能）。这一特性对于动荷载特别重要，它也是抗震设计中的一个重要的因素，其重要性在于钢筋超过屈服应力极限后的剩余强度。在塑性范围内钢筋可以继续抵抗应力，并在破坏前强度进一步得到提高。因此，屈服产生的破坏只是弹性阶段的反应，塑性阶段的抗力依然存在。

(3) 保护层。必须给钢筋提供充足的混凝土保护，这种保护称为保护层。保护层可以防止钢筋的锈蚀，并确保钢筋与混凝土共同作用。保护层是指混凝土外表面到钢筋边缘的距离。

墙和板中所需的保护层的最小厚度为3/4in，梁和柱中为1½in。对于有防火要求或处于露天的或与地面相接触的特殊条件下的混凝土，其保护层厚度要加大。

(4) 钢筋间距。若混凝土构件中配置有多根钢筋，则钢筋间距有上下两个极限。最小间距是为了有利于浇筑混凝土时混凝土浆的流动，而且保证混凝土能将应力充分传至每根钢筋上。

最大间距是为了确保在有限的尺寸内有一定数量的钢筋与混凝土共同作用，即不能出现太多没有钢筋的混凝土。对于相对较薄的墙和板，钢筋间距和混凝土的厚度也有关。

(5) 钢筋数量。结构构件中，钢筋的数量由结构中抗拉需求计算确定。数量（钢筋的总横截面面积）通过钢筋的组合提供。在各种的情况下，都存在一个最小的钢筋配置量，而且最小配筋量可以大于计算的配筋值。最小配筋量通常是指钢筋的数量或最小的钢筋横截面面积，后者取决于混凝土的横截面面积。

(6) 标准钢筋。早期混凝土采用不同的钢筋形式。早期出现的问题是混凝土中钢筋和混凝土的相互约束，这一问题主要是由混凝土中钢筋的滑移或拔出的趋势造成的。

为了锚固混凝土中的钢筋，人们采用多种方法将钢筋表面制作成其他形式而非通常的圆形表面（见图 15.4）。经过一些试验和测试后，得到一系列类似于图 15.4 中最上面一行左边所示形式的钢筋。产生了不同等级的变形钢筋，钢筋的尺寸用数字表示（见表 15.1）。

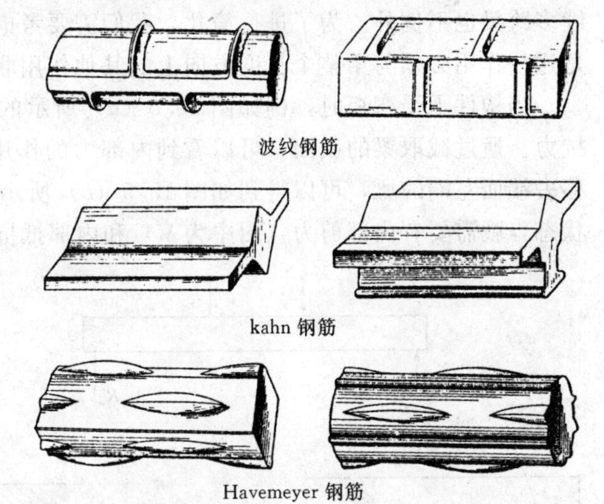

图 15.4 早期钢筋的形式

摘自《混凝土——普通混凝土与钢筋混凝土》，作者：Frederick W. Taylor and Sanford E. Thompson，1916；版权所有：John Wiley & Sons，纽约

对于 2 号到 8 号钢筋，它们的横截面面积等于直径为钢筋编号的 1/8in 的圆钢的横截面面积。因此，4 号钢筋等同于直径为 4/8 或 0.5in 的圆钢。从 9 号钢筋开始不再符合上述规定，而主要通过参考文献中所列的特性进行确定。

表 15.1 中所列的钢筋采用美制单位，当然也能根据它们的特性将其转化为公制单位。最近出现了一系列新型钢筋，它们的特性主要采用公制单位表示。两种系列的钢筋的一般尺寸范围相似，在设计中两种系列的钢筋均可应用，美国范围以外更多的是采用公制钢筋，但在美国国内仍广泛地采用旧单位制表示的钢筋。因此，关于钢筋单位，现在仍存在分歧。

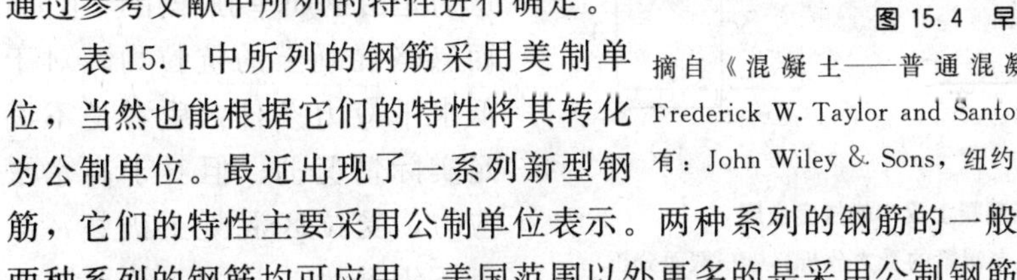

因为所有的例题采用了美制单位，所以本书中的钢筋单位表示为旧的英寸制单位。另外，许多广泛采用的参考文献也仍然采用美制单位和旧的钢筋尺寸。

表 15.1　　变形钢筋的特性

钢筋的设计尺寸	名义重量		名义尺寸			
			直径		横截面面积	
	lb/ft	kg/m	in	mm	in²	mm²
No. 3	0.376	0.560	0.375	9.5	0.11	71
No. 4	0.668	0.994	0.500	12.7	0.20	129
No. 5	1.043	1.552	0.625	15.9	0.31	200
No. 6	1.502	2.235	0.750	19.1	0.44	284
No. 7	2.044	3.042	0.875	22.2	0.60	387
No. 8	2.670	3.974	1.000	25.4	0.79	510
No. 9	3.400	5.060	1.128	28.7	1.00	645
No. 10	4.303	6.404	1.270	32.3	1.27	819
No. 11	5.313	7.907	1.410	35.8	1.56	1006
No. 14	7.650	11.390	1.693	43.0	2.25	1452
No. 18	13.600	20.240	2.257	57.3	4.00	2581

15.2 弯曲：应力方法

对于木梁或钢梁，一般要考虑的只是所给梁的单个弯矩最大值和剪力值。但是，对于混凝土梁，需要考虑梁整个长度方向上的弯矩和剪力；即使是混凝土结构中经常出现的连续多跨梁也不例外。为了进行简化，我们需要考虑特定位置梁的作用，但是，我们应该清楚这一作用必须与梁整个长度方向上的其他作用联系在一起进行整体考虑。

当构件承受弯矩时，例如图15.5（*a*）所示的梁，一般会产生两种基本形式的内部抵抗力。通过截取梁的截面，可以看到内部力的作用，例如图15.5（*a*）所示的*X*-*X*截面。移去端面左端的梁，可以得到如图15.5（*b*）所示横截面上的作用。要使横截面处于平衡状态，就需要有内部剪力（图中为*V*）和内部抵抗力矩（用一对力表示：图中为*C*和*T*）。

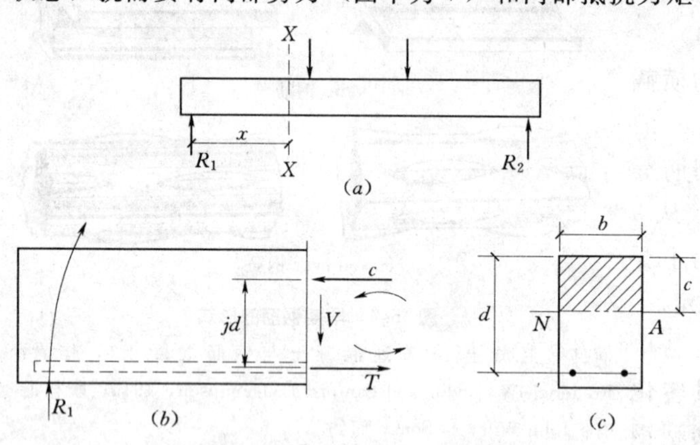

图15.5 钢筋混凝土梁中的挠度发展

（*a*）梁的受力分析；（*b*）左端梁的受力分析；（*c*）截面分析

如果梁为仅配置受拉钢筋的简单矩形混凝土截面，如图15.5（*c*）所示，则力*C*可以认为是由混凝土产生的压应力——用中性轴以上的阴影部分的面积表示。但是，拉应力被认为是由钢筋单独作用产生的，而忽略混凝土的抗拉力。对于低水平应力条件，后者是不满足实际情况的；但对于高水平应力，受拉区混凝土破坏，只剩下钢筋承受拉力，情况与上述假定相同。

对于中等应力水平，抵抗力矩简化为如图15.6（*a*）所示。压应力成线性变化，在中和轴处为0到截面边缘达到最大值f_c。然而，当应力增大时，混凝土应力-应变的非线性特性变得较明显，因此有必要了解较为实际的压应力变化形式，如图15.6（*b*）所示。当应力水平接近于混凝土极限时，压力变成一个单位应力大小的常量，集中于截面的上部。对于强度设计，抗弯承载力用极限强度表示，通常假定应力的分布形式如图15.6（*c*）所示，混凝土应力极限假定为$0.85f_c$。抗弯承载力的表达式采用的假定分布形式，如图所示，这与梁的试验反应相比是合理的。

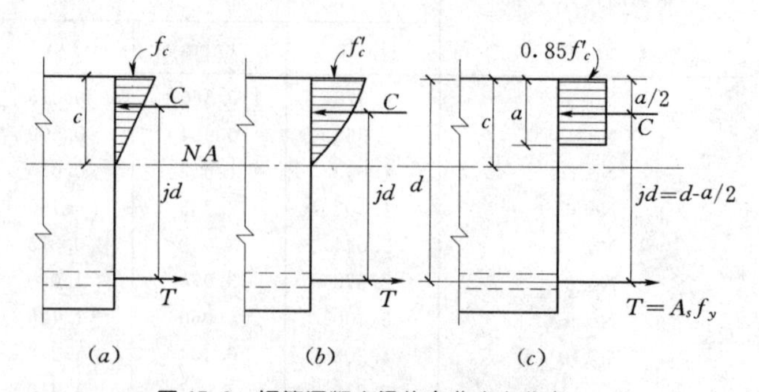

图15.6 钢筋混凝土梁的弯曲应力分布

（*a*）低水平应力；（*b*）最大应力点接近混凝土极限；

（*c*）强度方法的计算假定

钢筋的反应可以更简单地表示出来。相对于梁截面尺寸，受拉钢筋的面积集中于一小块区域，因此钢筋的应力可以假定为一个常量。对于所有应力，内部拉力可以表示为

$$T = A_s f_s$$

T 的实际极限为

$$T = A_s f_y$$

应力设计中，需要计算最边缘纤维的最大容许（工作）应力值，计算公式建立的前提是钢筋混凝土构件在工作荷载下处于弹性状态。在工作应力状态下，因为产生的应力与应力作用点到中和轴的距离大致成比例，与弹性理论一致，故压应力的直线性分布的假定是成立的。

下面是应力法的公式表达式和计算过程，该讨论仅限于单筋矩形截面梁。

参看图 15.7 可得以下定义：

b——混凝土受压区宽度；

d——应力分析中的截面有效高度，为钢筋中心到受压区边缘的距离；

A_s——钢筋的横截面面积；

p——配筋率，定义为 $p = A_s/bd$；

n——弹性比，定义为 $n = E_s/E_c$；

kd——受压区高度；用于确定应力作用面中和轴的位置，表示为 d 的 k 倍，k 为小于 1 的数；

jd——内力臂，介于总拉力和总压力之间，表示为 d 的 j 倍，j 为小于 1 的数；

f_c——混凝土的最大压应力；

f_s——钢筋的拉应力。

压力 C 可以表示为压应力“楔形”的体积，如图 15.7 所示：

$$C = \frac{1}{2}(kd)(b)(f_c) = \frac{1}{2}kf_c bd$$

由此，截面抵抗力矩可以表示为

$$M = Cjd = \left(\frac{1}{2}kf_c bd\right)(jd) = \frac{1}{2}kjf_c bd^2 \tag{15.2.1}$$

可得出混凝土应力公式

$$f_c = \frac{2M}{kjbd^2} \tag{15.2.2}$$

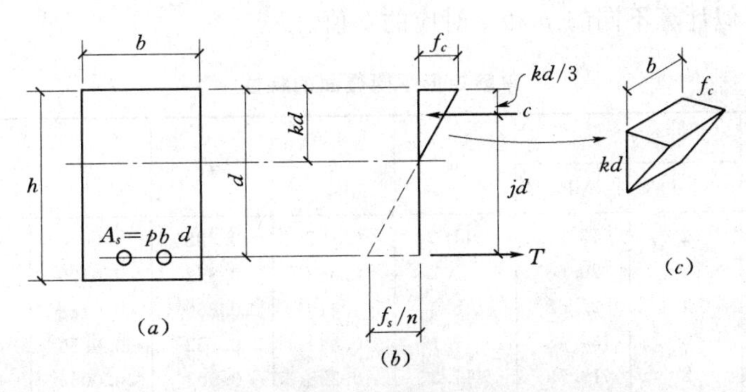

图 15.7 弯曲应力的发展：应力方法

(a) 钢筋截面；(b) 弯曲应力的分布；(c) 压应力楔形

抵抗力矩也可用钢筋及钢筋应力表示为

$$M = Tjd = A_s f_s jd$$

则钢筋应力可计算为

$$f_s = \frac{M}{A_s jd} \tag{15.2.3}$$

或求出所需的钢筋面积为

$$A_s = \frac{M}{f_s jd} \tag{15.2.4}$$

一个有用的参考截面是所谓的平衡截面，该截面上所配的钢筋数量使得混凝土和钢筋同时达到极限应力。由这一特性确定的关系如下：

$$k = \frac{1}{1 + f_s/nf_c} \tag{15.2.5}$$

$$j = 1 - \frac{k}{3} \tag{15.2.6}$$

$$p = \frac{f_c k}{2f_s} \tag{15.2.7}$$

$$M = Rbd^2 \tag{15.2.8}$$

其中

$$R = 1/2kjf_c \tag{15.2.9}$$

由公式（15.2.1）得到。

若在公式（15.2.5）中同时取混凝土的极限压应力（$f_c = 0.45f'_c$）和钢筋的极限应力，则可得出平衡截面的 k 值。然后可计算出相关的 j、p 和 R 的值，平衡截面的 p 值可用于计算单筋截面受拉钢筋的最大值。如果所用受拉钢筋较少，则弯矩受到钢筋应力限制，混凝土的最大应力低于极限值 $0.45f'_c$，k 值也稍低于平衡值，而 j 值略高于平衡值。设计中，对横截面进行近似分析时，这些关系都是有用的。

表 15.2 给出各种不同的混凝土强度和钢筋应力组合的平衡截面的特性。其中 n、k、j 和 p 的值没有单位，但是 R 值有其特定的单位，表中采用的单位是 kip/in^2（ksi）和 kilopascal（kPa）。

当钢筋面积小于平衡值 p 时，k 的真实值可用下面的公式计算：

$$k = \sqrt{2np + (np)^2} - np$$

图 15.8 可用于近似计算不同的 p 和 n 对应的 k 值。

表 15.2 单筋矩形平衡截面的特性

f_s		f'_c		n	k	j	p	R	
ksi	MPa	ksi	MPa					ksi	kPa
20	138	2	13.79	11.3	0.337	0.888	0.0076	0.135	928
		3	20.68	9.2	0.383	0.872	0.0129	0.226	1554
		4	27.58	8.0	0.419	0.860	0.0188	0.324	2228
		5	34.48	7.1	0.444	0.852	0.0250	0.426	2937
24	165	2	13.79	11.3	0.298	0.901	0.0056	0.121	832
		3	20.68	9.2	0.341	0.886	0.0096	0.204	1403
		4	27.58	8.0	0.375	0.875	0.0141	0.295	2028
		5	34.48	7.1	0.400	0.867	0.0188	0.390	2690

若梁中钢筋少于平衡截面所需钢筋，则称该梁截面为低平衡截面或低筋截面。如果梁

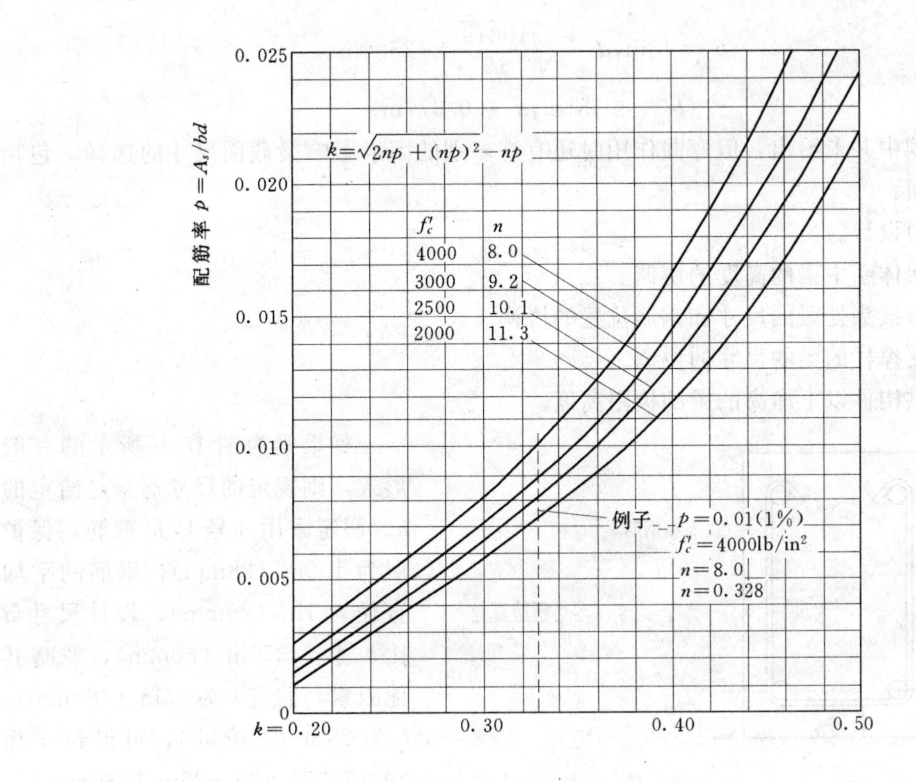

图 15.8 单筋矩形梁的弯曲系数 k：由 p 和 n 决定

所承受的弯矩超过该截面的平衡弯矩，则需要配置受压钢筋。平衡截面并非设计的理想目的，但它可用于确定截面极限。

混凝土梁设计中一般会出现两种情况。第一种情况是整个梁均为未知，即混凝土尺寸和所需的钢筋量均为未知。第二种情况是混凝土尺寸已知，只需计算抵抗弯矩所需的钢筋量。下面的例子将介绍每种情况。

【例题 15.1】 单筋矩形钢筋混凝土梁，其中 f'_c 为 3000psi（20.7MPa），而 $f_s=$ 20ksi（138MPa），所受弯矩为 200kip · ft（271kN · m）。计算梁截面尺寸和受拉钢筋的数量。

解：由于为单筋截面，所以梁的最小尺寸为平衡截面，因为若梁的尺寸再小，其所需力矩产生的应力就会超过混凝土的承载力，由公式（15.2.8）得

$$M = Rbd^2 = 200\text{kip}\cdot\text{ft}(271\text{kN}\cdot\text{m})$$

由表 15.2 知，f'_c 为 3000psi（20.7MPa），$f_s=$20ksi（138MPa）

$$R = 0.226\text{kip}\cdot\text{in}(1554\text{kN}\cdot\text{m})$$

因此

$$M = 200\times 12 = 0.226bd^2 \text{ 且 } bd^2 = 10619$$

可计算出各种不同的 b 和 d 值，例如：

$$b = 10\text{in},\quad d = \sqrt{\frac{10619}{10}} = 32.6\text{in}$$

$$(b = 0.254\text{m}, d = 0.829\text{m})$$

$$b = 15\text{in}, d = \sqrt{\frac{10619}{15}} = 26.6\text{in}$$

$$(b = 0.381\text{m}, d = 0.677\text{m})$$

虽然本例中并未给出，但弯曲作用时还有许多别的因素影响梁截面尺寸的选择，包括以下几个方面：

(1) 剪力设计。

(2) 框架体系中梁的高度的协调。

(3) 梁跨接头处梁的尺寸和钢筋位置的协调。

(4) 带支撑柱的梁的尺寸的协调。

(5) 提供构件以下净高的梁的极限高度。

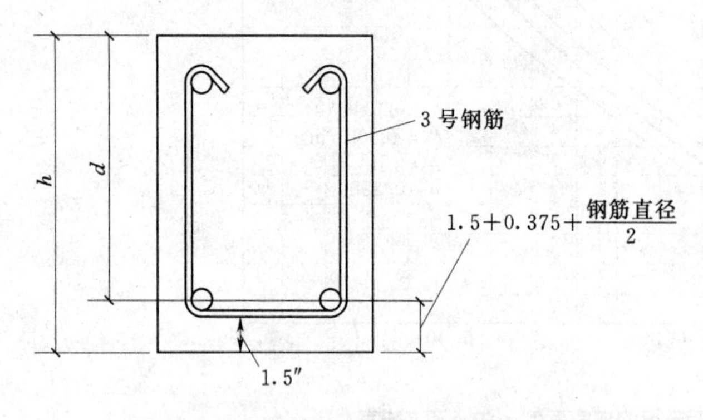

图 15.9 矩形混凝土梁截面中的钢筋的一般形式

如果梁为图 15.9 所示的一般形式，则规定的尺寸通常是给定的 h。假定采用3号U形箍筋，保护层为 1.5in (38mm)，钢筋的平均直径为 1in (25mm)，设计尺寸 d 比 h 小 2.375in (60mm)，忽略其他因素，假定 b 为 15in (380mm)，h 为 29in (740mm)，可得到 d 为 29－2.375＝26.625in (680mm)。

下面，利用 d 值和公式 (15.2.4) 计算所需的钢筋面积 A_s，由于截面非常接近于平衡截面，可采用表 15.2 中的 j 值，因此

$$A_s = \frac{M}{f_s jd} = \frac{200 \times 12}{20 \times 0.872 \times 26.625} = 5.17\text{in}^2 (3312\text{mm}^2)$$

或利用 p 的定义和表 15.2 中的平衡值 p

$$A_s = pbd = 0.0129 \times 15 \times 26.625 = 5.15\text{in}^2 (3312\text{mm}^2)$$

接着，选配所需的钢筋。对于本例，选择同一尺寸的钢筋（见表 15.2)，所需根数为

No.6 钢筋：5.17/0.44＝11.75 或 12，(3312/284＝11.66)。

No.7 钢筋：5.17/0.60＝8.62 或 9，(3312/387＝8.56)。

No.8 钢筋：5.17/0.79＝6.54 或 7，(3312/510＝6.49)。

No.9 钢筋：5.17/1.00＝5.17 或 6，(3312/645＝5.13)。

No.10 钢筋：5.17/1.27＝4.07 或 5，(3312/819＝4.04)。

No.11 钢筋：5.17/1.56＝3.31 或 4，(3312/1006＝3.29)。

实际设计中，经常还有许多其他因素影响我们对钢筋的选择。通常的想法是尽可能单排布置钢筋，使钢筋的中心尽可能接近构件的边缘（底部），这样对于给定的混凝土截面高度 h 可以得到最大的 d 值。如图 15.9 所示截面，梁宽 15in，No.3 箍筋，净宽为 11.25in（箍筋外围宽 15，保护层至少 2×1.5，箍筋直径为 2×0.375)。这种情况可采用规范规定最小间距，这样可以计算出不同钢筋组合下所需要的宽度，最小钢筋间距为钢筋直径或 1in，如图 15.10 所示的两个例子。因此 4 根 11 号钢筋是满足要求的唯一选择。

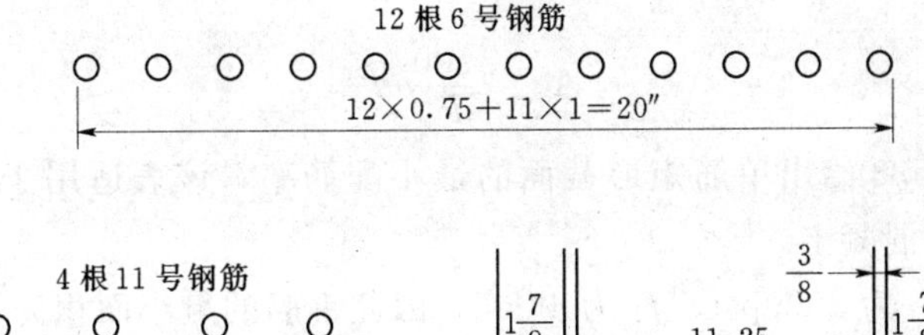

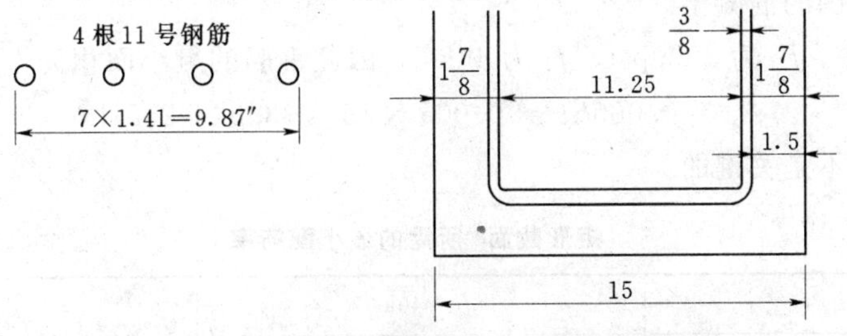

图 15.10 考虑单排钢筋合适间距时的梁的宽度

【例题 15.2】 一钢筋混凝土矩形截面梁，其中 f'_c 为 3000psi（20.7MPa），f_s 为 20ksi（138MPa），力矩为 200kip・ft（271kN・m），b = 15in（380mm），h = 36in（910mm）。计算所需的钢筋面积。

解：首先利用所给的梁截面尺寸计算其平衡力矩承载力。假定截面如图 15.9 所示，则可设 d 的值比 h 小 2.5in（64mm），或 33.5in（851mm），那么，根据表 15.2 给的 R 值得

$$M = Rbd^2 = 0.226 \times 15 \times 33.5^2 = 3804\text{kip} \cdot \text{in}$$

或 $$M = \frac{3804}{12} = 317\text{kip} \cdot \text{ft}(M = 1554 \times 0.380 \times 0.850^2 = 427\text{kN} \cdot \text{m})$$

由于该值远远大于所需力矩，所以给定的截面也大于平衡应力条件所需的截面。因此，混凝土的弯曲应力小于 $0.45f'_c$，截面为低配筋截面，即所配钢筋低于产生平衡截面（力矩承载力为 317kip・ft）所需的钢筋量。利用公式（15.4.2）计算所需的钢筋，如上例所示，但是方程中 j 的真实值稍大于平衡截面的值（表 15.2 中为 0.827）。

由于截面上的钢筋量低于平衡截面所需的总量，因此，k 值降低，j 值增大，但是 j 的取值范围很小：从 0.872 到略低于 1.0。合理的步骤是首先假定 j 值，并计算相应的需求面积，然后分析验证假定的 j 值，如下所示。现假定 j=0.90，则

$$A_s = \frac{M}{f_s jd} = \frac{200 \times 12}{20 \times 0.90 \times 33.5} = 3.98\text{in}^2(2567\text{mm}^2)$$

及 $$p = \frac{A_s}{bd} = \frac{3.98}{15 \times 33.5} = 0.00792$$

由图 15.8 的 p 值得 k=0.313，由公式（15.2.6）得 j 为

$$j = 1 - \frac{k}{3} = 1 - \frac{0.313}{3} = 0.896$$

该值非常接近假定的值，因此计算的面积满足设计要求。

对于低配筋梁（截面尺寸大于平衡截面极限），应验算最小配筋量。对于矩形截面，ACI 规范（参考文献 4）规定最小钢筋面积为

$$A_s = \frac{3\sqrt{f'_c}}{f_y}bd$$

且不低于

$$A_s = \frac{200}{F_y}bd$$

基于这些要求，表15.3给出单筋矩形截面的最小配筋率，该表适用于两种普通等级的钢筋和一定强度范围的混凝土。

例题15.2中，f'_c 为3000psi，f_s 为40ksi，因此钢筋的最小面积为

$$A_s = 0.005bd = 0.005 \times 15 \times 33.5 = 2.51\text{in}^2$$

在本例中这不是关键的。

表15.3　　矩形截面[①]所需的最小配筋率

f'_c（psi）	$f_y=40$ksi	$f_y=60$ksi
3000	0.0050	0.00333
4000	0.0050	0.00333
5000	0.0053	0.00354

① 所需 A_s 等于表中数值乘以梁的 bd。

习题15.2A　矩形钢筋混凝土梁，其中 $f'_c=3000$psi（20.7MPa），$f_s=20$ksi（138MPa），所受弯矩为240kip·ft（326kN·m）。选择平衡截面的梁尺寸和配筋量。

习题15.2B　除 $f'_c=4000$psi，$f_s=24$ksi，$M=160$kip·ft外，其余同习题15.2A。

习题15.2C　截面尺寸为 $b=16$in，$d=32$in。计算习题15.2A中所需的钢筋面积，并为梁选配钢筋。

习题15.2D　截面尺寸为 $b=14$in，$d=25$in。计算习题15.2B中所需的钢筋面积，并为梁选配钢筋。

15.3 强度方法的运用

工作应力方法用于实际使用荷载作用下正常使用构件的（不超过应力极限）设计，而强度方法为构件的破坏设计，因此构件破坏时的极限条件（称为设计强度）是所需考虑的唯一的一种抗力。强度方法的基本过程包括确定设计（增大）荷载，以及与结构构件的极限设计（减小）抗力的比较。

ACI规范（参考文献4）提供了设计中必须考虑的荷载的各种组合情况。荷载表达式中每种荷载（活载、恒载、风载、地震荷载、雪载等）都有其各自给定的分项系数。例如，若仅考虑活载和恒载，极限设计荷载 U 的方程为

$$U = 1.4D + 1.7L$$

式中　D——恒载效应；

　　　L——活载效应。

各个构件的设计强度（即极限强度）根据提出的假设和规范的需要进行设计，并根据强度折减系数 ϕ 进行进一步调整。ϕ 值如下：

弯曲，轴拉，拉弯作用时：$\phi=0.90$

配置螺旋箍筋的柱时：$\phi=0.75$

配置箍筋的柱时：$\phi=0.70$

剪扭作用时：$\phi=0.85$

受压作用时：$\phi=0.70$

素混凝土（无钢筋混凝土）弯曲作用时：$\phi=0.65$

因此，若U的公式可以采用一个低安全系数，则强度折减系数可以提供一个附加的安全储备。

15.4 弯曲：强度方法

图15.11所示为用强度方法进行分析的单筋矩形截面的矩形“应力图块”，该分析图块是ACI规范（参考文献4）提供的分析设计的基础。

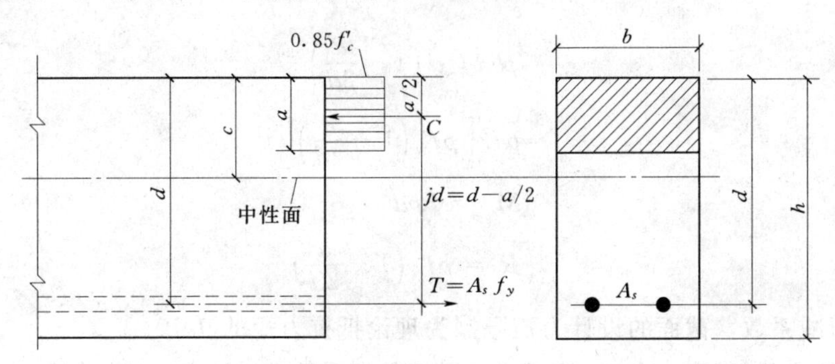

图15.11 弯曲抗力的发展：强度方法

假设矩形应力块中混凝土应力$0.85f_c'$均布于受压区，受压区尺寸等于梁宽b和距离a，a的位置平行于中性轴且在中性轴以上。a值根据表达式$a=\beta_1 c$计算，其中β_1为一个受混凝土强度变化影响的系数，c为最外边缘纤维到中性轴的距离。对于$f_c'\leqslant 4000\text{psi}$（27.6MPa）的混凝土，规范给出的最大值为$a=0.85c$。

根据矩形应力块，混凝土的压力大小可以表示为

$$C=0.85f_c'ba$$

它作用于距梁顶部$a/2$处，抗力的力臂变为$b-a/2$，由混凝土产生的抗力矩为

$$M_c=C\left(d-\frac{a}{2}\right)=0.85f_c'ba\left(d-\frac{a}{2}\right) \tag{15.4.1}$$

T的表达式为A_sf_y，则钢筋产生的力矩为

$$M_t=T\left(d-\frac{a}{2}\right)=A_sf_y\left(d-\frac{a}{2}\right) \tag{15.4.2}$$

应力块尺寸a的公式可通过拉应力的平衡得到，即

$$0.85f_c'ba=A_sf_y,\quad a=\frac{A_sf_y}{0.85f_c'b} \tag{15.4.3}$$

用配筋率p表示钢筋的面积，a的公式可调整如下：

$$p=\frac{A_s}{bd},\quad A_s=pbd$$

$$a=\frac{pbdf_y}{0.85f_c'b}=\frac{pdf_y}{0.85f_c'} \tag{15.4.4}$$

用于强度设计的平衡截面依据应变而非应力进行确定。用产生平衡条件所需的配筋率

表示平衡截面极限。配筋率的公式为

$$p_b = (0.85f'_c/f_y) \times \frac{87}{87+f_y} \tag{15.4.5}$$

其中 f'_c 和 f_y 的单位为 psi，虽然这是一个精确的计算公式，但一般建议将配筋率限制为单筋梁平衡值的 75%。

代入用钢筋表示的抵抗力矩公式，可得到如下有用公式：

$$\begin{aligned} M_t &= A_s f_y\left(d-\frac{a}{2}\right) \\ &= pbdf_y\left(d-\frac{a}{2}\right) \\ &= pbdf_y d\left(1-\frac{a}{2d}\right) \\ &= bd^2\left[pf_y\left(1-\frac{a}{2d}\right)\right] \end{aligned}$$

所以

$$M_t = Rbd^2 \tag{15.4.6}$$

其中

$$R = pf_y\left(1-\frac{a}{2d}\right) \tag{15.4.7}$$

根据采用的折减系数，截面的设计力矩限制为理论抵抗力矩的 9/10。

表 15.4 给出了各种 f'_c 和 f_y 值对应的平衡截面系数（p、R 和 a/d）的值，然而，同上节所述，平衡截面并非设计所要求的实际截面。大多数情况下，若所用配筋率低于所给混凝土截面的平衡配筋率，可以取得比较经济的效果。特殊情况下，采用双筋截面是可以的，甚至可能是理想的。而且，正如应力方法中所述，设计中平衡截面是一个有效的参考截面。

表 15.4　　单筋矩形截面的平衡截面特性：强度方法

f_y		f'_c		平衡截面 a/d	设计用 a/d (75%平衡)	设计用 p	设计用 R	
ksi	MPa	ksi	MPa				ksi	kPa
40	276	2	13.79	0.5823	0.4367	0.0186	0.580	4000
		3	20.68	0.5823	0.4367	0.0278	0.870	6000
		4	27.58	0.5823	0.4367	0.0371	1.161	8000
		5	34.48	0.5480	0.4110	0.0437	1.388	9600
60	414	2	13.79	0.5031	0.3773	0.0107	0.520	3600
		3	20.68	0.5031	0.3773	0.0160	0.781	5400
		4	27.58	0.5031	0.3773	0.0214	1.041	7200
		5	34.48	0.4735	0.3551	0.0252	1.241	8600

下面的例子介绍简单的单筋矩形截面梁的计算步骤。

【例题 15.3】 梁上的工作弯矩为恒载产生的 58kip·ft（78.6kN·m）和活载产生的 38kip·ft（51.5kN·m），梁宽为 10in（254mm），f'_c 为 4000psi（27.6MPa），f_y 为 60ksi（414MPa）。计算梁高和所需的受拉钢筋。

解： 首先利用荷载系数计算所需的弯矩，即

$$U = 1.4D + 1.7L$$

$$M_u = 1.4M_{DL} + 1.7M_{LL}$$
$$= 1.4 \times 58 + 1.7 \times 38 = 145.8\text{kip} \cdot \text{ft}(197.7\text{kN} \cdot \text{m})$$

用系数 0.90 对承载力进行折减，则截面的期望承载力为

$$M_t = \frac{M_u}{0.90} = \frac{145.8}{0.90} = 162\text{kip} \cdot \text{ft}$$
$$= 162 \times 12 = 1944\text{kip} \cdot \text{in}(220\text{kN} \cdot \text{m})$$

如表 15.4 所述，最大设计用的配筋率 $p=0.0214$。如果采用平衡截面，则所需的钢筋面积可由下面的关系计算

$$A_s = pbd$$

当对平衡截面没有特殊要求时，它表示的是最小高度单筋矩形梁的截面。因而计算本例所需的平衡截面即可。

利用公式（15.4.6）计算所需的有效高度 d，即

$$M_1 = Rbd^2$$

由表 15.4 知 $R=1.041$，则

$$M_1 = 1944 = 1.041 \times 10 \times d^2$$

且 $$d = \sqrt{\frac{1944}{1.041 \times 10}} = \sqrt{186.7} = 13.66\text{in}(347\text{mm})$$

如果利用该 d 值，则所用的钢筋面积为

$$A_s = pbd = 0.0214 \times 10 \times 13.66 = 2.92\text{in}^2(1880\text{mm}^2)$$

由表 15.4 知，最小配筋率为 0.00333，显然它并非本例的关键值。

同第 15.2 节所述，梁截面的实际尺寸及钢筋的实际根数和尺寸受到各种因素的影响。

如果可能，一般情况下我们都不采用具有最大配筋率的最小高度的梁截面，其计算过程与上述过程稍有不同，如下例所示。

【例题 15.4】 采用例题 15.3 中的数据，若梁截面的尺寸为 $b=10$in（254mm），$d=18$in（457mm）。计算所需的钢筋。

解： 本例的前两个步骤同例题 15.1——计算 M_u 和 M_t。下一步是确定所给截面与平衡截面的关系（大于、等于或是小于）。由例题 15.1 分析步骤可知，10in×8in 截面大于平衡截面，因此 a/d 的实际值小于平衡截面的值 0.3773。接下来的步骤如下：

估计 a/d 的值，略小于平衡值。例如，假设 $a/d = 0.25$，则

$$a = 0.25d = 0.25 \times 18 = 4.5\text{in}(114\text{mm})$$

将 a 的值代入公式（15.4.2），得所需的 A_s 值。

如图 15.11 所示，可得

$$M_t = Tjd = A_s f_y \left(d - \frac{a}{2}\right)$$

$$A_s = \frac{M_t}{f_y(d - a/2)} = \frac{1944}{60 \times 15.75} = 2.057\text{in}^2(1327\text{mm}^2)$$

下一步，检验估计的 a/d 值是否接近利用公式（15.4.4）计算所得的 a/d 的值，即

$$p = \frac{A_s}{bd} = \frac{2.057}{10 \times 18} = 0.0114$$

及

$$a = \frac{pdf_y}{0.85f'_c}$$

$$\frac{a}{d} = \frac{pf_y}{0.85f'_c} = \frac{0.0114 \times 60}{0.85 \times 4} = 0.202$$

所以 $a = 0.202 \times 18 = 3.63\text{in}$， $d - \frac{a}{2} = 16.2\text{in}(400\text{mm})$

如果用 $d-a/2$ 的值代替前面所用的值，则所需的 A_s 值将有所折减。本例中的修正值仅为百分之几。如果第一次假设的 a/d 误差过大，则可以重新进行调整，直到取得精确答案。

习题 15.4A～C 取 $f'_c=3$ksi (20.7MPa)，$f_y=60$ksi (414MPa)。计算所需的平衡截面的最小高度。若所选高度为所需平衡截面高度的1.5倍。试采用强度方法计算所需的钢筋面积。

	恒载引起的弯矩		活载引起的弯矩		梁 宽	
	kip·ft	kN·m	kip·ft	kN·m	in	mm
A	40	54.2	20	27.1	12	305
B	80	108.5	40	54.2	15	381
C	100	135.6	50	67.8	18	457

15.5 T形梁

若整体结构是由楼板和支撑梁同时浇筑形成的，则一部分楼板可以看作是T形梁的翼缘，而板以下的截面部分称为T形梁的腹板，如图15.12（a）所示。对于正弯矩，翼缘受压并且混凝土有充足的抗压能力，如图15.12（b）或15.12（c）所示。而连续梁中，支座处产生负弯矩，所以该处翼缘处于拉应力区，腹板处于压应力区。

计算支座处的剪力和弯矩时，应只考虑腹板宽度 b_w 和有效高度 d 形成的面积，如图15.12（d）所示的阴影面积。

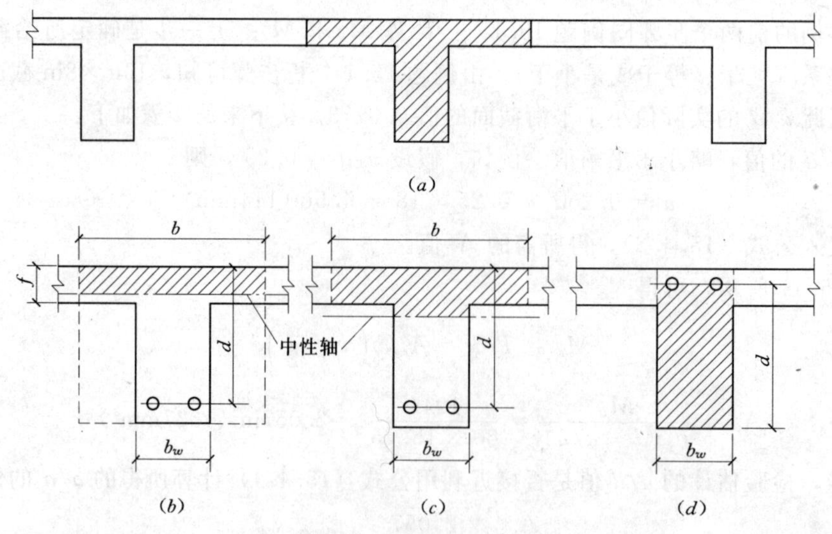

图15.12 T形梁的考虑因素

对称T形梁设计中采用的有效腹板宽度（b_f）的极限为梁跨长的1/4，另外，腹板两悬挑翼缘的宽度为板厚的八倍或到下一跨梁净距的0.5倍。

在梁与单向实心板组成的整体结构中，T形梁翼缘的有效面积一般都能够抵抗正弯矩引起的压应力。若翼缘面积较大，如图15.12（a）所示，截面的中性轴一般位于腹板内较高的位置。如果忽略腹板产生的压力，则可以认为净压力位于表示翼缘应力分布的应力图的形心处。由此可得，压力距梁顶的距离略小于$t/2$。

当不需要确定中性轴和应力图形心的位置时，可以采用工作应力方法对T形截面进行近似分析。分析过程包括下列步骤：

（1）计算T形翼缘的有效宽度，同前面所述。

（2）忽略腹板上的压力，假定翼缘上的压应力值为常数（见图15.13），则

$$jd = d - \frac{t}{2}$$

然后计算所需的钢筋面积

$$A_s = \frac{M}{f_s jd} = \frac{M}{f_s(d - t/2)}$$

（3）检验混凝土的压应力

$$f_c = \frac{C}{b_f t}$$

其中

$$C = \frac{M}{jd} = \frac{M}{d - t/2}$$

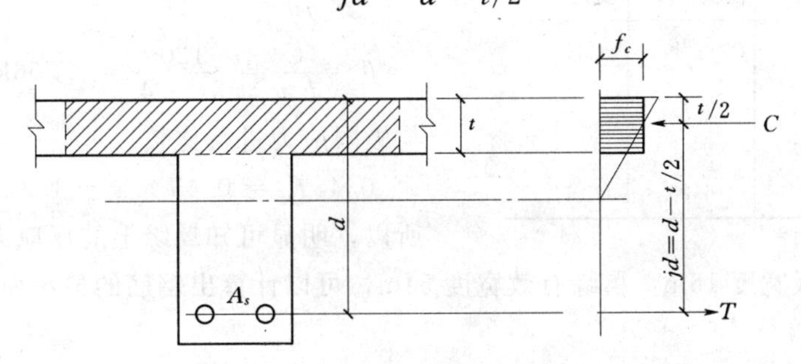

图15.13 T形梁的简化分析基础

最大压应力的实际值稍微高一些，但如果计算的值明显地小于极限值$0.45f'_c$，则它也不是关键的。

（4）T形梁一般用于抵抗对连续梁的正弯矩。由于这些弯矩一般小于梁支座处的弯矩，而且支座处所需截面的弯矩较关键，所以T形梁一般为低配筋梁。因此，同矩形截面的讨论一样，对于T形梁需要考虑最小配筋率问题。ACI规范（参考文献4）特别给出T形梁的最小配筋率，所需的最小面积为下面两公式计算所得的最大值

$$A_s = \frac{6\sqrt{f'_c}}{f_y} b_w d$$

或

$$A_s = \frac{3\sqrt{f'_c}}{f_y} b_f d$$

式中 b_w——梁腹板宽度；

b_f——T形翼缘有效宽度。

下面的例子介绍了上述方法的使用，假设一种典型的设计情况：其中截面的尺寸（b_f、b_w、d 和 t）都通过其他设计因素事先给定，T形截面的设计简化为所需受拉钢筋的面积计算。

【例题 15.5】 一承受正弯矩的T形截面梁，已知下面数据：梁跨＝18ft（5.49m），梁中心距为9ft（2.74m），板厚为4in（0.102m），梁腹板尺寸 b_w＝15in（0.381m），d＝22in（0.559m），f'_c＝4ksi（27.6MPa），f_y＝60ksi（414MPa），f_s＝24ksi（165MPa），弯矩为200kip·ft（272kN·m）。计算所需的钢筋面积并配置钢筋。

解： 计算翼缘有效宽度（只为校核混凝土应力），翼缘宽度的最大值为

$$b_f = \frac{\text{梁跨}}{4} = \frac{18 \times 12}{4} = 54\text{in}(1.37\text{m})$$

或
$$b_f = \text{梁中心间距} = 9 \times 12 = 108\text{in}(2.74\text{m})$$

或
$$b_f = \text{梁腹板宽加上 16 倍的板厚} = 15 + 16 \times 4 = 79\text{in}(201\text{m})$$

因此极限值为54in（1.37m）。

接着，计算所需的钢筋面积

$$A_s = \frac{M}{f_s(d - t/2)} = \frac{200 \times 12}{24(22 - 4/2)} = 5.00\text{in}^2(3364\text{mm}^2)$$

利用表15.5选配钢筋，该表包含了腹板宽度影响因素。由表知可选用9号钢筋，实际的 A_s＝5.00in^2。梁宽和钢筋间距的影响在第15.2节例题15.1中已经讨论过。

表 15.5　T形梁钢筋的选择

钢筋尺寸	钢筋数量	面积（in^2）	宽度（in）
7	9	5.40	22
8	7	5.53	17
9	5	5.00	14
10	4	5.08	13
11	4	6.28	14

校核混凝土应力：

$$C = \frac{M}{jd} = \frac{200 \times 12}{20} = 120\text{kip}(535\text{kN})$$

$$f_c = \frac{C}{b_f t} = \frac{120}{54 \times 4} = 0.556\text{ksi}(3.83\text{MPa})$$

与极限应力进行比较

$$0.45 f'_c = 0.45 \times 4 = 1.8\text{ksi}(12.4\text{MPa})$$

所以，明显可知翼缘上的压应力不是临界的。

利用梁腹板宽度15in，翼缘有效宽度54in，可以计算出钢筋的最小面积，取下面两式的较大值：

$$A_s = \frac{6\sqrt{f'_c}}{f_y} b_w d = \frac{6\sqrt{4000}}{60000} \times 15 \times 22 = 2.09\text{in}^2(1350\text{mm}^2)$$

或
$$A_s = \frac{3\sqrt{f'_c}}{f_y} b_f d = \frac{3\sqrt{4000}}{60000} \times 54 \times 22 = 2.56\text{in}^2(1650\text{mm}^2)$$

由于这两个值都小于计算面积，故本例中最小面积不是关键的。

本节的例题介绍了普通梁板结构中的梁的合理计算过程。当采用特殊的薄翼缘（$t < d/8$）T形截面，这些方法不再有效，这时可以采用ACI规范（参考文献4）提供的更精确的计算分析方法。

习题 15.5A　一T形混凝土梁，已知下列数据：f'_c = 3ksi，容许的 f_s = 20ksi（138MPa），d＝28in（711mm），t＝6in（152mm），b_w＝16in（406mm），截面所受弯矩为240kip·ft（326kN·m）。计算所需的钢筋面积。

习题 15.5B　除了 $f'_c = 4\text{ksi}, f_s = 24\text{ksi}, d = 32\text{in}, t = 5\text{in}, b_w = 18\text{in}$ 以外，其余同习题15.5A。

15.6 混凝土梁内的剪力

伴随着材料力学的发展，对剪力的影响作用得到了如下分析结果：

(1) 剪切是一种经常出现的现象，剪切是由于剪切作用、梁中的横向荷载、构件斜截面上的拉压作用等直接引起。

(2) 剪力在其作用平面内产生剪应力，在垂直于剪力方向平面内产生相等的剪应力。

(3) 拉压斜应力，其大小等于剪应力，方向与剪力作用平面成45°角。

(4) 直接剪切力在其影响到的截面上产生大小恒定的剪应力，但梁的剪切作用在其影响到的截面上产生变化的剪应力，该剪力在截面边缘处为零，在截面中性轴处最大。

下面的讨论需要读者对这些关系有一些基本的了解。

均布荷载作用下的简支梁，其内部剪力和弯矩的分布如图15.14 (*a*) 所示。对于弯曲抗力，需要在梁底部配置纵筋，钢筋的主要作用是抵抗垂直 (90°) 平面 (该平面位于跨中，该点弯矩最大，剪力接近于零) 上的拉应力。

弯剪组合作用下，梁趋于出现受拉裂缝，如图15.14 (*b*) 所示。梁跨中附近，弯矩明显，剪力接近于零，裂缝接近于90°。支座处，剪力明显，弯矩接近于零，临界拉应力面接近于45°，此时水平钢筋仅对裂缝起到部分抵抗作用。

1. 梁中的抗剪钢筋

对于梁，受剪钢筋的最普通形式为U形钢筋 [见图15.14 (*d*)]，该钢筋沿梁跨竖向布置，如图15.14 (*c*) 所示。这些钢筋，称为箍筋，用于提供竖向抵抗力，与提供水平抵抗力的抗弯钢筋共同工作。为了使支撑面附近产生弯曲拉力，混凝土中水平钢筋的锚固长度必须超过应力产生点。简支梁中钢筋应超过支座一小段距离 (一般情况)，而且为得到充分的锚固，钢筋端部通常需要弯起或作成弯钩，如图15.14 (*c*) 所示。

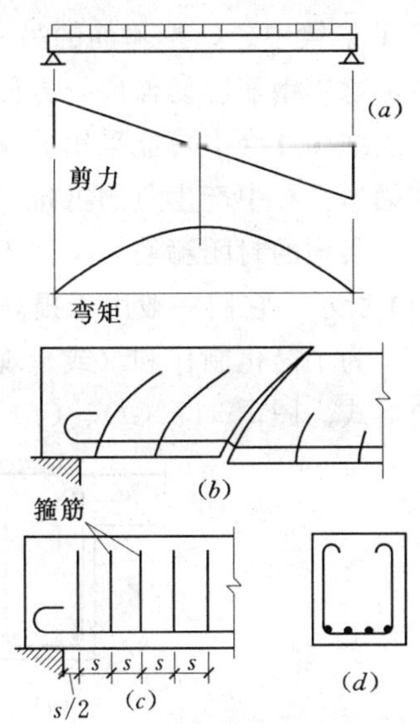

图15.14 混凝土梁中的剪力影响

图15.14 (*d*) 所示的单跨矩形截面梁很少用于建筑结构中，一般情况下建筑结构中通常采用的梁截面如图15.15 (*a*) 所示，梁和混凝土板同时浇筑时形成这种截面。另外，这些梁还经常用于支座处为负弯矩的连续梁中。由于负弯矩在梁腹板底边产生弯曲压应力，所以支座附近梁的应力图如图15.15 (*a*) 所示。而简支梁支座附近弯矩接近于零，这是连续梁与简支梁的最大不同之处。

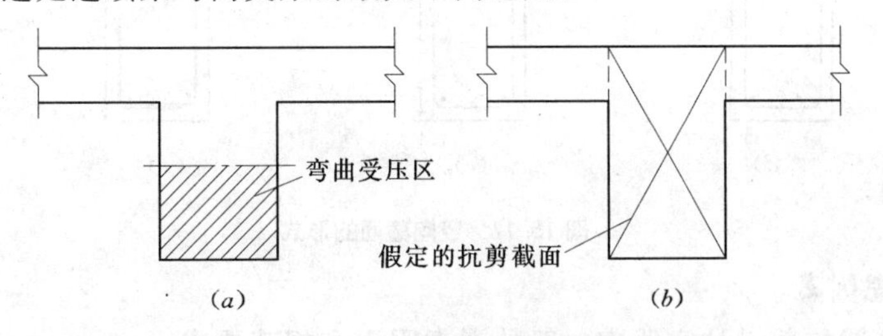

图15.15 混凝土T形梁中负弯矩和剪力的发展

为了分析受剪抵抗力，连续T形梁可认为是图15.15（*b*）所示的截面。忽略板的影响，截面可以认为是简单的矩形截面。因此，对于抗剪设计，除了沿梁跨分布的内部剪力的连续性影响外，单跨梁与连续梁之间还存在一些不同。对于连续梁，应重点理解其剪力和弯矩之间的关系。

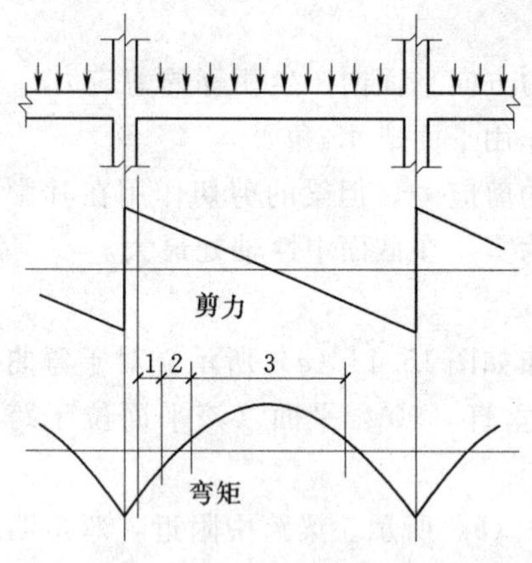

图15.16 连续混凝土梁中的剪力和弯矩

图15.16为均布荷载作用下连续梁中间跨的典型情况，参考弯矩示意图上数字1、2、3所对应的梁跨部分，可得

(1) 区域1内，较大的负力矩需要梁顶部附近配置水平钢筋作为主要抗拉钢筋。

(2) 区域2内，存在有弯矩反弯点；弯矩较小；若剪力较大，则受剪设计是主要的。

(3) 区域3内，剪切影响很小，正弯矩是主要影响因素，需要梁底部配置抗弯钢筋。

（注：参见图15.3（*f*）所示的连续梁中抗弯钢筋的典型分布。）

竖向U形箍筋，类似于图15.17（*a*）所示，可用于T形梁中。U形箍筋的另一种形式如图15.17（*b*）所示，其顶部弯钩朝外使混凝土中的负弯矩钢筋容易伸展，方便混凝土浇筑。图15.17（*c*）、（*d*）分别为L形梁在大开口边缘或结构外缘中可能采用的箍筋形式。这种形式的箍筋用于增强截面的抗扭力，也有助于在梁边的板中产生负的抵抗弯矩。

所谓的封闭箍筋，类似于柱中的箍筋，有时用于T形和L形梁中，如图15.17(*c*)～(*f*)所示。它们一般用于提高梁截面的抗扭能力。

为了简化制作和（或）现场安装，设计人员或钢筋制造厂的详图绘图员经常改进箍筋的形式。图15.17（*d*）、（*f*）所示箍筋分别为对图15.17（*c*）、（*e*）的基本细节的改进。

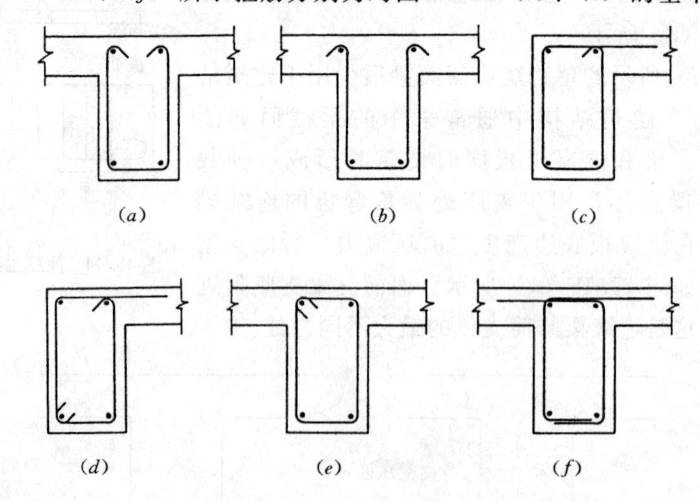

图15.17 竖向箍筋的形式

2. 设计考虑因素

下面是一些梁抗剪设计实践中一般的考虑因素和规范要求。

(1) 混凝土承载力。考虑到弯曲设计中忽略混凝土的抗拉强度，现假定混凝土承担梁中的部分剪力。如果剪力不超过混凝土的承载力——承受轻荷载的梁——就没有必要配置钢筋，这种典型情况如图 15.18 所示，其中只有最大剪力 (V) 超过混凝土承载力 (V_c)，超过部分必须采用钢筋，用剪力示意图中的阴影部分表示。

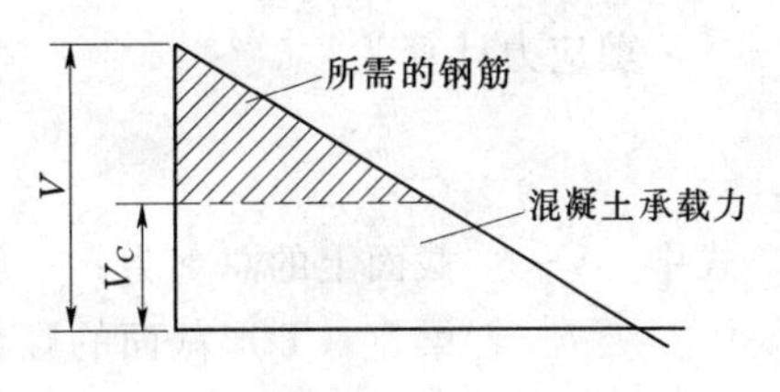

图 15.18 钢筋混凝土梁中的受剪抗力

(2) 抗剪筋的最小含量。除了某些情况（例如板和非常浅的梁）外，即使计算的最大剪应力低于混凝土承载力，现行规范也要求配置最少数量的抗剪筋，其主要目的是加固结构。

(3) 箍筋形式。最普通的箍筋形式是图 15.17 所示的 U 形箍筋或封闭形式的箍筋，且箍筋沿梁长竖向间隔布置。另外，也可以将箍筋布置成斜向的（通常为 45°方向），这种布置形式能更有效地抵抗梁端附近可能存在的剪切破坏 [见图 15.14 (b)]。在单位剪应力过高的大尺寸梁中，有时在最大剪力处同时布置竖向和斜向箍筋。

(4) 箍筋尺寸。对于中等尺寸的梁，最常采用的 U 形箍筋的尺寸为 3 号钢筋，而且为了适应于梁截面，这种钢筋的弯角可以相对较直（弯曲半径小）。对于大尺寸的梁，有时采用 4 号钢筋，其强度（为横截面面积的作用）几乎为 3 号钢筋的 2 倍。

(5) 箍筋间距。箍筋的间距是根据箍筋位置处承受单位剪应力所需的钢筋数量来计算的（如下节讨论）。规定的最大间距 $d/2$（即有效梁高的 1/2）是为了保证任何可能的斜裂缝处都至少有一根箍筋 [见图 15.14 (b)]。剪力过高时，最大间距限制为 $d/4$ 。

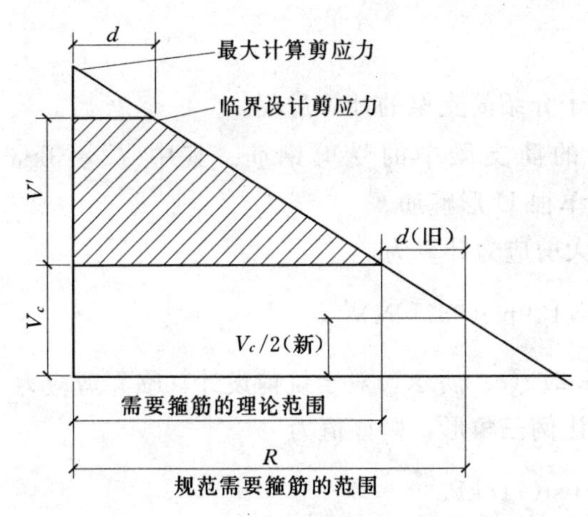

图 15.19 剪应力分析布置图：ACI 规范的规定

(6) 最大临界设计剪力。虽然实际的最大剪力发生在梁端，但 ACI 规范（参考文献 4）中允许采用距梁端 d（有效梁高）处的剪应力值进行箍筋的最大临界值设计。因此，如图 15.19 所示的需要钢筋的剪力，与图 15.18 所示的略有不同。

(7) 受剪钢筋的总长。基于计算剪应力，必须沿梁长配置钢筋，间距由图 15.19 所示的剪力示意图的阴影部分限制。对于跨中部分，理论上，混凝土已足够产生抗剪力而不需要配置钢筋。然而，规范要求布置的钢筋必须超过计算点一定距离。早期规范要求箍筋超过计算点的距离等于梁的有效高度。而现在规范要求超过混凝土承载力一半的计算剪应力范围内都必须布置受剪钢筋。受剪钢筋的总延长范围在图 15.19 中用 R 表示。

15.7 混凝土梁的抗剪设计

下面讲述了根据 1995 年 ACI 规范（参考文献 4）附录 A，梁的受剪筋的计算过程。

剪应力计算为

$$v=\frac{V}{bd}$$

式中 V——截面上的总剪力；

b——梁宽（T形截面的腹板宽）；

d——截面有效高度。

通常重量的混凝土梁，仅承受弯矩和剪力，混凝土梁中的剪应力限制为

$$v_c=1.1\sqrt{f'_c}$$

当 v 超过极限 v_c 时，必须配置钢筋，与前面讨论的一般要求一致。我们在这里采用符号 v'（虽然规范中不采用）来表示钢筋需要的单位应力。因此

$$v'=v-v_c$$

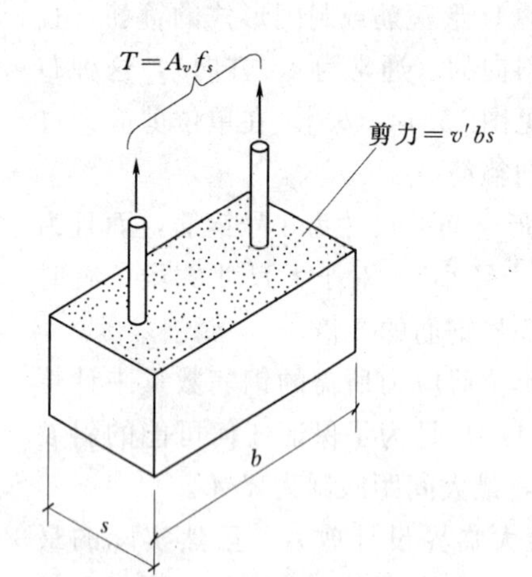

图 15.20 箍筋间距的考虑因素

所需受剪钢筋的间距计算如下。参见图 15.20，单根双肢箍的抗拉承载力等于钢筋总面积 A_v 乘以钢筋容许应力所得的积，即

$$T=A_vf_s$$

该抵抗力用以抵抗面积 sb 上的剪应力。其中，b 为梁宽，s 为间距（到相邻每边箍筋距离的总和的一半）。由于箍筋拉力等于该力，则可得平衡方程：

$$A_vf_s=bsv'$$

根据该方程，可得出所需间距的表达式，即

$$s=\frac{A_vf_s}{v'b}$$

下面例子介绍简支梁的计算过程。

【例题 15.6】 计算图 15.21（a）所示的简支梁中的受剪钢筋。其中 $f'_c=3$ksi（20.7MPa），$f_s=20$ksi（138MPa），截面采用单根 U 形箍筋。

解：最大剪力值为 40kip（178kN），则最大剪应力计算为

$$v=\frac{V}{bd}=\frac{40000}{12\times24}=139\text{psi}(957\text{kPa})$$

现在绘出半跨梁的剪应力示意图，如图 15.21（c）所示。对于抗剪设计，临界剪应力位于距支座 24in（梁的有效高度）处。利用等比例三角形，则该值为

$$\frac{72}{96}\times139=104\text{psi}(718\text{kPa})$$

素混凝土的承载力为

$$v_c=1.1\sqrt{f'_c}=1.1\sqrt{30000}=60\text{psi}(414\text{kPa})$$

因此，在临界应力点，必须由钢筋承担的剪应力为 140－60＝44psi（718－414＝304kPa）。接着，完成图 15.21（c）中的示意图以确定其阴影部分，阴影部分表示着所需钢筋的范围。剪力从支座处延伸 54.4in（1.382m）。

为满足 ACI 规范（参考文献 4）的要求，计算单位应力超过 $v_c/2$ 的地方都必须配置受剪钢筋。如图 15.21（c）所示，该距离一直延伸到距支座 75.3in 处。规范进一步规定，

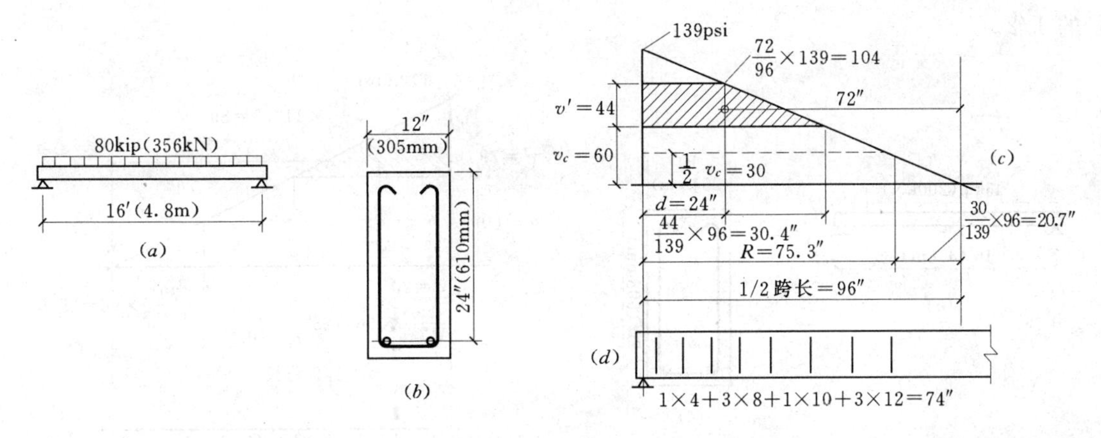

图 15.21 例题 15.6

钢筋的最小横截面面积为

$$A_v = 50\left(\frac{bs}{f_y}\right)$$

假定 f_y 值为 40ksi（276MPa），最大容许间距为有效高度的 1/2，则所需面积为

$$A_v = 50 \times \frac{12 \times 12}{40000} = 0.18\text{in}^2$$

小于双肢 3 号箍筋的面积 $2 \times 0.11 = 0.22\text{in}^2$。

取最大的 v' 值为 44ksi，则最大容许间距计算为

$$s = \frac{A_v f_s}{v'b} = \frac{0.22 \times 20000}{44 \times 12} = 8.3\text{in}$$

由于该值小于最大容许值高度的 1/2 或 12in，所以，对于超过临界点一定距离处的更大的间距，最好至少计算一个。例如，距支座 36in 处，应力为

$$v = \frac{69}{36} \times 139 = 87\text{psi}$$

v' 的值为 $87-60=27$psi，因此该点所需的间距为

$$s = \frac{A_v f_s}{v'b} = \frac{0.22 \times 20000}{27 \times 10} = 13.6\text{in}$$

该值表示在距临界点不到 12in 处所需间距为最大容许值。这时可以选择如图 15.21（d）所示的箍筋间距，距支座 74in 范围内共 8 根箍筋。由于另一边也有 8 根，所以梁中共有 16 根箍筋。第一根箍筋设置在距支座 4in 处，为计算所需间距的一半，该值根据设计者的实际经验确定。

【例题 15.7】 计算图 15.21 所示梁所需的 3 号 U 形箍筋的数量和间距。其中 $f'_c=$ 3ksi（20.7MPa），$f_s=20$ksi（138MPa）。

解： 同例题 15.1，首先计算剪力和剪应力，绘出示意图 15.22（c）。这种情况下，最大临界剪应力为 89psi，最大的 v' 值为 29ksi，则所需间距为

$$s = \frac{A_v f_s}{v'b} = \frac{0.22 \times 20000}{29 \times 10} = 15.2\text{in}$$

由于该值超过最大极限 $d/2=10$in，所以可根据极限间距配置箍筋，其可能的分布形式如图 15.22（d）所示。同例题 15.6，第一排箍筋的位置到支座的距离为所需间距

的 1/2。

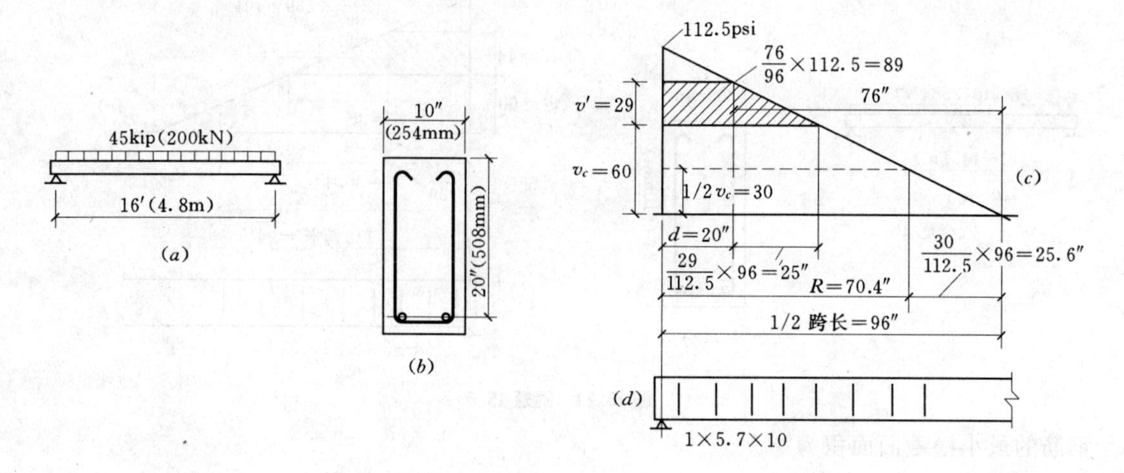

图 15.22 例题 15.7

【例题 15.8】 计算图 15.23 所示梁所需的 3 号 U 形箍筋的数量和间距。其中 $f'_c=$ 3ksi (20.7MPa),$f_s=20$ksi (138MPa)。

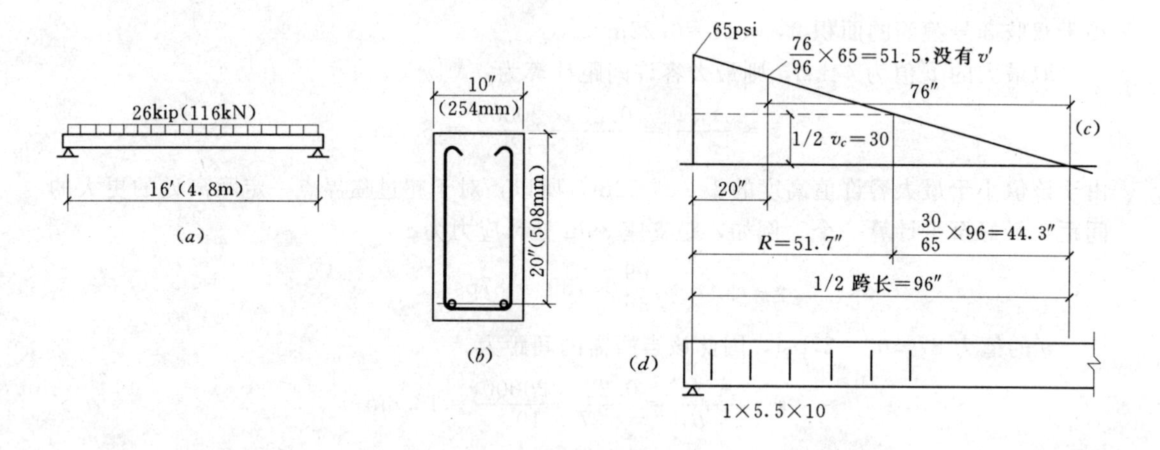

图 15.23 例题 15.8

解:这种情况下,可得出最大临界设计剪应力小于 v_c,这表明在理论上不需要再配置钢筋,然而,实际上必须与规范要求的最小配箍率相一致。所以,在剪应力小于 30psi ($1/2v_c$) 的距离上所取的箍筋间距为最大容许间距。为验证 3 号箍筋的充分性,根据例题 15.6 提及的关于 A_v 的公式计算得

$$A_v = 50\left(\frac{bs}{f_y}\right) = 50 \times \frac{10 \times 10}{40000} = 0.125\text{in}^2(\text{参见例题 15.6})$$

小于箍筋所能提供的面积,故在 10in 处 3 号箍筋是充分的。

习题 15.7A 类似于图 15.21 所示的混凝土梁,跨度 24ft (7.32m),总荷载为 60kip (267kN)。计算 3 号 U 形箍筋的布置情况。其中 $f'_c=3000$psi (20.7MPa),$f_s=20$ksi (138MPa),梁截面尺寸为 $b=12$in (305mm),$d=26$in (660mm)。

习题 15.7B 除了荷载为 50kip（222kN），跨度为 20ft（6.1m），b=10in（254mm），d=23in（584mm）外，其余同习题 15.7A。

习题 15.7C 除了梁上的总荷载为 30kip（133kN）外，其余数据同习题 15.7A。计算梁中 3 号 U 形箍筋的布置情况。

习题 15.7D 除了梁上的总荷载为 25kip（111kN）外，其余数据同习题 15.7B。计算梁中 3 号 U 形箍筋的布置情况。

部分练习题答案

第2章

2.7.A　R =80.62lb，右上方向，与水平方向夹角 29.74°

2.7.C　R =94.87lb，右下方向，与水平方向夹角 18.43°

2.7.E　R =100lb，左下方向，与水平方向夹角 53.13°

2.7.G　R =58.07lb，右下方向，与水平方向夹角 7.49°

2.7.I　R =91.13lb，右上方向，与水平方向夹角 9.495°

2.8.A　141.4lb 拉力

2.8.C　300lb 压力

2.10.A　19.3°

2.10.C　0.7925lb

2.11.A　400lb

2.11.C　1250lb

2.12.A　关于 R_1 的 M=+500×4+400×6+600×10−650×16

2.12.B　R_1 =3593.75lb（15.98kN），R_2 =4406.25lb（19.60kN）

2.12.D　R_1 =7667lb（34.11kN），R_2 =9333lb（41.53kN）

2.12.F　R_1 =7143lb（31.79kN），R_2 =11.857lb（52.76kN）

第3章

3.1.A　CI=2000C，IJ=812.5T，JG=1250T

3.2.A　同 3.1.A

3.3.A　DN，5333C；KL，1500T；OI，6000T；LM，2500C

第4章

4.3.A　最大剪力=10kip（44.5kN）

4.3.C　最大剪力=1114kip（4.956kN）

4.3.E　最大剪力=9.375kip（41.623kN）

4.4.A　最大 M=60kip·ft（80.1kN·m）

4.4.C　最大 M=4286lb·ft（5.716kN·m）

4.4.E　最大 M=18.35kip·ft（24.45kN·m）

4.5.A　R_1 =1860lb（8.27kN），
最大 V=1360lb（6.05kN），
最大−M=2000lb·ft（2.66kN·m），
最大+M=3200lb·ft（4.27kN·m）

4.5.C　R_1 =2760lb（12.28kN），
最大 V=2040lb（9.07kN），
最大−M=2000lb·ft（2.67kN·m），
最大+M=5520lb·ft（7.37kN·m）

4.6.A　最大 V=1500lb（6.67kN），
最大 M=12800lb·ft（17.1kN·m）

4.6.C　最大 V=1200lb（5.27kN），
最大 M=8600lb·ft（11.33kN·m）

4.7.A　M=32kip·ft（43.4kN·m）

4.7.C　M=90kip·ft（122kN·m）

第5章

5.1.A　R_1 =R_3 =1200lb（5.34kN），
R_2 =4000lb（17.79kN），
+M=3600lb·ft（4.99kN·m），
−M=6400lb·ft（8.68kN·m）

5.1.C　R_1 =7.67kip（33.35kN），
R_2 =35.58kip（154.79kN），

R_3=12.75kip（55.46kN）

5.1.E $R_1=R_3$=937.5lb（4.17kN），
R_2=4125lb（18.35kN），
+M=7031lb・ft（9.53kN・m），
−M=13500lb・ft（18.31kN・m）

5.1.G $R_1=R_4$=9600lb（42.7kN），
$R_2=R_3$=26400lb（117.4kN），
+M_1=46080lb・ft（62.48kN・m），
+M_2=14400lb・ft（19.53kN・m），
−M=57600lb・ft（78.11kN・m）

5.2.A 最大 V=8kip，最大+M=最大−M=44kip・ft，距两端 5.5ft 处弯曲

5.3.A R_1=16kip（72kN），
R_2=48kip（216kN），
最大+M=64kip・ft（86.4kN・m），
最大−M=80kip・ft（108.31kN・m）

5.3.C R_1=6.4kip（28.8kN），
R_2=19.6kip（88.2kN），
+M=20.48kip・ft（27.7kN・m）（跨端）与 24.4kip・ft（33.1kN・m）（跨中），
−M=25.6kip・ft（34.4kN・m），
距端跨 R_2　3.2ft 处弯曲

第 6 章

6.2.A SF=2.53

6.3.A 最大压力=1098psf，最小压力=133psf

第 7 章

7.1.A R=10kip（向上）与 110kip・ft（逆时针）

7.1.C R=6kip（向左）与 72kip・ft（逆时针）

7.2.A R_1=4.5kip（向下），R_2=4.5kip（向上）与 12kip（向右）

第 8 章

8.1.A R=216.05lb，x=0.769ft，z=1.181ft

8.1.C T_1=50.8lb，T_2=19.7lb，T_3=45.0lb

8.2.A R=4lb（向下），x=10.75ft（向右），z=15.5ft（向左）

第 9 章

9.1.A c_y=2.6in（70mm）

9.1.C c_y=4.2895in（107.24mm）

9.1.E c_y=4.4375in（110.9mm），
c_x=1.0625in（26.6mm）

9.3.A I=535.86in^4（$2.11\times10^8\text{mm}^4$）

9.3.C I=447.33in^4（$174.74\times10^6\text{mm}^4$）

9.3.E I=205.33in^4（$80.21\times10^6\text{mm}^4$）

9.3.G I=438in^4

9.3.I I=1672.45in^4

第 10 章

10.2.A 1.182in^2（762mm^2）

10.2.C 27.0kip（120kN）

10.2.E 不满足；实际应力超过容许值

10.3.A 19333lb（86kN）

10.3.C 29550000psi（203GPa）

第 11 章

11.2.A 可以，实际应力=13.99ksi，小于容许值 24ksi

11.3.A 38.6kip

11.3.C 20.5kip

11.3.E 22.6kip

11.4.A W12×22 或 W14×22（最轻）；也可以 W10×26，W8×31

11.4.C W18×35

11.5.A 在中性轴处，f_v=811.4pis；在腹板和翼缘处，f_v 分别于 175psi 和 700psi

11.6.A 168.3kip

11.6.C 37.1kip

11.7.A 6.735kip

11.9.A 0.80in（20mm）

11.10.A 13.6%

11.10.C 51.5%

第 12 章

12.2.A 15720lb

12.3.A 235kip（1046kN）

12.3.C 274kip（1219kN）

第 13 章

13.1.A　3183psi（拉），2929psi（压）

13.2.A　（*a*）3.04ksf（151kPa）；
（*b*）5.33ksf（266kPa）

13.4.A　f=933psi（6.43Mpa），
v=250psi（1.72Mpa）

13.4.C　f=750psi（5.17Mpa），
v=433psi（2.99Mpa）

第 14 章

14.2.A　6 根螺栓，外板厚 1/2in，中板厚 5/8in

14.3.A　L_1=11in，L_2=5in

14.3.C　每条边焊接至少 4.25in

第 15 章

15.2.A　宽度要求使钢筋呈单排排列；宽度至少为 16in，h=31in，5 根 10 号钢筋

15.2.C　根据习题 15.2A，截面低配筋；实际上 k=0.347，j=0.884，所需钢筋面积为 5.09in^2，使用 4 根 10 号钢筋

15.4.A　d=11in 时，A_s=3.67in^2，
d=16.5in 时，A_s=1.97in^2

15.5.A　5.76in^2（3.71×10^3 mm^2）

15.7.A　可能选择的间距：1at 6in，8at 13in

15.7.C　1at 6in，4at 13in

参 考 文 献

1. *Uniform Building Code, Volume 2: Structural Engineering Design Provisions*, 1997 ed., International Conference of Building Officials, Whittier, CA. (Called simply the UBC.)
2. *National Design Specification for Wood Construction (NDS)*, 1997 ed., American Forest and Paper Association, Washington, DC. (Called simply the NDS.)
3. *Manual of Steel Construction*, 8th ed., American Institute of Steel Construction, Chicago, IL, 1981 (Called simply the AISC Manual.)
4. *Building Code Requirements for Reinforced Concrete*, ACI 318-95, American Concrete Institute, Detroit, MI, 1995 (Called simply the ACI Code.)
5. *Timber Construction Manual*, 3rd ed., American Institute of Timber Construction, Wiley, New York, 1985
6. James Ambrose, *Design of Building Trusses*, Wiley, New York, 1994
7. James Ambrose, *Simplified Design of Building Foundation*, 2nd ed., Wiley, New York, 1988

译　后　记

材料力学是结构设计的基础，对它的基本概念的准确理解以及基本理论的熟练运用是结构工程师不可或缺的基本素质。近年来，随着大学教学体系的改革、结构分析计算机商业软件的推广、建筑新材料的应用、结构设计新理念和方法的更新等，在校土木工程专业大学生和年轻的基本建设从业人员的专业综合素质有所下降，其中力学基本功的训练受到不同程度的弱化，给工程的安全性和质量带来了隐患。因此，倡导结构工程师努力学好力学，提高应用力学基本理论解决实际工程问题的能力在当前尤为迫切，而一本优秀的教科书将使学习事半功倍。

由美国南加州大学的詹姆斯·安布罗斯教授著述的《材料力学与强度简化分析》（SIMPLIFIED MECHANICS AND STRENGTH OF MATERIALS）一书就是一本优秀的材料力学和结构设计原理方面的入门书籍。该书是“帕克/安布罗斯简化设计指南丛书”（PARKER-AMBROSE SERIES OF SIMPLIFIED DESIGN GUIDES）中的一本，是安布罗斯教授在哈里·帕克教授原著的基础改写而成的，由约翰·威利父子有限公司（JOHN WILEY & SONS, INC.）出版发行，2002 年发行了第六版。该书致力于将复杂的力学知识和结构设计理论以十分浅显和形象的方式表达出来，正如作者在前言中说明的那样：本书是为那些工程背景和专业知识有限的人编写的。书中非常强调对基本概念的理解和掌握，大量采用了图解分析的方法讲述力学基础知识，读者只要具备非常基本的代数学、几何学和三角学的知识就可以理解该书的内容。像本书这样将力学知识、结构设计原理和工程实践巧妙结合在一起，并使不具备很多专业知识的读者都能读懂的书籍在国内还是比较少见的。学习该书，不仅可以掌握材料力学和结构设计原理方面的基本知识，还可以了解其他国家的设计习惯与设计规范，如书中介绍的麦克斯韦图解分析方法在国内出版的专业书籍中是很难找到的。当然，该书是写给美国读者的，书中采用了美制单位体系，对弯矩图正负向的约定等同国内不一致，阅读时需要加以注意。

本书的翻译工作是由我和我的研究生们合作完成的。毛建猛、薛娜配合我翻译了书中全部章节，孙广俊承担了统稿工作，我的其他研究生如施溪溪、姚久纲、魏双科、张永利等在文字校对、资料整理等方面付出了努力，房冬梅、毛雅萍、谷寒青、饶晓文等将译稿的全部文字录入计算机。正是由于大家齐心协力，才使本书的翻译工作顺利完成。

感谢周媛编辑在编辑方面的出色工作。

由于译者的学识和水平有限，对原书作者的思想和书中内容把握得不一定准确，译稿中难免存在值得商榷之处，恳请读者多加指正。

李鸿晶

2006年2月26日

简化设计丛书

《混凝土结构简化设计》原第7版

《钢结构简化设计》原第7版

《砌体结构简化设计》

《木结构简化设计》原第5版

《建筑基础简化设计》原第2版

《建筑师和承包商用简化设计》原第9版

《建筑物在风及地震作用下的简化设计》原第3版

《材料力学与强度简化分析》原第6版

《建筑场地简化分析》原第2版